JN086153

How-nual　Shuwasystem Industry Trend Guide Book

図解入門
業界研究

最新漁業の動向とカラクリがよ～くわかる本

業界人、就職、転職に役立つ情報満載

勝川 俊雄 著

秀和システム

はじめに

かつて世界一の生産量を誇った日本の漁業は、一九八〇年代に行き詰まり、衰退の一途を辿っています。漁業生産の減少、漁業従事者の減少・高齢化、漁村の限界集落化、魚価の低迷など、どの統計をみても右肩下がりという状態が何十年も続いています。

日本各地にすでに存続が危ぶまれるような漁業も数多く存在します。地方に行けば若手漁業者が六〇代というような漁村もあります。漁業者の子供以外は漁業に参入しづらい構造があるのですが、跡継ぎがいない六〇代以上の漁師ばかりになると、縮小再生産どころか、消滅に向かっています。

一方で、世界の漁業は成長産業です。多くの先進国でも漁業が成長産業になって、利益を伸ばしています。なぜこのような差がついたのでしょうか。

実は世界の漁業は、一九八〇～一九九〇年代に大きな転換をしました。それまで場当たり的に獲れるだけ獲ってきた漁業から、厳しい漁獲規制の下で、乱獲を防ぎながら、付加価値で勝負する漁業へと転換したのです。現在も、海洋生態系の保全を行いながら、持続的に最大の利益を引き出すような漁業への転換が進められています。

人間に有用な生物を生物資源と呼びます。生物を持続可能で生産的な利用ができるように規制をすることを、資源管理と呼びます。多くの先進国では、資源管理が功を奏して、乱獲から水産資源を回復させて、海洋生態系が健全な状態に戻りつつあることが確認されています。先進国では、乱獲は過去の問題になりつつあるのです。

世界の漁業では、持続可能性が最も重要なキーワードになっています。持続可能性が損なわれるような漁業はどんどん市場からも排除されています。

また、人権に関する問題意識も高まりつつあります。タイの缶詰工場の労働環境の悪さが問題視され、その工場の缶詰を扱っていた小売店も批難を浴びました。漁業を価値観の変化についても、本書では詳しく紹介をします。

もったいない日本漁業の現状

日本の漁業は高いポテンシャルを持っています。日本のEEZ（排他的経済水域）は世界第六位の面積です。広いだけでなく、暖流（黒潮）と寒流（親潮）が交わり、プランクトンの生産が豊富で、世界有数の好漁場となっています。水産に関して言うと、日本は世界有数の資源国なのです。

せっかくの資源があっても、価値が発揮できなければ宝の持ち腐れです。日本には世界が憧れる洗練された魚食文化があります。日本は魚を美味しくたべるためのノウハウをもっているのです。実はこれは非常に大きな強みなのです。魚食文化が無い国は、水産物を冷凍して輸出することしかできません。付加価値付けの伸び代は自ずと限られてきます。残念ながら、日本の水産流通ももったいない状態です。魚のことを知り尽くしたプロが流通に携わっているにもかかわらず、彼らの知見は消費者には伝わらず、付加価値付けができていません。

水産資源のポテンシャル、魚食文化のポテンシャル、どちらも発揮されないまま、資源は減少し、魚離れが進んでいます。苦労して漁業を発展させてきたご先祖様にも、美味しい日本の海幸が食べられなくなるかもしれない未来の世代に対しても、申し訳ない気持ちになります。

日本の水産業界はこれまでのやり方を延命するために最大限の努力をしてきました。それももう、限界です。最近になってようやく、変化の兆しが芽生えてきました。

二〇一八年に漁業法が改正されました。じつに七〇年ぶりというから驚きです。戦後の食糧難の時代に、食糧増産を目的とする漁業法がつくられました。世界が持続可能性に舵を切ったにもかかわらず、日本は、これまでのやり方にこだわって、変化に反対をしてきました。

残念なことに、漁業の現場も含めて、法改正の意義はきちんと理解されていないのが現状です。意味を理解せずに表面的な部分で反対のための反対をする人の声ばかりがメディアで取り上げられています。本書では、漁業法の何がどう変わったのか。それによって、漁業がどのようにかわるのかについても整理をしていきます。

日本の漁業が成長産業になる上で、法改正は重要な意味を持ちますが、実際に世の中が変わるかどうかはわかりません。実行に移されない、骨抜きの運用をされる可能性もあります。意味を理解した上で、正しく運用されているのか関心を持って見守る必要があります。

日本の漁業は大きな転換点にさしかかっています。長期的なビジョンをもって、必要な変化を受け入れれば、日本の漁業は再び世界をリードするような持続可能で生産性の高い産業に生まれ変わるポテンシャルを持っています。しかし、どれだけ高いポテンシャルを持っていても、いまのやり方にしがみつけば、これまでの延長線上の未来しかありません。

漁業改革の影響を受けるのは、漁業関係者だけではありません。日本の魚を愛する消費者にも大いに関わってくる話です。また、水産業には多額の公的資金が投入されていますので、納税者はすべて関係者と言えるでしょう。本書を手に取って、漁業の現状と課題を理解した上で、漁業が正しい方向に向かっているのか、考えてみてはいかがでしょうか。

2020年7月

How-nual 図解入門 業界研究

最新漁業の動向とカラクリがよ～くわかる本

●目次

日本漁業の現状

本章では、漁業とは何かから説明を始め、日本の漁業の歴史、漁獲量・消費量、漁業従事者数の推移など、全体を俯瞰していきます。

1 漁業と水産業

漁業とは、営利を目的に、水産動植物の捕獲や養殖をする産業です。水産業は漁業に加えて、加工、流通、小売りなどが含まれます。

漁業とは

漁業とは、営利を目的に、水産動植物を捕獲したり、養殖したりする産業です。漁業に従事する人のことを**漁業者**と呼びます。魚を獲ったり、養殖したりする人達のことです。

漁業者のことを**生産者**とも呼びます。養殖は実際に生産をしているイメージに合致しますが、天然の漁業は海の生態系が生産した生物を収穫するだけですが、生産者のカテゴリーに入ります。

営利を目的とせずに、水産動植物を捕獲することを**遊漁**（**レジャーフィッシング**）と呼びます。趣味の釣りなどは、遊漁に含まれます。遊漁の漁獲や、遊漁をする人たちは、漁業には含まれません。

水産業とは

水産業は、漁業とそれを支える周辺産業を含む、より広い範囲をカバーします。水産業は、漁業に加えて、水産加工業、水産流通業、小売り等も含まれます。

例えば、町の鮮魚店や豊洲市場の仲卸は、魚を捕獲しないので、漁業者ではありませんが、水産物の流通に関与しているので、水産業者に該当します。魚を運ぶトラックの運転や、鮮魚店の販売も水産業者といえます。

どこまでが水産業に含まれるかという明確な線引きは存在しません。漁業に必要な資材などを供給する漁具メーカーや、養殖の飼料メーカーも、漁船造船業なども、水産業と呼んでも良いでしょう。

なにごとにも例外がつきもの

一般的には、漁業という単語に養殖も含まれるのですが、何事にも例外はつきものです。

例えば、農水省の統計に「漁業・養殖業生産統計年報」というものがあります。漁業と養殖業が併記されていることから、漁業（天然）と養殖業を区別していることがわかります。この場合は、天然魚を捕獲する場合のみを「漁業」と定義しているようです。

同じ農水省の統計でも「漁業算出額」には、漁業（天然）と養殖業を足した合計の産出額がまとめられています。この場合は、「漁業」の範囲に、漁業（天然）と養殖業が含まれているのです。このように漁業が養殖業を含むかどうかは、ケースバイケースです。

この本のタイトルは「漁業の動向」ですが、水産流通についても解説をします。本書では漁業は養殖業も含むのを原則として、養殖を除外したい場合には漁業（天然）と明示をするよう心がけました。

水産業と漁業の関係

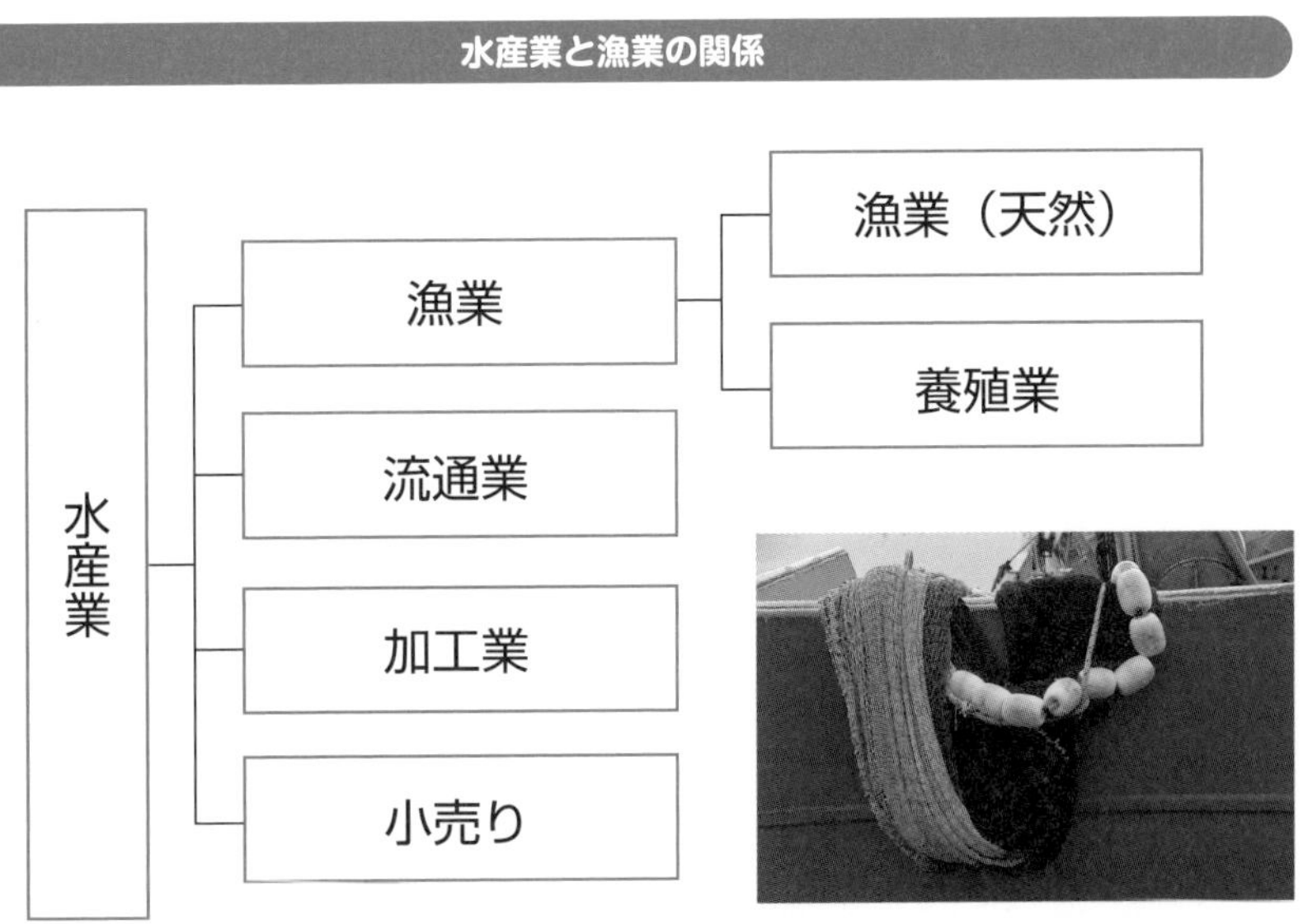

【農林水産省の統計】　各種統計は農林水産省のホームページから確認できる（https://www.maff.go.jp/j/tokei/kouhyou/kensaku/bunya6.html）。

2 漁業の種類

日本の漁業は、規模や漁場によって、四つに分類されています。

沿岸漁業

沿岸漁業は、日本の沿岸付近(日帰りで行ける程度の距離)で操業を行う小規模な漁業です。日本の漁業者のほとんどが沿岸漁業に従事しています。海面を利用する養殖業も沿岸漁業に含まれます。

二〇一七(平成二九)年の沿岸の漁獲量は天然が八九万トン、養殖が九九万トンの合計一八八万トンでした。漁獲量全体に占めるシェアは四四%でした。

沿岸漁業の操業は、都道府県内で完結するケースがほとんどなので、知事が許認可権限を持っているため知事許可漁業とも呼ばれます。行政による許認可制度と、漁協による漁業権の行使により海面の利用が行われています。

沖合漁業

大型の船を使って、沖合で操業をする漁業が**沖合漁業**です。沿岸漁業よりは外側ですが、日本の二〇〇海里内での操業が主体です。

県をまたいで操業することも多いために、農水大臣が許認可権限を持っています。経営規模が必要になるために、企業体が経営母体となっているケースが多くなっています。一回の操業は、数日からひと月程度と長くなる傾向があります。

大中型巻網や底引き網(トロール)などが沖合漁業に該当します。沖合漁業は、日本の漁獲量の半分程度を占めています。アジ、サバ、イワシ、タラなどのいわゆる大衆魚を大量に漁獲します。二〇一七(平成二九)年の生産量は二〇五万トンで、シェアは四八%でした。

【200海里】 1海里は1,852mなので、200海里は370.4kmとなる。

遠洋漁業と内水面漁業

遠洋漁業は、日本の排他的経済水域を離れて、公海や外国のEEZなどで操業を行う大規模な漁業です。漁場は、北太平洋、南太平洋、アフリカ近海、北太平洋など様々です。航海の期間は必然的に長くなり、一航海が一年を超えるようなケースもあります。遠洋漁業は、国が許認可を行う大臣許可漁業です。

戦後しばらくは、日本漁船は世界中の漁場に進出して、遠洋漁業が日本の漁業生産を牽引したのですが、沿岸国が二〇〇海里の排他的経済水域を設定して以降は減少傾向です。二〇一七(平成二九)年の漁獲量は三一万トンで、シェアは七%でした。

内水面漁業は、河川や池など、陸上の淡水における漁業を指します。鮭類、アユ、シジミなどが主な漁獲対象となっています。二〇一七(平成二九)年の内水面の生産量は、天然が二万五〇〇〇トン、養殖が三万七〇〇〇トンの計六万二〇〇〇トンでした。シェアは一・四%となっています。

2017（平成29）年度の生産量のシェア

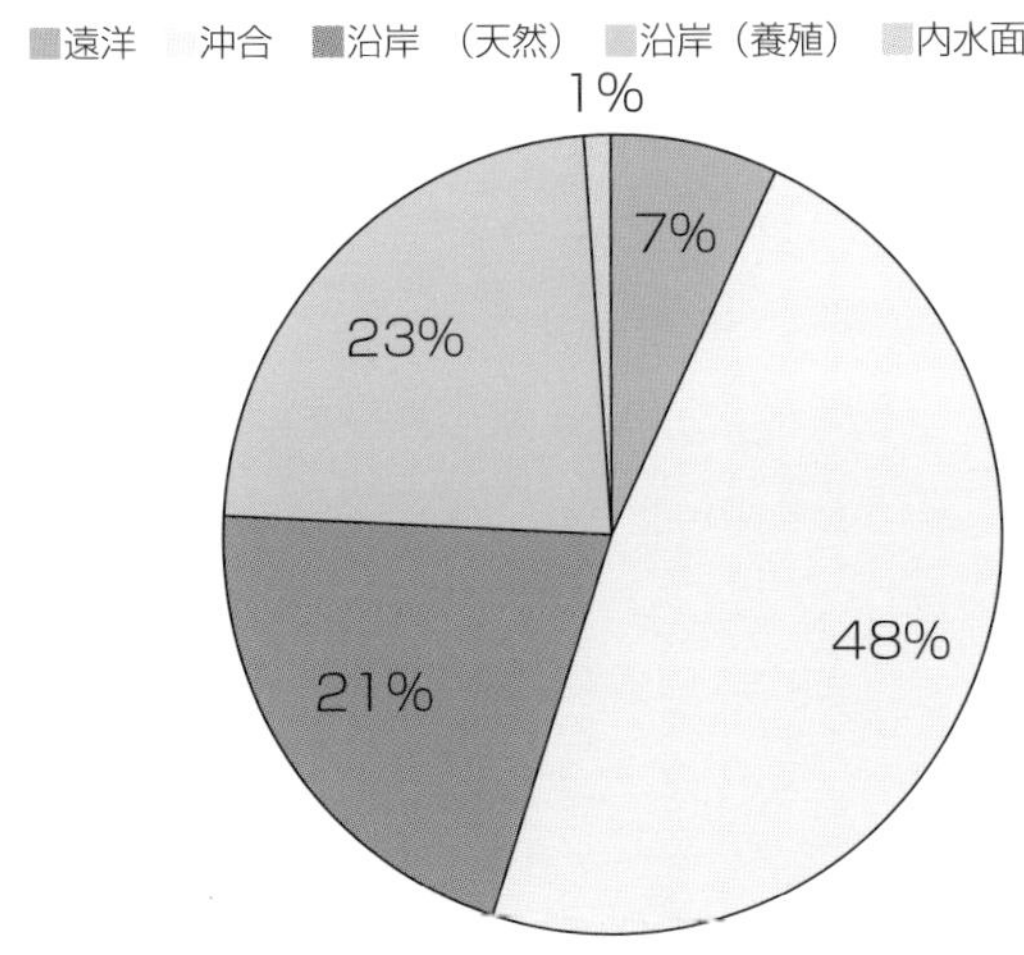

出所：農水省 平成29年漁業・養殖業生産統計

3 日本周辺海域の特長

日本周辺海域は、南から流れてくる暖流(黒潮・対馬暖流)と寒流(親潮)が交わります。また、国土が南北に長いことから、多様な生物が生息しています。

日本周辺海域は世界有数の好漁場

日本は、世界第六位の**排他的経済水域**(EEZ)を持っています。北海道から沖縄まで、南北に広がる大陸棚と複雑な沿岸の地形が多様な生物の生息域となっています。サケやタラなど、寒冷な海域の魚もキハダやビンナガなど暖かい海域の魚も捕れます。

日本は明確な四季を持つために、水温の季節変動に対応して、プランクトンの基礎生産も季節性を持ちます。特に春には**ブルーム**と呼ばれるプランクトンの大発生があり、日本の豊かな水産物の生産を支えています。プランクトンの発生に季節性があることから、日本周辺の水産物は旬がはっきりとする傾向があり、季節によって捕れる魚が変わってきます。

多様な魚種

北海道から、三陸にかけては、春になると植物プランクトンが大量に発生して、マイワシ、カタクチイワシ、イカナゴなどの小型の浮魚(うきうお、表層を泳ぐ魚)の生産性を支えています。季節回遊する小型の浮魚の生産性の高さが日本の海域の特長です。マイワシやマサバなど、日本漁業の大黒柱とも言える資源です。

また、海底付近には、ヒラメ、スケソウダラ、マダイ、ズワイガニ、など地域性に富んだ多種多様な生物が生息しています。これらは主にトロールやカゴ漁業などで漁獲されます。

陸地に近い浅瀬には、ウニ、アワビ、ワカメ、ヒジキ、牡蠣などが、素手でも捕れるところにも生息します。

【黒潮と親潮の由来】 黒潮はプランクトンが少なく透明度が高くなり海の色が青黒く見えることからそう呼ばれる。これに対して親潮はプランクトンなどの栄養が豊富で魚を育てる親となる潮という意味で呼ばれるようになった。

様々な水産物に恵まれた日本周辺の水域

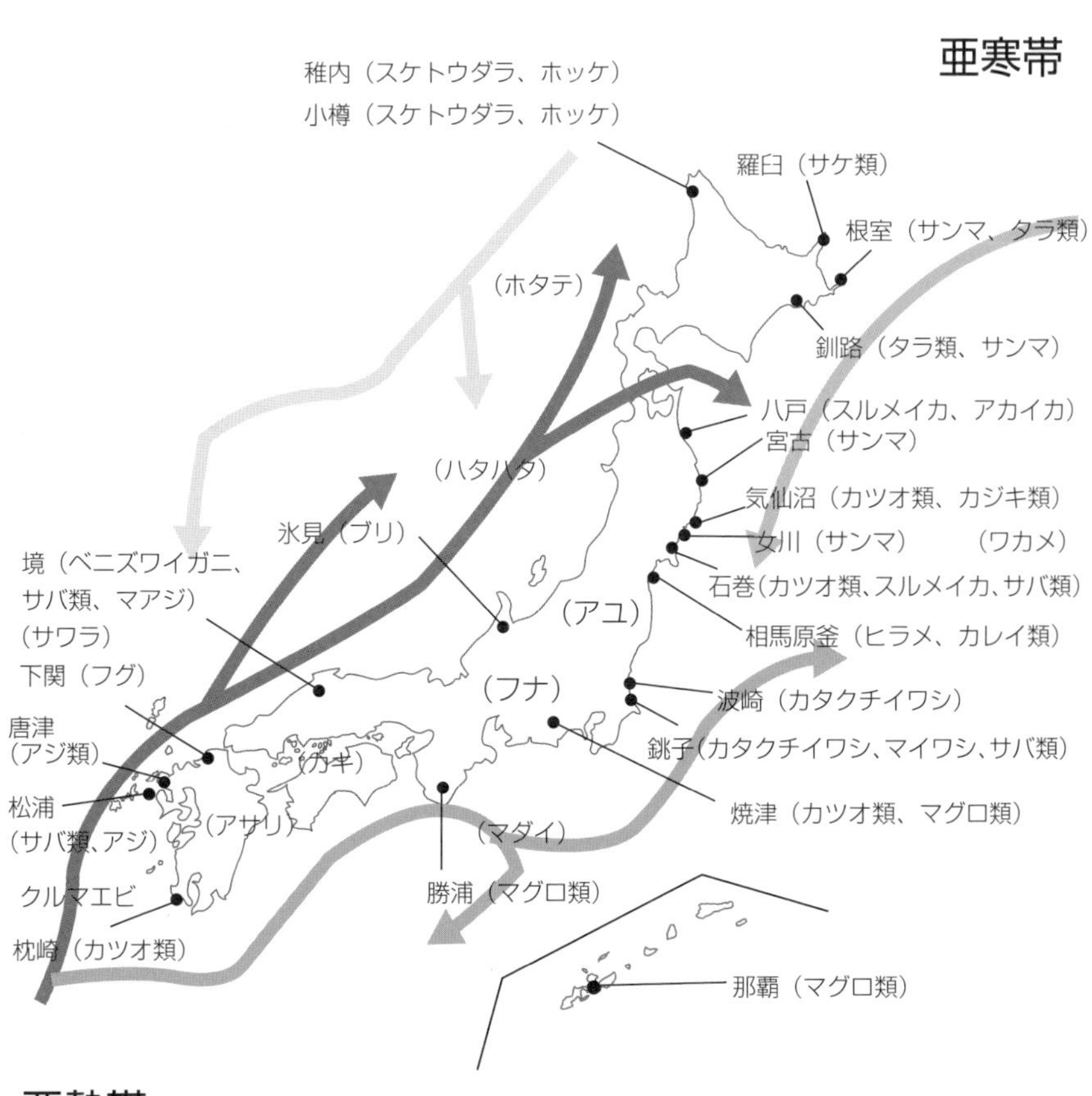

資料：農林水産省「水産物流通統計年報」及び
「漁業・養殖業生産統計」に基づき水産庁で作成

出所：水産庁資料 http://www.jfa.maff.go.jp/j/koho/pr/pamph/attach/pdf/index-セ.pdf
などを参照

4

日本で多く捕れる魚

日本では多種多様な魚介類が水揚げされますが、その中でも量が多いのはサバ類やマイワシです。

日本の漁獲量(天然)の内訳

二〇一八(平成三〇)年の水揚げ実績(重量)を見てみると、魚類の漁獲量が約八割です。それに次いで、貝類が一一%。イカ三%、海藻類二%となっています。エビやカニの漁獲量は少なく、輸入に頼っているのが現状です。

魚種ごとに見ると小型浮魚類のサバ、マイワシ、マアジなどおなじみの魚が上位に入っています。豊富な小型浮魚類を餌とするマグロ、ブリ、カツオなどの大型の浮魚も日本周辺には高密度に生息していて、これらを捕獲するための漁業も盛んです。定置網や一本釣りなどで利用されてきましたが、最近では巻網などの効率的な漁法が主流になっています。

変化する漁業環境

魚種ごとに見ると、サバ類が最も多くなっています。日本近海には、マサバとゴマサバが生息しているのですが、漁獲の大半が小型の未成魚*で、マサバとゴマサバを区別せずに販売されているために、漁獲統計ではサバ類とまとめられています。

二位のマイワシはピーク時には四〇〇万トンを超える漁獲があったが、一時は三万トンを切るところまで減少し、最近は五〇万トン程度まで回復してきました。

底引き網が漁獲をする底魚ではスケトウダラが六位にランクインしています。北海道など北の海で生息しています。

＊**未成魚**　稚魚の次の段階で成魚には至っていない状態のこと。成魚とは外見が異なることが多い。

1-4 日本で多く捕れる魚

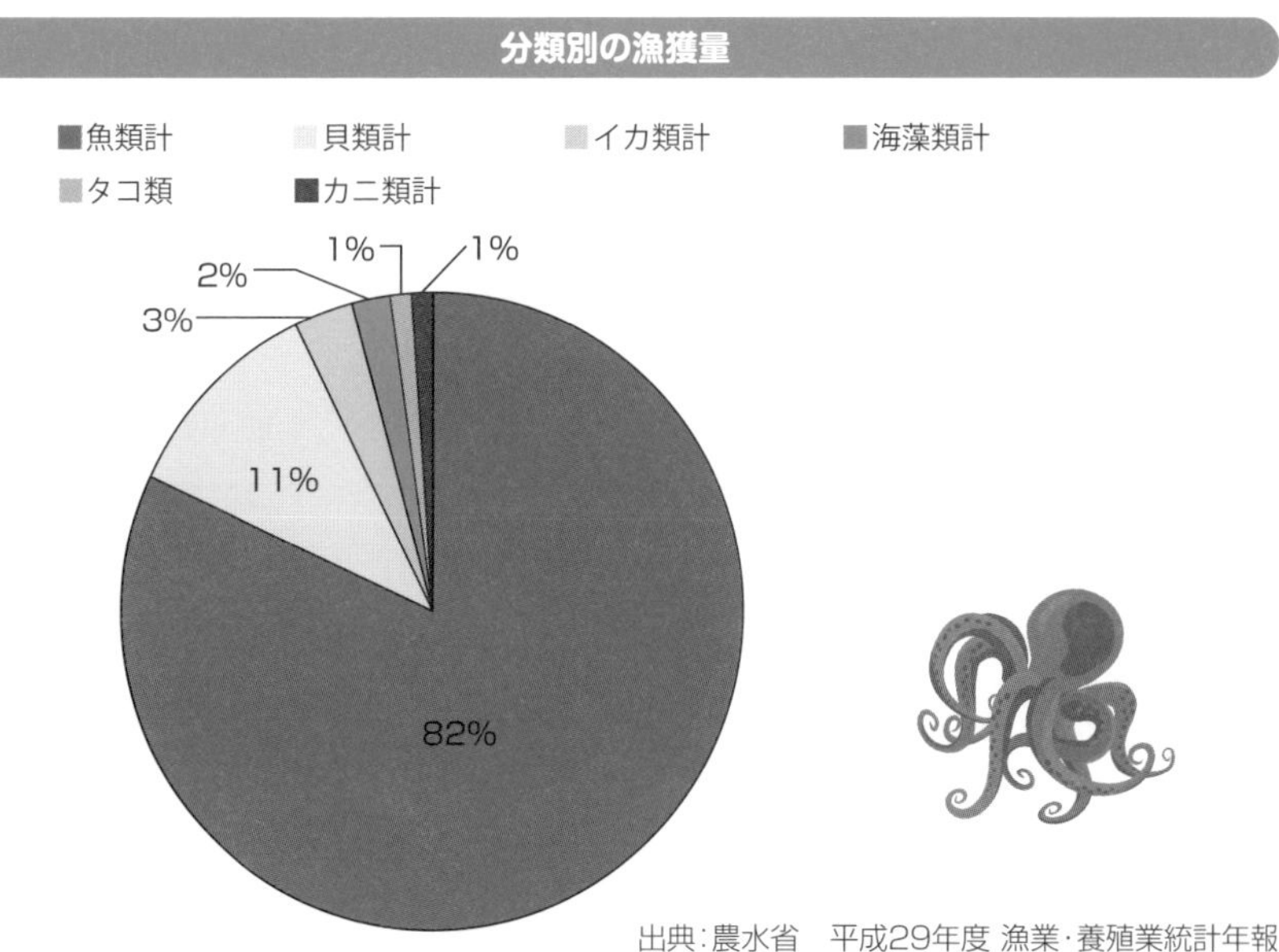

出典：農水省　平成29年度 漁業・養殖業統計年報

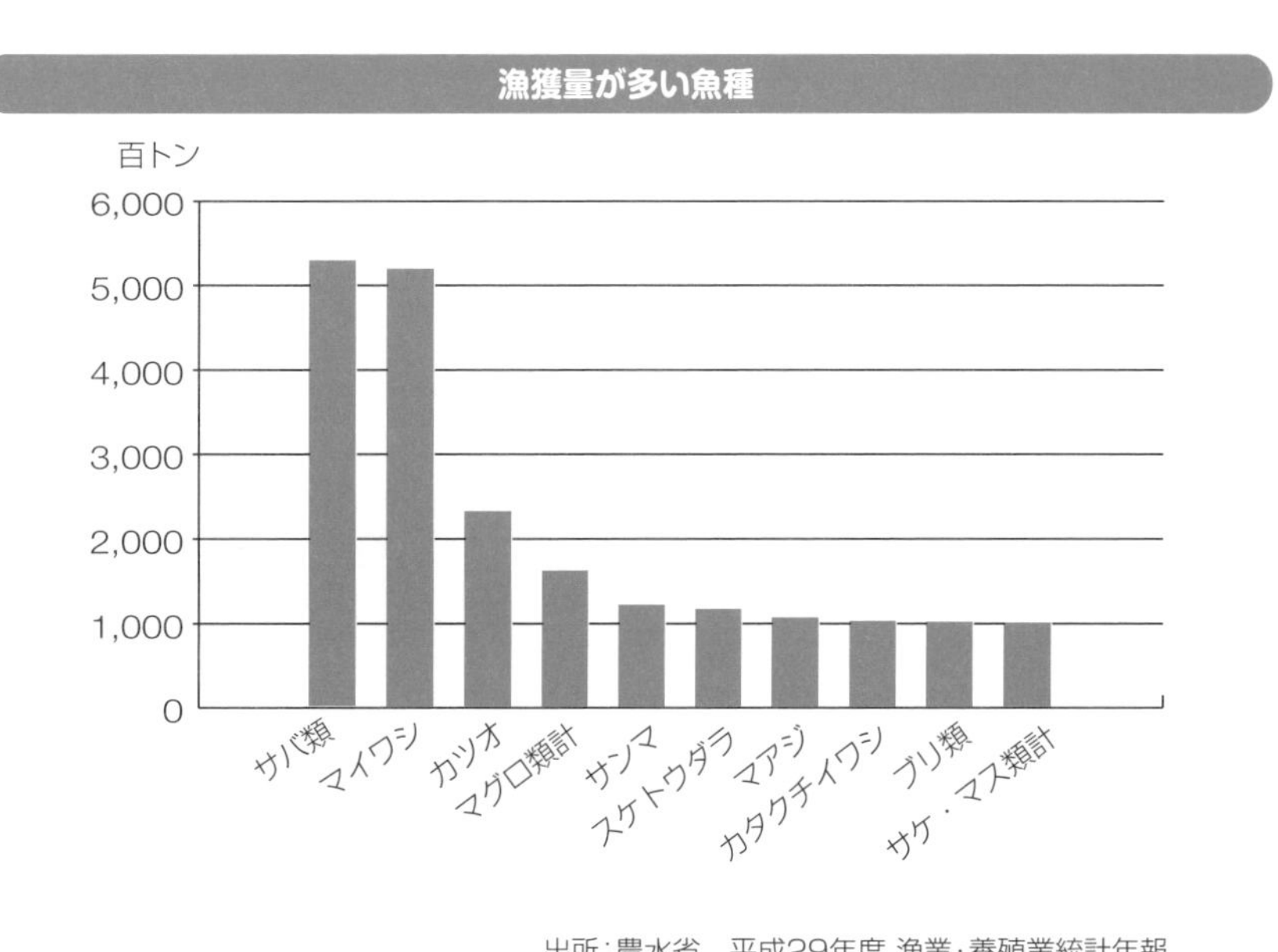

出所：農水省　平成29年度 漁業・養殖業統計年報

5

漁業（天然）が盛んな都道府県

日本は北から南まで、沿岸地域では漁業が行われています。天然魚の漁獲が多い都道府県トップ三は、北海道、長崎県、茨城県です。

一位は水産王国の北海道

漁獲量（天然）が最も多い都道府県は北海道です。二〇一八（平成三〇）年の北海道の漁獲は八八万トンで、二位の長崎県の約三倍です。平成二〇年には漁獲量が一三〇万トンを越えていたので、最近一〇年で四割も減少をしたことになります。

ホタテ貝は生産量と生産金額の双方が首位であり、北海道漁業の大黒柱とも呼べる存在です。北海道のホタテは世界的にも評価が高く、水産物の輸出を牽引しています。

北海道は底引き網（トロール）が盛んです。底引き網以外では、サンマ棒受け網、刺し網、定置網、いか釣りなど様々漁法が盛んです。

二位は長崎県

二位の長崎県は巻網が盛んな県で、漁獲量の約八割が巻網によるものです。巻網は、そのときに多い浮魚を獲るので、時代によって、マイワシが多かったり、サバが多かったりと大きく変化します。長崎、松浦、佐世保など、日本有数の水揚げを誇る大規模な港があります。

長崎県には、多様な小規模漁業も存在します。五島列島、壱岐、対馬など多くの離島では、基幹産業が漁業となっていて、多様な伝統的な漁法が営まれています。かつては以西底引き（東シナ海の底引き）の拠点として栄えました。

三位は茨城県、四位は静岡県も巻網が盛ん

三位の茨城県も巻網が盛んな県で、漁獲量の九五％が大臣許可の大中型巻網によるものです。大中型巻網の水揚げは、冷蔵庫などの設備が充実していて、大量の水揚げを処理できる波崎や大津に集中します。これらの漁港は、目の前の常磐沖が浮魚の好漁場になっており、漁場からのアクセスも良好です。魚種としては、大中巻の対象魚種であるサバ類とマイワシが数量では圧倒的に多く、大きく差を付けて、カツオ、スルメイカ、シラスなどが続きます。

四位の静岡県も巻網が盛んで、漁獲のシェアは半分程度を占めています。サクラエビやシラスを漁獲する船曳網漁業、イカや浮魚を主に漁獲する定置網が盛んです。また、焼津はマグロやカツオの水揚げ量拠点となっていてこれらを保存する巨大な冷蔵庫が並んでいます。

2018（平成30）年の都道府県別漁獲量（天然）

（百トン）

都道府県	漁獲量	都道府県	漁獲量	都道府県	漁獲量
全国	33,298	石川	601	広島	156
北海道	8,765	愛知	599	和歌山	151
長崎	2,895	鹿児島	598	福井	113
茨城	2,590	福島	501	京都	110
静岡	1,916	東京	465	徳島	99
宮城	1,797	富山	417	大阪	84
千葉	1,327	兵庫	370	佐賀	84
三重	1,309	神奈川	318	秋田	62
島根	1,131	大分	318	山形	39
宮崎	1,032	福岡	292	岡山	32
青森	896	新潟	280		
岩手	875	山口	256		
鳥取	823	香川	189		
愛媛	755	熊本	177		
高知	716	沖縄	158		

出所：農水省　漁業・養殖業統計調査。

6 漁業(天然)の歴史 その一(公海自由の原則)

日本の漁業の問題点を理解するために、戦後の漁業の歴史を整理しましょう。

戦後の食糧難

日本は一九四五年にポツダム宣言を受諾して、連合軍に降伏をしました。負戦直後の日本は、厳しい食糧難にさらされていました。お腹を空かせた国民のために、食糧を確保することが国として最優先の課題だったのです。

特に不足していたのが動物性タンパク質です。当時は穀物すら不足するような状況でしたから、畜産を行う余力はありません。動物性タンパク質を供給するには、漁業以外の選択肢がなかったのです。そこで、日本は国を挙げて漁業の振興に取り組みました。

戦後の日本漁業の原点は、動物性タンパク質の供給にあったのです。

順調な生産量の増加

日本周辺は世界屈指の好漁場であり、戦争中には漁業がほぼ停止していたこともあり、水産資源が回復していました。

漁業を再開すると、最初の数年は大豊漁でした。しかし、漁業を開始して数年後から、東シナ海などの水産資源が減少を始めます。限られた漁場や資源を巡る漁業者間の争いも頻発します。そこで、日本政府は漁船を大きくして、海外漁場を開発することを奨励しました。当時のスローガンは「沿岸から沖合へ、沖合から遠洋へ」でした。

国を挙げて、漁獲能力を増大させて、過剰になった漁船をどんどん海外に送り出していきました。海外漁場での日本の漁獲は、持続可能性を欠いたものでした。短期的利益追求のために、魚を捕れるだけ獲る。そして、資源が少なくなれば、別の漁場に行くか、別の魚を獲れば良かったのです。このような漁業は各地で沿岸国の反発をまねき、排他的経済水域の設定へと繋がっていきます。

日本の主要漁場

86万トン
北転船
80万トン
母船式底引き網
3万トン
南方トロール
イカ
53万トン
北方トロール
4万トン
遠洋
マグロはえなわ
以西底引き網
21万トン
7万トン
南方トロール
13万トン
遠洋
マグロはえなわ
遠洋カツオ一本釣り
20万トン
エビトロール
遠洋
マグロはえなわ
11万トン
遠洋
マグロはえなわ
3万トン
南方トロール
底魚
底魚
底魚
底魚
底魚
オキアミ
オキアミ

出所：昭和五〇年漁業白書より引用

7 漁業の歴史その二（二〇〇海里時代の幕開け）

海外の漁場を拡大していった日本漁業は二〇〇海里の排他的経済水域の設定により、縮小に向かいます。

公海漁業の原則

戦後しばらくの日本漁業の成長は、漁場の外延的な発展によってもたらされました。それを可能にしていたのが、領海の外では、自由に漁業を行うことができる**「公海自由」の原則**です。

当時の一般的な領海は三マイルでした。一マイルが一六〇九ｍですから、五ｋｍ弱になります。つまり、他国の陸から、船がはっきり見えるような距離まで入り込んで、好きなだけ魚を捕ることができたのです。

日本は、途上国の未開発資源を積極的に開発しました。その結果として、沿岸国との間に、資源を巡る軋轢が生じました。

二〇〇海里の排他的経済水域

第二次世界大戦後から、途上国を中心に沿岸国の権利拡大を要求する声が高まりました。一九四七年から一九八二年まで、長期にわたる議論の末、**国連海洋法条約**が成立し、二〇〇海里（約三七〇ｋｍ）の**排他的経済水域**（**ＥＥＺ**）が沿岸国の権利として認められることになりました。

ＥＥＺでは、他国の船も公海と同様に通行できるのですが、天然資源（生物資源、鉱物資源）については沿岸国が排他的利用権を持ちます。他国のＥＥＺで操業できなくなったために日本の遠洋漁業の漁獲量は一九七三年をピークに減少に転じ、現在は当時の八％程度の水準まで減少しています。

＊**延長大陸棚**　200海里の排他的水域ではないが、地形的に陸翔つながっていて例外的に排他的経済水域として認められる大陸棚のこと。

マイワシバブル

　国連海洋法条約によって、戦後の日本漁業を牽引してきた遠洋漁業が縮小に転じた後も、しばらくは、日本の漁業生産は増え続けました。マイワシが一九七二年から、急激に増加したからです。

　一九六〇年代には資源水準が低かったマイワシが、一九七〇年代に突然増加したのですが、その原因はよくわかっていません。人間による漁獲の対象になる前の段階での卵の生き残りが良くなったようなので、環境変動が主要因と考えられているのですが、そのメカニズムは不明です。

　マイワシはピーク時には現在の総漁獲量を上回る四四九万トンもの水揚げを記録しました。マイワシは大量に漁獲されたのですが、食用としての需要は限定的で、大部分は飼料に回されました。安価なマイワシを餌にして、日本の養殖業は盛んになりました。マイワシから、飼料や肥料となる魚粉をつくる工場が日本全国に建てられました。

日本の排他的経済水域と領海

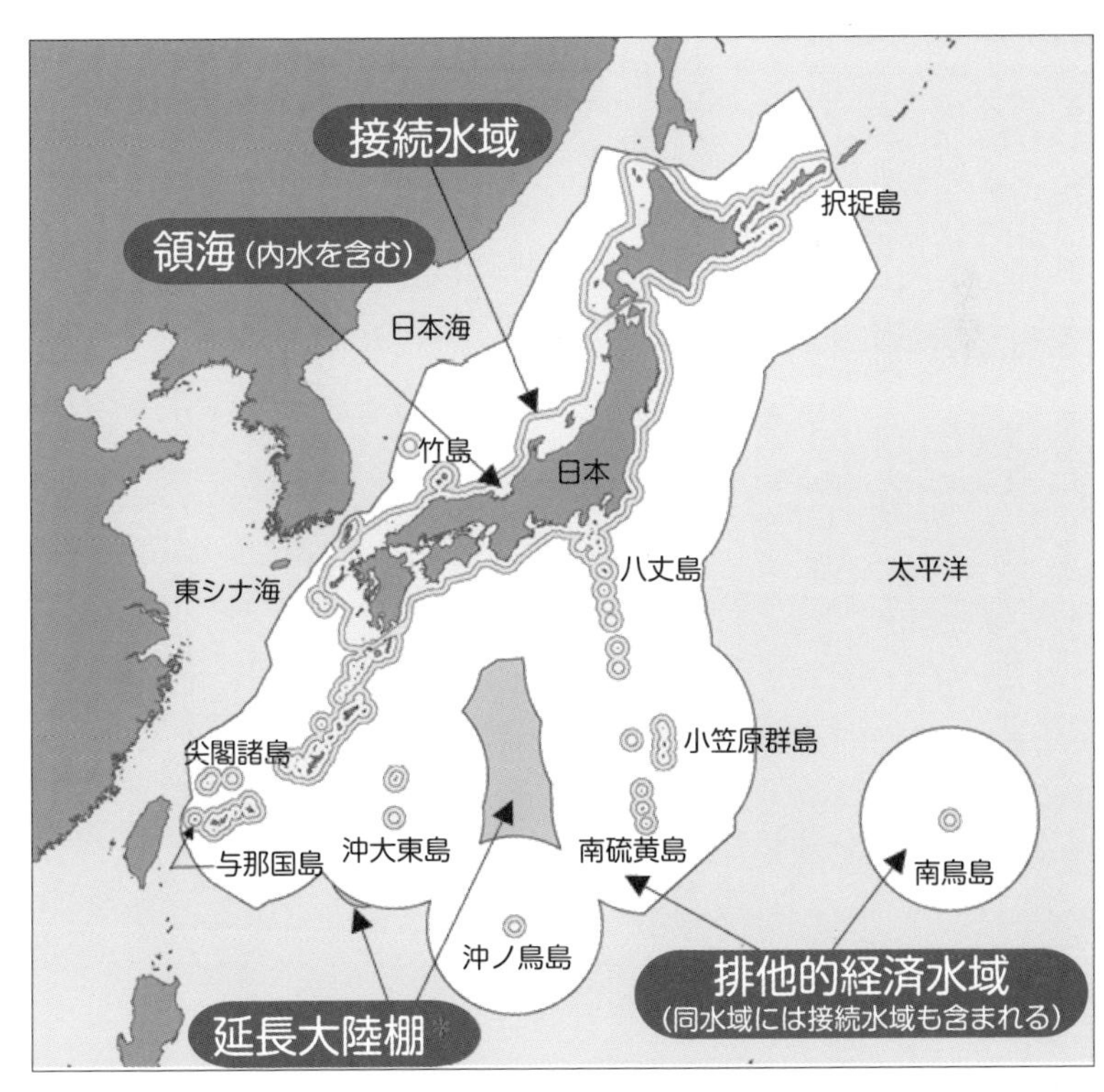

8

漁業の歴史その三（衰退期）

マイワシバブルが弾けた後の日本の水産業は衰退の一途を辿ります。

マイワシの激減

一九八〇年代終わりから、マイワシが激減しました。一九八八年の四四九万トンから、一九九八年には一七万トン、二〇〇五年には三万トンまで減少します。これによってマイワシの薄利多売で成り立っていた経営体は大打撃を受けました。

その後の詳細な調査で、一九八九年から一九九二年の間、マイワシの卵の生き残りが極めて低く、四年連続で新規加入がほぼ途絶えた状態になっていたことがわかりました。仮に漁獲がなかったとしても資源量を維持できないぐらい、卵の生き残りが悪かったのです。人間による漁獲が始まる前の段階での死亡が原因なので、マイワシの減少要因は、乱獲ではなく、環境要因によるものと考えられています。

すべてにおいて右肩下がり

頼みの綱のマイワシが減少に転じると、日本漁業は衰退の一途をたどります。漁獲量（天然）はピーク時の三分の一の約三三〇万トンまで減少しました。

漁業が大幅に縮小したことから、雇用が悪化しています。漁業就業者数も経営体の数も減少しています。沿岸漁業の先行きを暗くしているのは、高齢化です。六〇歳以上の跡継ぎがいない生産者が大半を占めていて、世代交代が途切れているのです。

バブル期までは、国内生産が減っても、その分だけ海外の代替水産物を輸入することができたので、消費者への影響は限定的でした。近年は国際的な水産物需要の高まりから、輸入も減少傾向です。

今後の見通し

もし、日本の漁獲量の減少要因が、遠洋漁場の喪失とマイワシの減少二つの要因だけなら、一九九〇年代の中頃には漁獲量は下げ止まっていたはずですが、そうはなりませんでした。日本の漁業生産のなかで、マイワシと遠洋漁業とそれ以外に分けてみると図のようになります。確かにマイワシや遠洋漁業の落ち込みが激しいのですが、それ以外の漁獲量も一九七九年の五六〇万トンから、二〇一五年には二八八万トンへと半減しているのです。マイワシや遠洋漁業の激減に隠れていますが、それが底を打ったことで、その他の漁獲の減少が明白になったのです。

現在も日本の漁獲量は直線的に減少をしています。現在の減少傾向をそのまま伸ばしていくと二〇五〇年前後に漁獲量がゼロになるようなペースです。もちろん、すべての漁業が消滅することにはならないでしょうが、漁業に依存している沿岸地域の限界集落化は加速していくことでしょう。

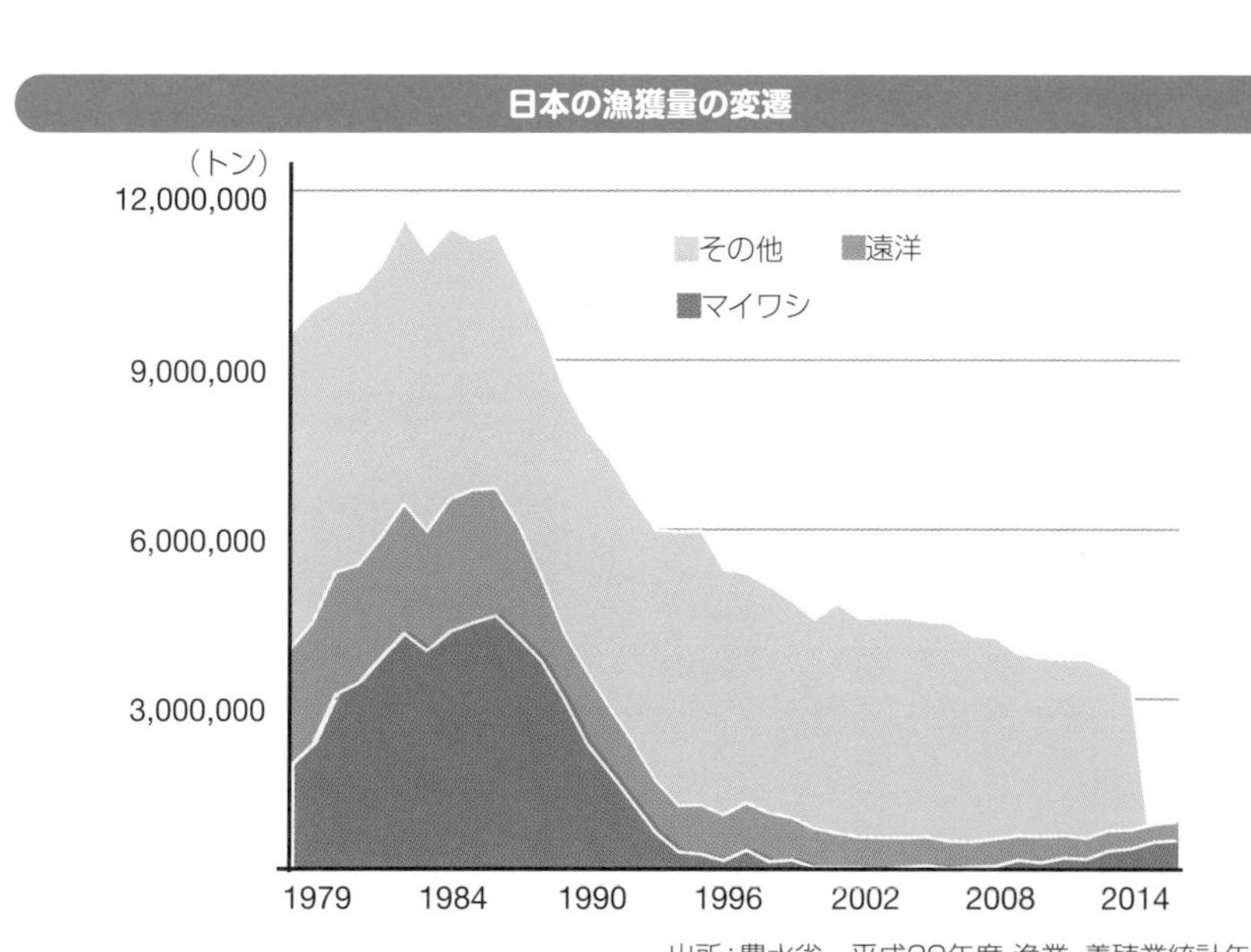

出所：農水省　平成29年度 漁業・養殖業統計年報

【限界集落】　過疎化により人口の50%以上が65歳以上の高齢者となった地域。共同体としての地域の維持が困難となった状態のこと。

9 減っている魚種、増えている魚種

最近、サンマやスルメイカの不漁がテレビなどでも良く取り上げられるようになりました。実は、これらの魚種だけでなく、ほとんどの魚種で資源が減少しています。

六八魚種中五九魚種が減少

農水省の魚種別の漁獲量の統計では、日本の主な六八魚種漁獲量が記録されています。二〇〇八年から二〇一八年までの過去一〇年間に六八魚種中、五九魚種で漁獲量が減少しました。そのうち二〇魚種では、漁獲量が半分以下に激減しています。

過去一〇年間に半分以下に減った魚種としては、サンマ、スルメイカ、ホッケなど、我々にとって身近な魚が数多くリストアップされています。

サンマやスルメイカは、減少の割合が大きいばかりでなく、元々の漁獲量が多かったので、漁獲量の減少も深刻です。また、これらの魚種に依存していた水産加工業などへの悪影響も懸念されます。

漁獲が増加した魚種

漁獲が増加した魚種は九種類でした。日本の大黒柱とも言えるマイワシの漁獲量が三万トンから五〇万トンに回復したのは、明るいニュースです。ただ、ピーク時の四〇〇万トンと比較すると依然として低い水準にあり、資源の更なる回復が期待されています。

漁獲量が増加したニシンも、かつては生産性が非常に高かった資源で、北海道だけで一〇〇万トン以上の漁獲を記録したこともあります。マイワシ、ニシンについては、本来のポテンシャルを発揮しているとは言い難い状態です。

ブリやサワラは近年の水温の上昇の結果、分布が北に広がり、漁獲量が増加傾向です。

1-9　減っている魚種、増えている魚種

漁獲量が半分以下に減った魚種

メバチ	0.49 倍	サケ類	0.32 倍
アナゴ類	0.48 倍	ソウダガツオ類	0.28 倍
アワビ類	0.46 倍	サンマ	0.28 倍
コノシロ	0.45 倍	その他の水産動物類	0.27 倍
カタクチイワシ	0.40 倍	イカナゴ	0.25 倍
その他のカジキ類	0.40 倍	スルメイカ	0.25 倍
クルマエビ	0.37 倍	アカイカ	0.19 倍
海産ほ乳類	0.36 倍	アサリ類	0.19 倍
オキアミ類	0.35 倍	マス類	0.13 倍
タチウオ	0.35 倍	ホッケ	0.12 倍

出所：農水省　平成29年度 漁業・養殖業統計年報

漁獲量が増えた魚種

マイワシ	14.99 倍
ニシン	3.58 倍
ミナミマグロ	1.65 倍
ブリ類	1.32 倍
マダラ	1.28 倍
ウルメイワシ	1.14 倍
サバ類	1.04 倍
マダイ	1.02 倍
サワラ類	1.01 倍

出所：農水省　平成29年度 漁業・養殖業統計年報

10 漁業産出額の推移

日本の漁業産出額は一九八二年をピークに減少に転じました。二〇〇三年以降は、ピーク約半分の一兆五〇〇〇億円程度の水準で安定的に推移しています。

生産金額の推移

一九六〇～一九七〇年代を通して**漁業産出額**は急激に増加しました。漁獲量が増えたことに加えて、日本経済が成長したことで、魚の価格も上がったからです。

一九八〇年代から、生産金額は減少に転じます。日本経済は絶好調でバブル期へと突入していき、魚の価格は高騰したのですが高級魚を中心に漁獲量が減少したからです。

一九八〇年代の日本の漁獲量を支えていたのは爆発的に増えたマイワシでした。マイワシは食用の需要が限定的であり、漁獲の大半は、養殖や畜産の餌として、安価に取引されており、マイワシ主体の漁業では、量は稼げても、金額は稼げなかったのです。

漁業生産金額は近年横ばい

日本の漁獲は直線的に減少しているにもかかわらず、ここ二〇年程度は、**漁業生産金額**は横ばいです。その理由は魚の価格が上がっているからです。

日本は国産魚の減少を輸入で補ってきたことは先に指摘したとおりですが、世界的な魚価の向上によって、これまでのように安く魚を海外から調達するのが不可能になりました。二〇〇一年をピークに輸入量も減少に転じます。

現在は、輸入を含む水産物の供給量が直線的に減少し、結果として国産水産物の争奪戦になり、国産水産物の価格が上がっているのです。

価格の上昇が招く魚離れ

生産金額の上昇自体は、水産業にとって望ましいことではありますが、現状は両手放しで喜べる状況ではありません。近年の生産金額の微増は、輸入の減少によって、水産物の単価が上がったことが原因です。原価が上がったことで、末端の小売価格も上昇していきます。すでに、肉など他の動物性タンパク質と比較して、水産物が割高な状態になっていて、水産物の消費は減少傾向にあります。

このまま供給量の不足が続くと、割高な水産物は敬遠されて、需要の減少(すなわち魚離れ)が危惧されます。

また、水産物の価格だけが上がっていくとは思えないので、遅かれ早かれ価格の上昇は頭打ちになり、生産量が減った分だけ、生産金額も減少するようになるでしょう。

漁業・養殖業の生産金額

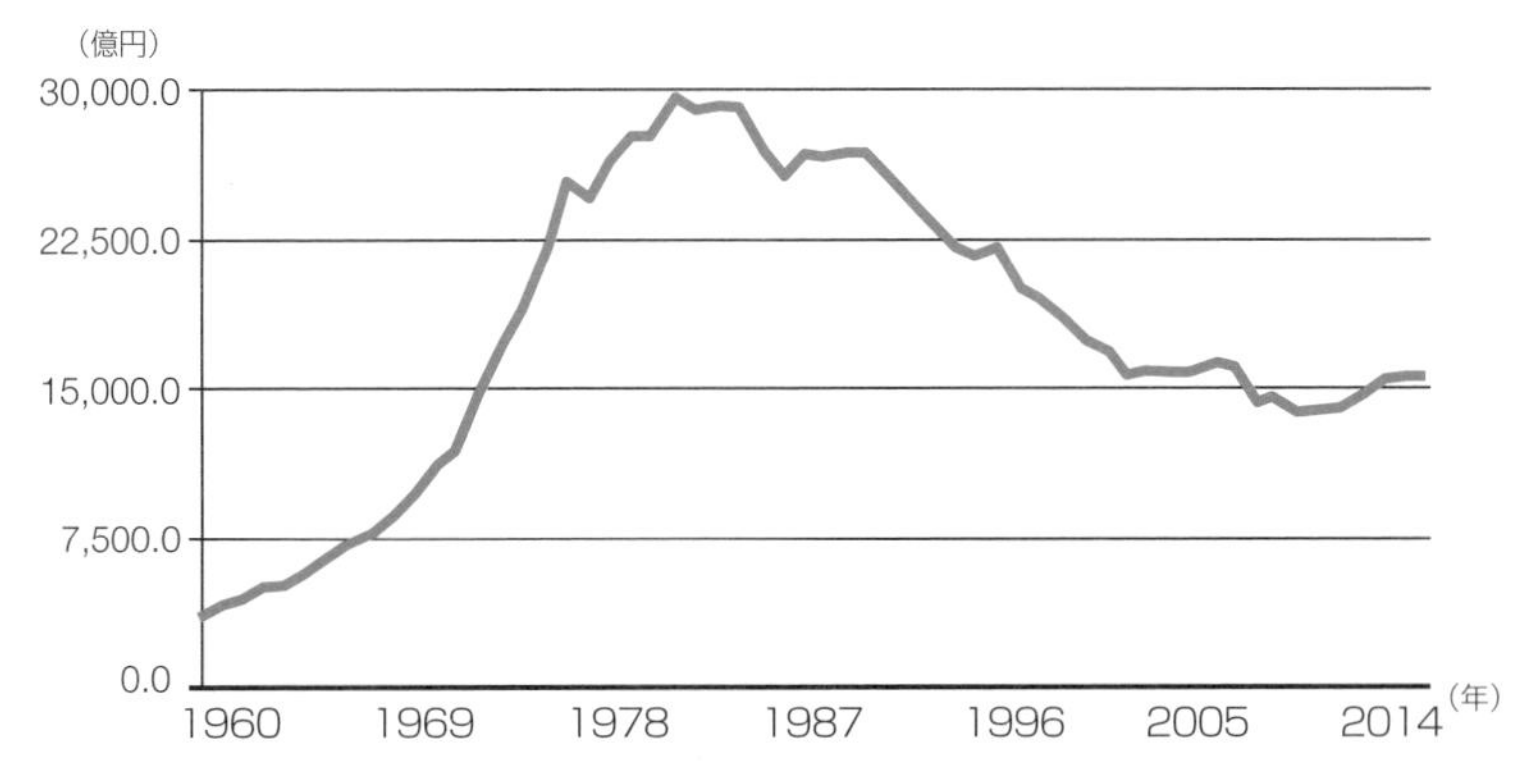

出所：農水省 漁業産出額

11 漁業就業者の推移

過疎高齢化が進む日本の水産業は、このままだと存続が危ぶまれるような状況に陥っています。

漁業者の減少

漁業従事者(年間三〇日以上、海上の仕事に従事する人)は、一九七三(昭和四八)年には五〇万人を越えていたのですが、二〇一七年には一五・三万人まで減りました。

高齢化も深刻な問題です。二〇一七年の調査では、約四割が高齢者(六五歳以上)となっています。一方で、二四歳以下の漁業者は全体の約四%に過ぎず、世代交代ができていないことがわかります。

最近の新規漁業従事者は、年間二〇〇〇名程度です。その六割は、定置網、底引き網、巻網などの雇われ労働者です。廃業する人の方が多いため、漁業従事者は年間七〇〇〇名のペースで減少しています。漁業従事者の減少は今後も続きそうです。

高い参入障壁

沿岸漁業では、漁師の子供が漁業を継ぐことが前提になっています。漁師の子供が父親の船にのって、仕事を覚えて、自分の船を持って独立する、というのが沿岸漁業の一般的は新規加入方法でした。跡継ぎが十分にいた時代は、よそ者が沿岸漁業に参入しようとしても、門前払いをされていました。

長年にわたり新規加入がほぼ途絶えたことで、沿岸漁業者は跡継ぎがいない中高年がマジョリティになっています。現状を放置していては、沿岸漁業の従事者が減少するのは確定的です。

漁師の子供でなくても、沿岸漁業に従事できるように参入障壁を下げていく必要があるでしょう。

【漁業従事者における女性の割合】 農林水産省の調査では漁業従事者における女性の割合は14%弱となっている。反面、陸上作業従事者では38%を超え、水産加工業務では60%を超えて男女比が逆転している。

漁村を去った漁師の子供達

漁師の子供が漁業を継がない状態は、産業の存続に関わる問題です。残念なことに「漁業では食っていけない（生活が成り立たない）ので自分の代で終わり」と言う漁業者が多くいます。

漁業の仕事は、危険を伴う肉体労働にもかかわらず、所得が低く、老朽化した漁船の更新もままならない状況です。水産資源も減少しています。先行きの無さを実感している漁業者は、子供が漁業を継ぎたがっても、反対せざるを得ません。漁業者の子供が漁業を継ぎたかったけれど、親に反対されて断念をしたというのは漁村では良く聞く話です。漁師の子供が漁業を継げるように、漁業の生産性を高めていく必要があります。

国内にも安定的に高収入が得られる漁業が少数ながら存在します。そのような漁業では、世代交代がうまくいっています。安定して地方公務員並かそれ以上の所得が期待できる漁業は、後継者に困っていないようです。

年齢別漁業就業者数と 39 歳以下の割合

（万人）

(年)	2003	2008	2013	2014	2015	2016	2017
75歳以上	1.7	2.2	2.3	2.1	2.2	2.2	2.2
65〜74	6.3	5.3	4.1	3.9	3.9	3.8	3.4
55〜64	5.8	5.7	4.5	4.1	3.9	3.6	3.4
40〜54	6.6	5.4	4.1	4.0	3.7	3.6	3.7
25〜39	2.8	2.9	2.5	2.5	2.4	2.2	2.2
15〜24歳	0.7	0.7	0.5	0.6	0.6	0.6	0.6

出所：漁業センサス

12 養殖生産量の推移

世界では養殖が急速に成長していますが、日本では緩やかな減少傾向です。

養殖生産量の推移

世界の養殖生産は急激な増加を続けて、近年には天然の漁獲量を超えて、急成長を続けています。一方、日本では**養殖**の生産量も減少しています。農水省の統計によると、日本の養殖生産量は一九九四年の一三四万トンをピークに減少に転じ、二〇一七年は一〇三万トンまで減少しています。

日本の養殖生産量の減少は、利益率が低いことから、経営体の数が減少しているのが主要因と考えられています。日本の養殖業の成長産業化には、安定して利益を出せるような経営基盤の強化が不可欠です。

養殖の内訳

二〇一七年の養殖生産量の内訳を図示しました。生産量が多い方から、ノリ類の三〇万トン、カキ類一七万トン、ブリ類一四万トン、ホタテ貝一四万トンとなっています。海藻は水分を含んだ湿重量、貝類は殻などの非食部も含めた重量です。

ノリ、カキ、ブリ、ホタテの四魚種で日本の養殖生産の七五%を占めています。魚類の養殖生産をみると、ブリとマダイで生産量の八〇%以上を占めています。

日本の養殖業は、種類は多いのですが、実際に大量に生産されているものは多くありません。

1-12 養殖生産量の推移

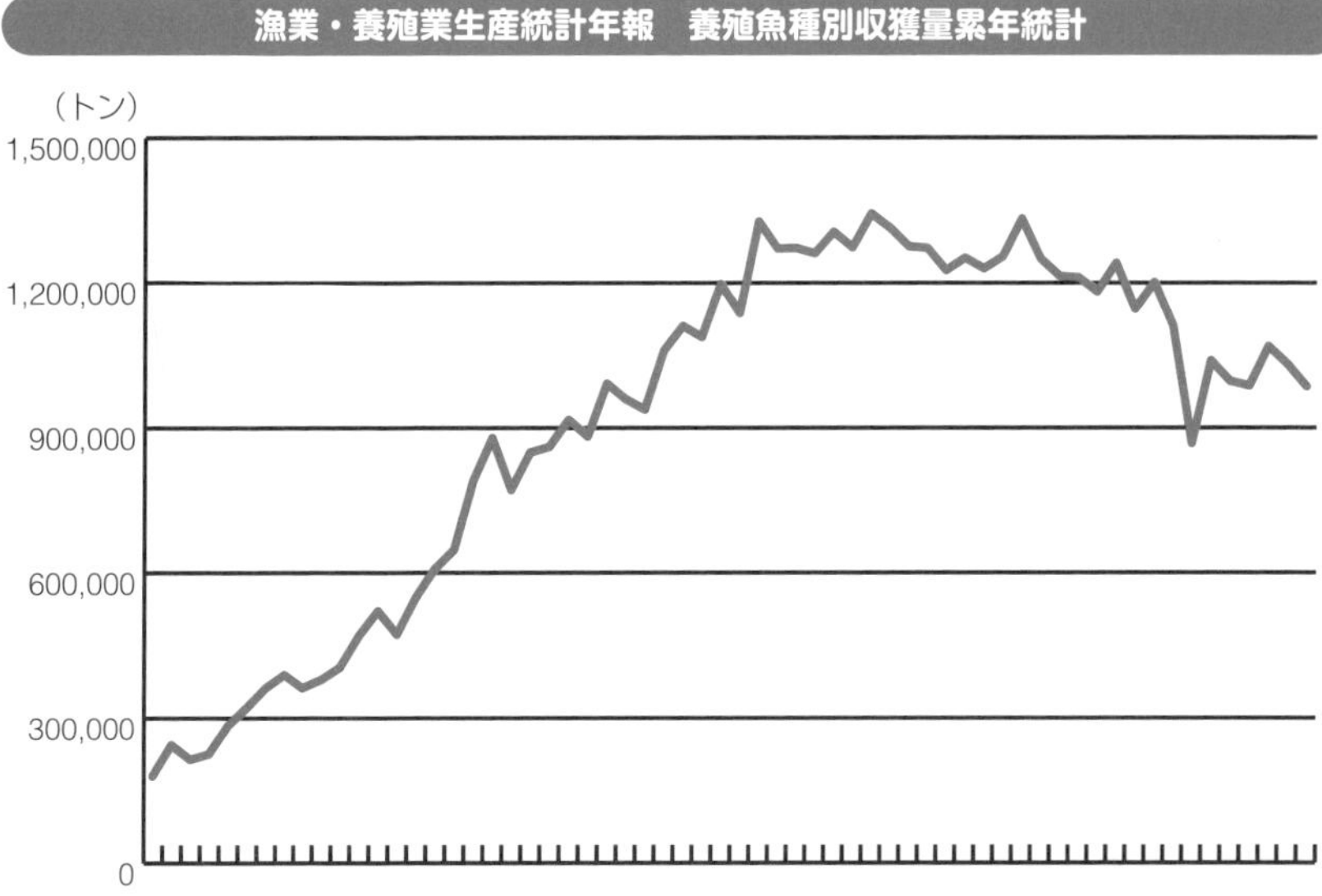

出所：農水省　海面漁業生産統計調査

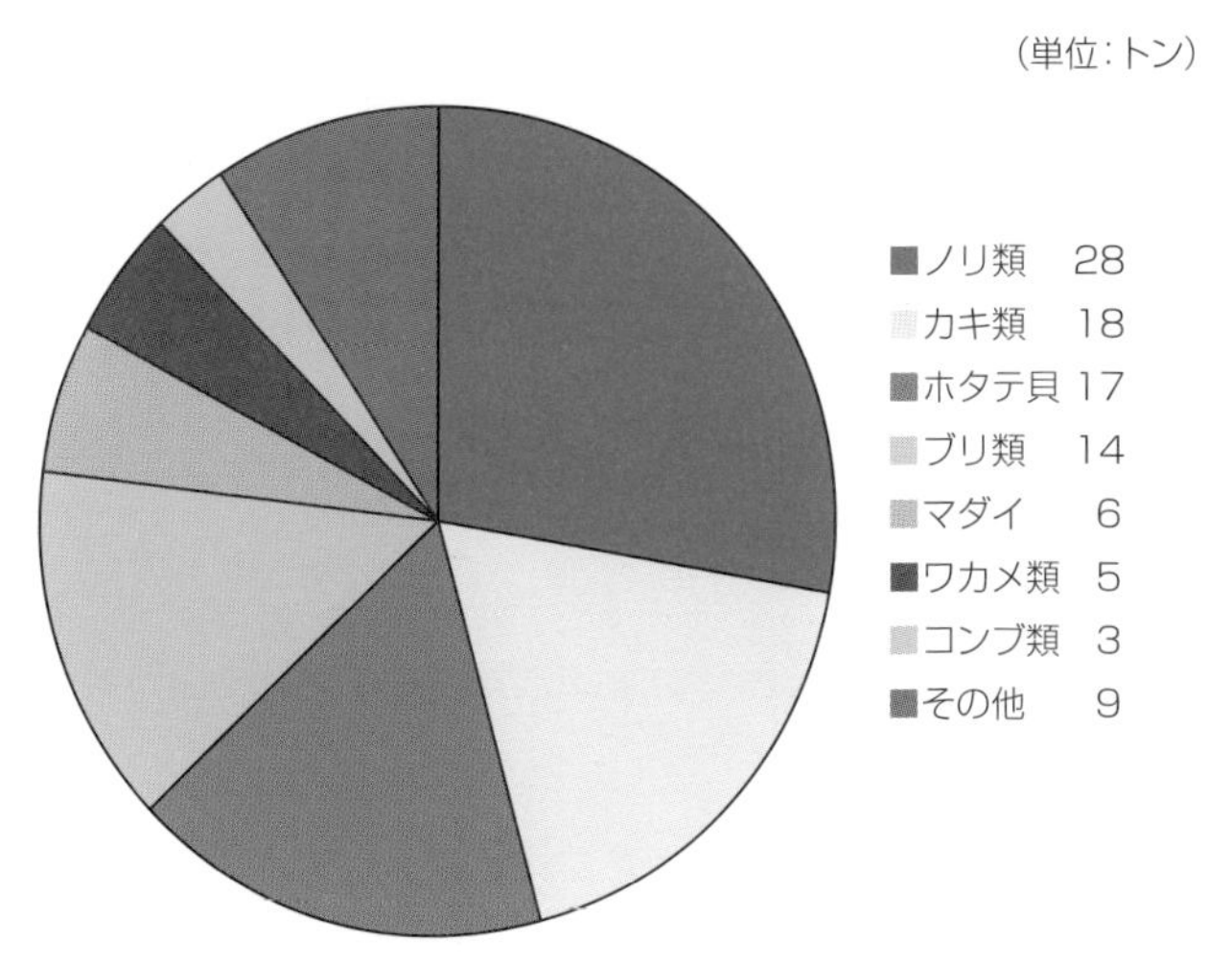

出所：農水省　海面漁業生産統計調査

13 養殖経営体の減少

日本の養殖においても、経営体の減少が顕著です。

なぜ獲る漁業以上に養殖業の経営体が減るのか

農林水産省が五年ごとに実施している**漁業センサス***によると、一九九三年から二〇一八年の間に養殖経営体数は、五八%の減少でした。獲る漁業よりもむしろ養殖業の方が経営体の減少率が高くなっています。

養殖ではランニングコストが必要になります。養殖をするには、ロープやイケスなどの資材の他に、種となる種苗を購入する必要があります。また、えさ代や人件費なども必要になります。これらのコストを捻出できない体力のない経営体から、廃業を余儀なくされます。

規模の拡大が続く日本の養殖業

養殖の生産量はそれほど減少していません。廃業した経営体の漁場を、より体力がある経営体が引き継いで、生産規模を拡大するからです。日本では、小規模経営体の退出による大規模化が進行しています。

養殖はスケールメリットがものを言う産業です。資材の調達、生産プロセスの合理化、勤務のローテーション、出荷先との価格交渉など、あらゆる面において大規模化の恩恵を受けることができます。ノルウェーは養殖経営体の大規模化を国策として推進し、産業を発展させています。基本的には企業が行った方が、利益を出しやすいのですが、日本では漁業権の関係で、企業が参入しづらい状況が続いています。

***漁業センサス**　1949年に開始され、1963年以降は5年ごとに実施。最新の調査は2018年に実施されている。我が国の漁業の生産構造、就業構造を明らかにするとともに、漁村、水産物流通・加工業等の漁業をとりまく実態と変化を総合的に把握するのが目的。

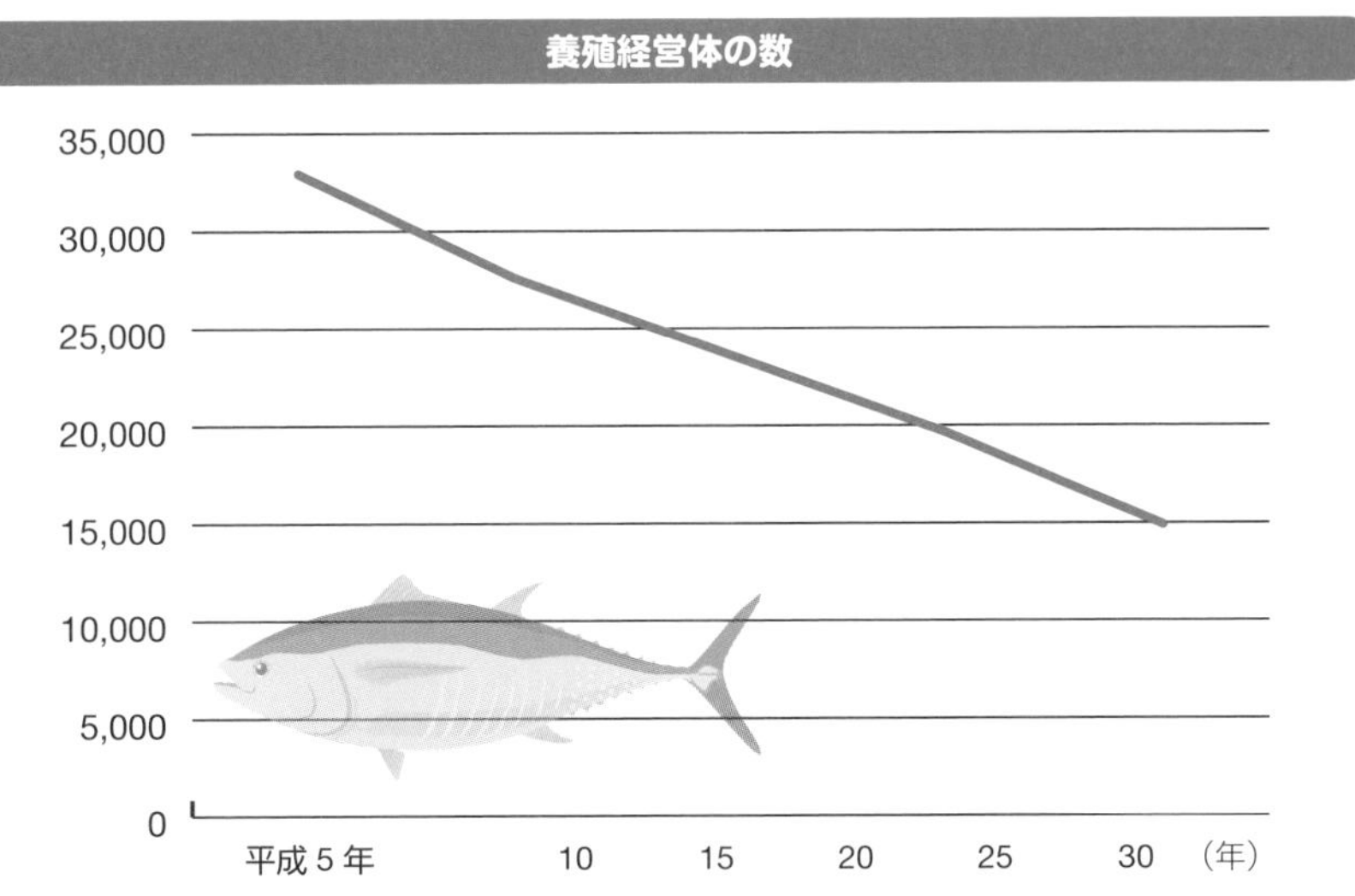

出所：2018年 漁業センサス

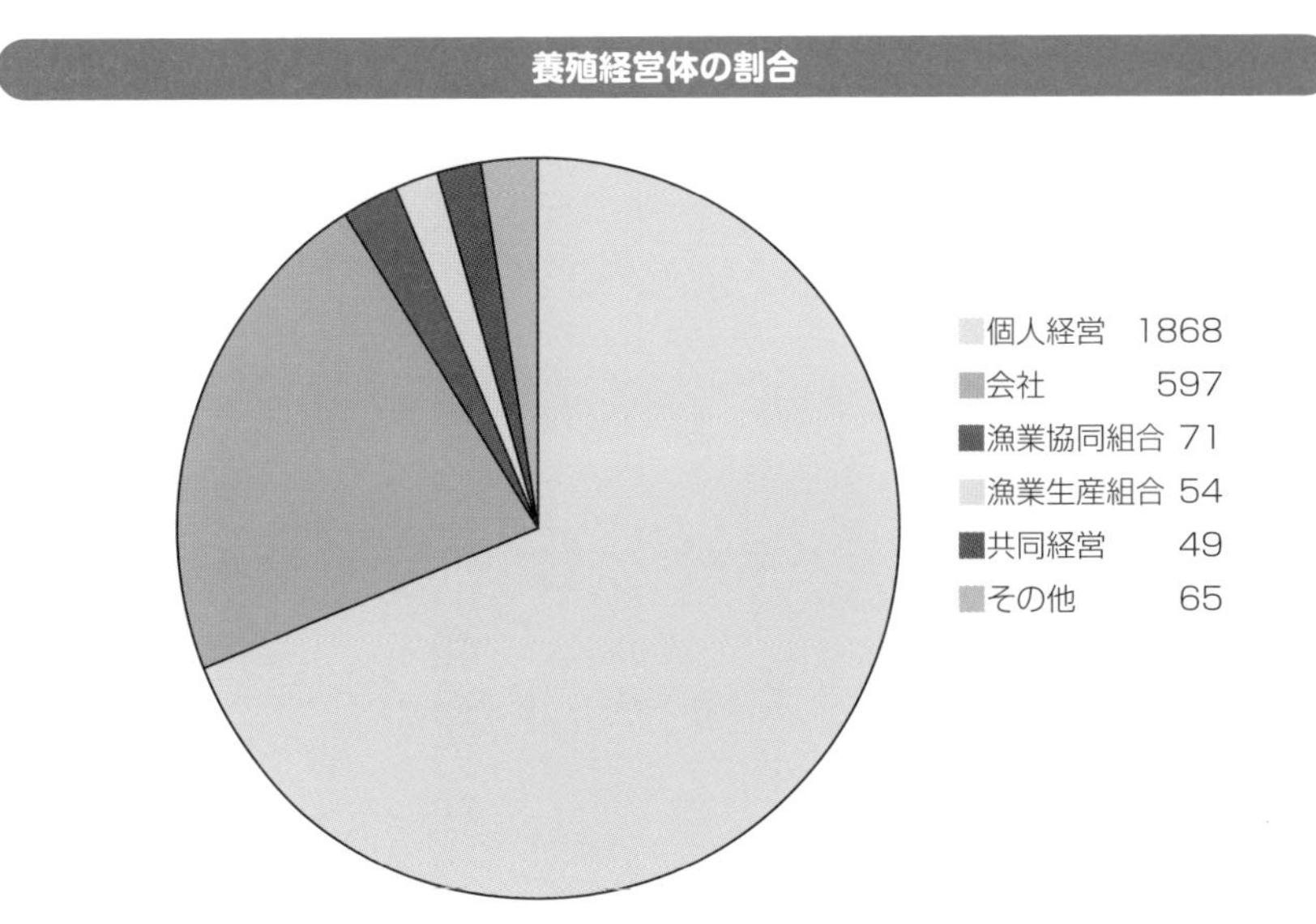

出所：2018年 漁業センサス

14 個人経営体の漁業所得

二〇一六（平成三〇）年の個人経営体の平均漁労所得は二四九万円でした。現在の漁業から得られる所得は、他産業と比較しても低い水準となっています。

個人経営体の所得

日本の漁業経営体のほとんどが個人経営の漁船漁業です。二〇一六（平成三〇）年の個人経営漁船漁業の収入は八四〇万円でした。支出で一番大きいのが雇用労賃で、次に大きいのが油費でした。漁協に払う販売手数料や修繕費もばかになりません。

収入から支出を引いた所得は、二〇一六（平成二八）年が三二七万円、二〇一七（平成二九）年度が二九七万円、二〇一八（平成三〇）年が二四九万円と減少傾向です。

厚労省の調査によると二〇一七年の全世帯の平均所得は五五二万円となっており、水産業の所得水準が他産業と比較して低いことがわかります。

数字だけでは計れない漁村の豊かさ

漁村の生活には金銭では評価できない豊かさが存在します。漁村では、四季折々の新鮮な魚は手に入るし、コメや野菜を近所の農家との物々交換で入手できます。年金をもらいつつ、悠々自適に働いている高齢漁業者にとっては、現金収入が二〇〇万でも暮らしていくには十分かもしれません。

しかし、これから家庭を持って子育てをしようという若者世代には、現金収入が必要になります。子供を大学に通わせるには、学費や下宿代などがかかります。子供を過疎化が進み、地元の小学校が合併・閉校されるケースも増え、子供の教育がますます難しくなっています。

1-14　個人経営体の漁業所得

漁労所得と補助・補償金の推移

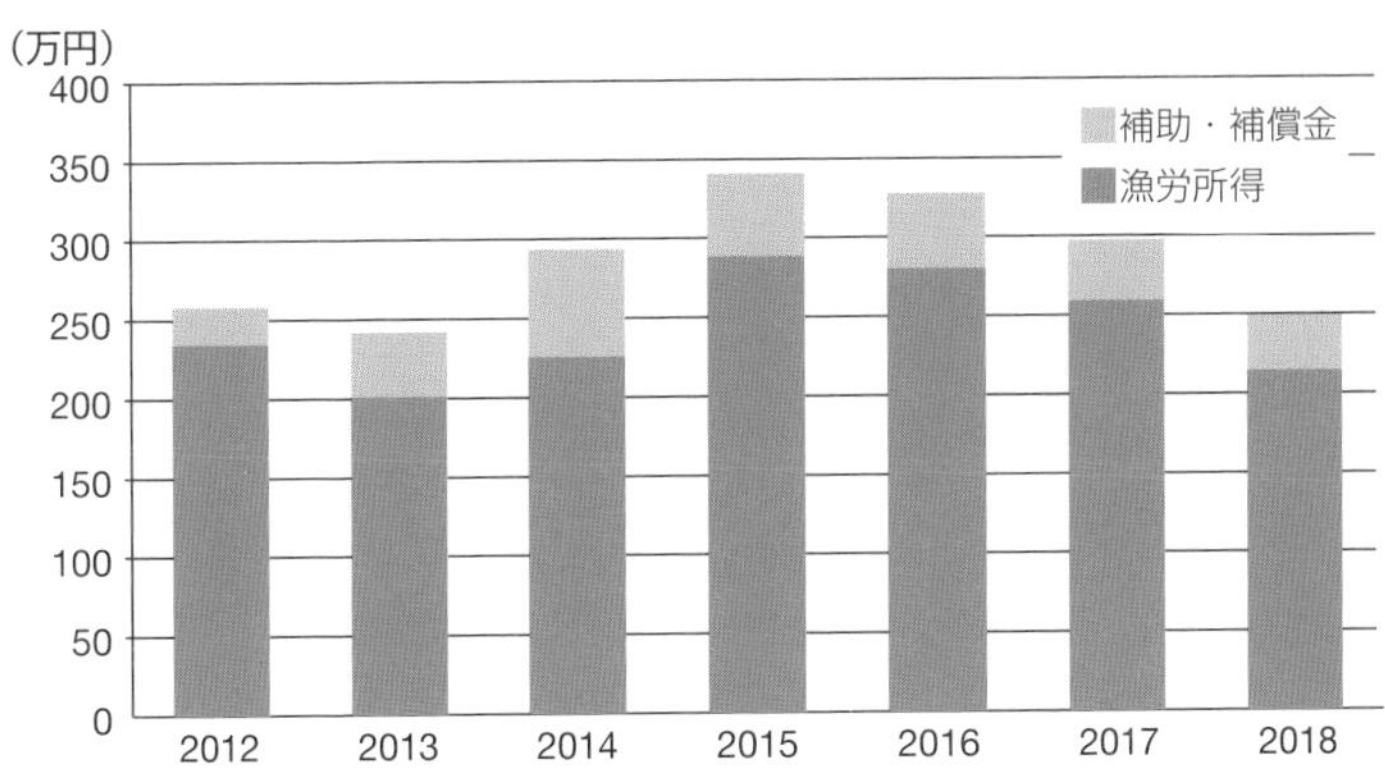

個人経営体（漁船漁業：1人あたり）の経営収支

区分	2017 平成29年	2018 平成30年	対前年比	対前年増減率
	千円	千円	千円	%
漁労収入	8,721	8,398	△323	△3.7
うち補助・補償金（漁業）	384	349	△35	△9.1
漁労支出	5,749	5,910	161	2.8
うち雇用労賃	1,195	1,173	△22	△1.8
油費	890	1,024	134	15.1
減価償却費	679	699	20	2.9
販売手数料	529	501	△28	△5.3
修繕費	462	481	19	4.1
漁船・漁具費	379	418	39	10.3
漁労所得	2,972	2,488	△484	△16.3
漁労所得率（%）	34.1	29.6	△4.5	△13.2
漁獲量（kg）	15,717	15,908	191	1.2

出所　平成30年漁業経営調査

本調査は、2013漁業センサスに基づく漁業経営体のうち、①個人経営体で海面漁業を営む専業または第一種兼業（自家漁業からの収入が自家漁業以外の収入よりも大きい経営体）、②会社経営体で海面漁業を営む経営体（漁船漁業は使用する動力漁船の合計トン数が10トン以上の経営体）を対象に実施した。

15 企業経営体の漁業利益

二〇一六(平成二八)年の企業経営体の漁労所得は二七六七万円の赤字でした。企業でも利益を出すのが難しい状況です。

企業経営体は慢性的な赤字

日本の漁業経営体のほとんどが小規模な個人経営ですが、複数の船を使う巻網などの大規模な漁法では、会社経営体による操業が一般的に行われています。会社の規模は、マルハニチロやニッスイのような一部上場企業から、親族企業まで様々です。

船を使って天然魚を獲る一般的な漁業のことを**漁船漁業**と呼びます。漁船漁業の会社経営体の平均漁労利益は、平成二八年は一七三二万円の赤字、二〇一七(平成二九)年は一〇三九万円の赤字、二〇一六(平成二八)年は二九六七万円の赤字でした。年によって、金額の増減はあるものの、企業経営体の平均漁労所得は慢性的に赤字の状況が一〇年以上続いています。

獲る漁業では大規模化の効果は限定的

農業や養殖とは異なり、獲る漁業では大規模化や企業化が、必ずしも収益の改善につながるわけではありません。

漁船の階層別に平均漁労利益を比較してみると、大規模な漁船ほど赤字の金額が大きくなる傾向がありました。大規模な漁業は、大量の漁獲を安く売るのが前提となっている場合が多く、大規模な資源が減少したときには赤字が膨らむ傾向があります。

小型の船であれば、資源の規模はそこまで大きくなくても採算がとれます。そのときに多い魚を柔軟に狙うことで、最低限の利益を確保しやすいのです。

【一部上場企業】 マルハニチロで売上高9,052億円(2020年3月期)となっている。なお漁業・養殖392億円で、売上の大部分は商事、加工の分野となっている。ニッスイは売上高6900億円(2020年3月期)で、漁業・養殖・加工を含めた水産事業の売上で2,896億円となっている。

1-15　企業経営体の漁業利益

会社経営体（漁船漁業：1経営体あたり）の経営収支

区　分	平成29年	平成30年	対前年比	対前年増減率
	千円	千円	千円	%
漁労売上高	368,187	331,956	△36,231	△9.8
漁労支出（①+②）	378,576	359,622	△18,954	△5.0
漁労売上原価①	317,904	298,870	△19,034	△6.0
うち労務費	121,838	111,054	△10,7784	△8.9
油費	47,110	54,639	7,529	16.0
減価償却費	34,590	31,436	△3,154	△9.1
修繕費	30,591	30,556	△35	△0.1
漁船・漁具費	28,520	21,398	△7,122	△25.0
漁労販売費および一般管理費②	60,672	60,752	80	0.1
漁労利益	△10,389	△27,666	△17,277	nc
漁労外利益	28,541	30,483	1,942	6.8
営業利益	18,152	2,817	△15,335	△84.5
営業外収益	11,285	14,310	3,025	26.8
営業外費用	5,417	3,921	△1,4696	△27.6
経常利益	24,020	13,206	△10,814	△45.0
漁獲量（トン）	1,883	2,048	165	8.8

出所：平成30年漁業経営調査

会社経営体の漁船規模ごとの漁労利益（損益）

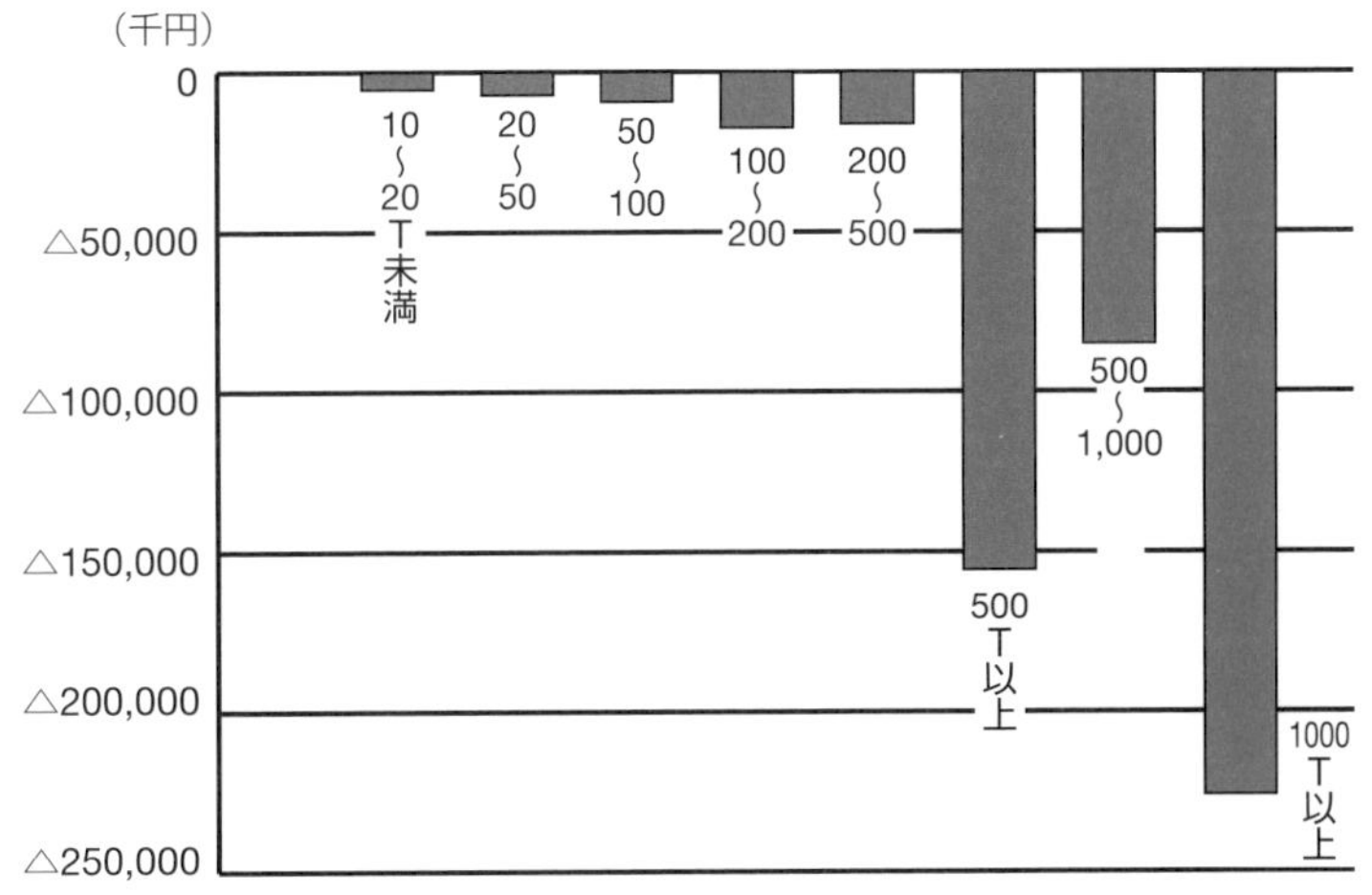

出所：平成30年漁業経営調査

16 水産資源の現状

日本の漁業生産の減少の背景には、水産資源の減少があります。「海に魚がいない」というのが日本の多くの漁業者の共通の悩みです。

九割の漁業者が資源の減少を実感

二〇一一（平成二三）年に農水省が、日本の漁業者に、わが国周辺海域の水産資源の状況について質問したところ、「資源は減少している」と答えた漁業者が約九割で、「資源は増加している」と答えた漁業者は〇・六％に過ぎませんでした。日本近海の水産資源が減少しているというのは、日本の漁業者の総意といえます。漁業者と話をすると、「昔はこんなにたくさんの魚を獲った」という自慢話と、「最近はさっぱりだ」というぼやきがよく聞かれます。

この調査は二〇一一（平成二三）年の一度きりでしたが、漁獲量が減少していることからも、事態が改善していないことがわかります。

科学的なアセスメントでも資源の低下は明白

毎年、国の研究機関、水産研究・教育機構が日本近海の主要な水産資源の水準を評価しています。水準の評価は一九九六（平成八）年から行われているのですが、最新の二〇一八（平成三〇）年度の結果では、評価対象の資源の約半分が低水準である一方で、高水準なものは一六％でした。

日本では、過去二〇年程度の期間に資源量が変動した範囲の中で、現在の水準で高位・中位・低位のどこ位置するかによって水準を評価します。この評価方法で、低位の資源が多いということは、中長期的に減少傾向にある資源が多いことを意味します。

1-16　水産資源の現状

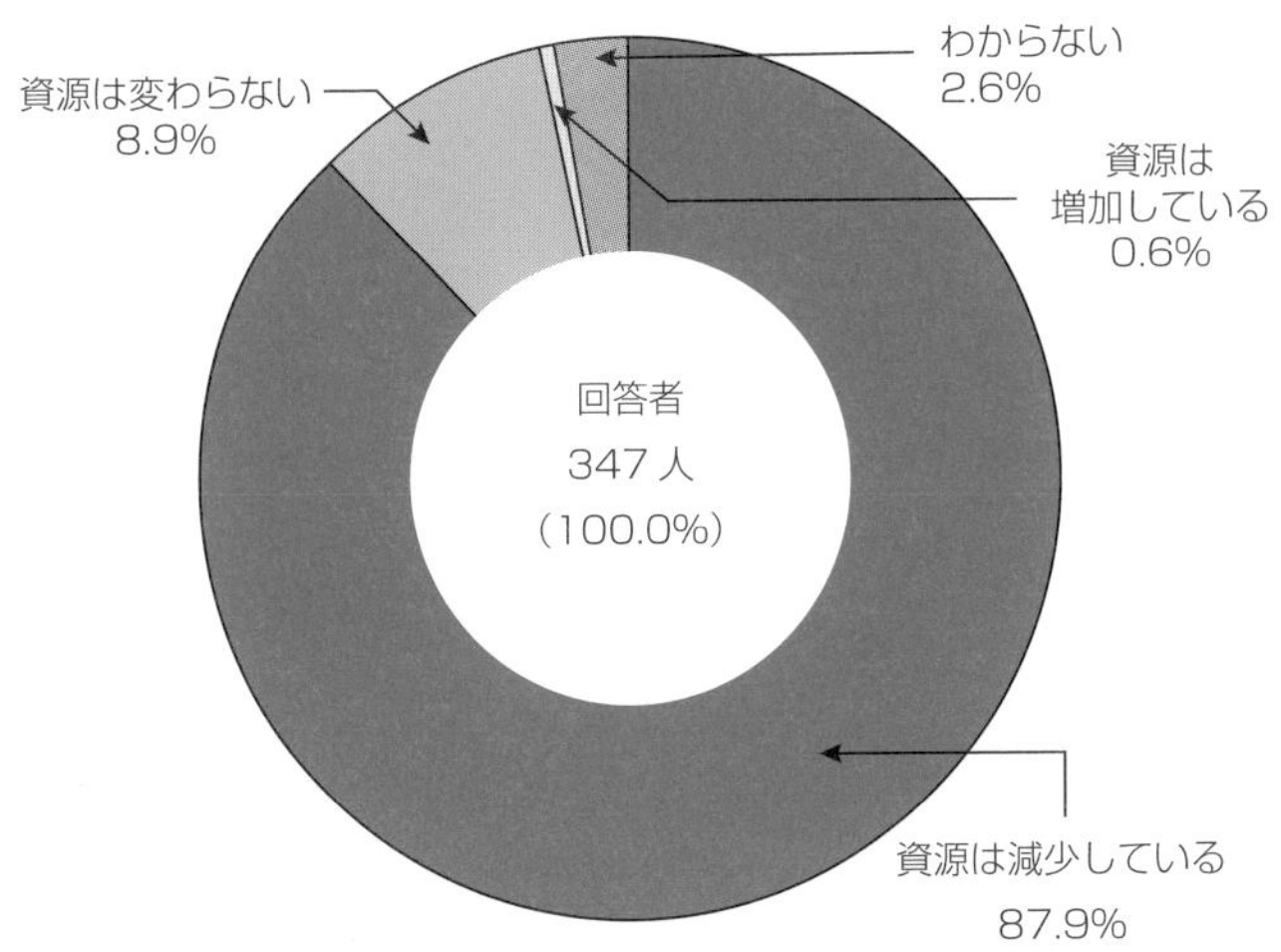

出所：食料･農業･農村および水産資源の持続的利用に関する意識･意向調査(農水省 平成23年)

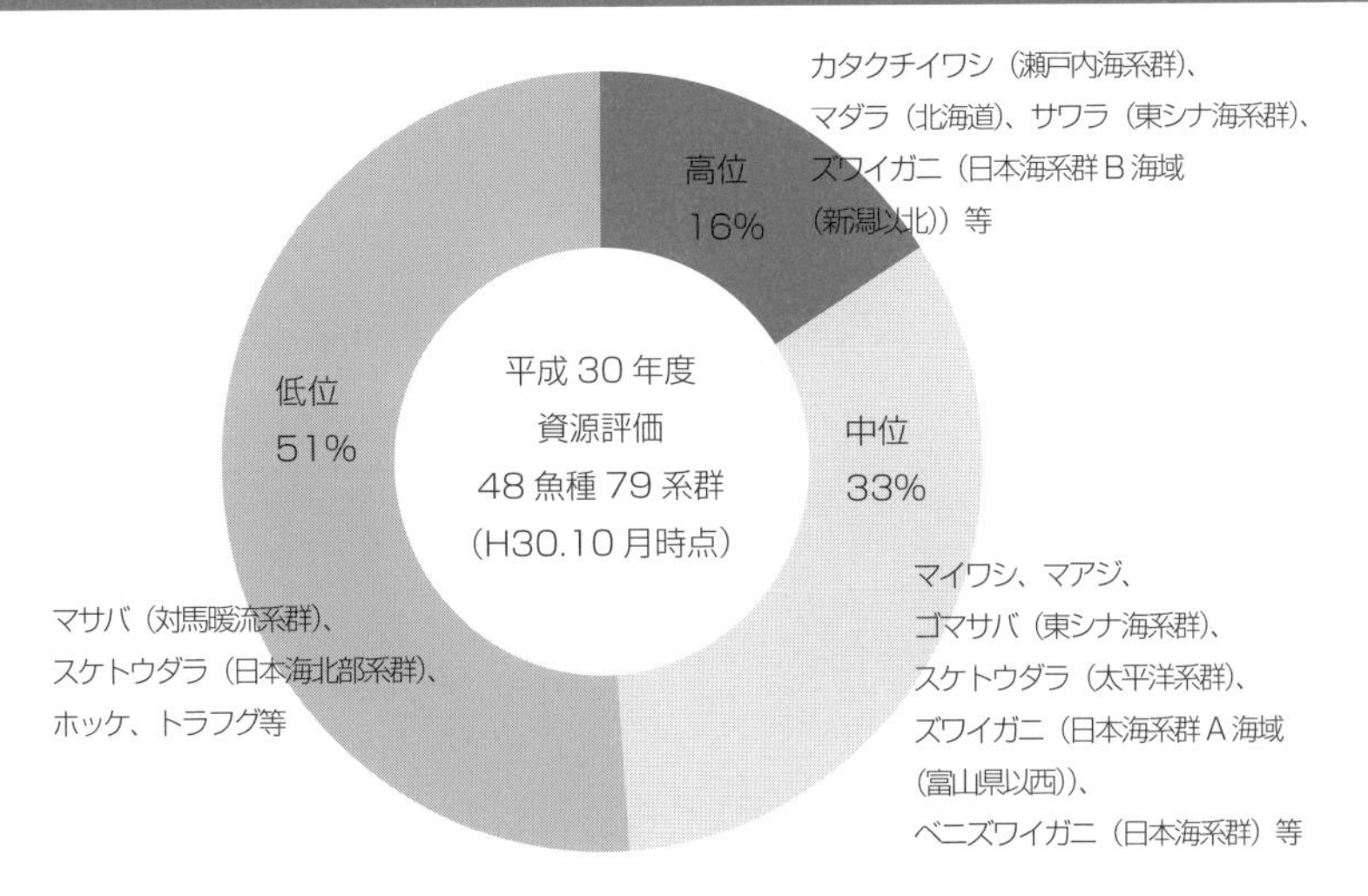

出所：国立研究開発法人　水産研究･教育機構

17

消費量の推移

水産物の消費量は、昭和の時代を通して増加して、ピークは二〇〇一（平成一三）年でした。その後は直線的に減少をして、現在はピーク時の六割程度です。

水産物消費量のピークは二〇〇一年

一人当たり一年当たり**供給純食料**（骨や頭など食べられない部分を取り除いた可食物の重量）の推移を図に示しました。

昭和の時代は、日本が豊かになるのと並行して、水産物の消費量も増えていったことが読み取れます。家庭に冷蔵庫が普及したことも、日常的に鮮魚が消費される後押しをしました。バブル期以降も水産物の消費は増加します。水産物の消費量は平成になってからも増え続けて、二〇〇一年にピークの四〇・二kgに達しました。昭和の終わり頃から漁獲量は減り始めていたのに、その後も漁獲量が伸び続けたのは、国産魚の減少以上に、輸入が増えたからです。

近年の魚離れ

二〇〇一年から国内生産と輸入の双方が減少することで、水産物の消費量は直線的に減少しています。二〇一七年の一人当たり年間消費量は二四・四ｋｇで、統計がとられだした一九六〇（昭和三五）年から最も低い値となっています。二〇〇一年にピークを迎えた後、たった一六年で四割も減ってしまったのです。

食用の水産物の供給が減少する一方で、養殖の餌などに使われる水産物の割合は増加して、四〇％～五〇％で安定的に推移しています。食用サイズになる前の未成魚中心の漁業の現状を見直す必要があるでしょう。

【自給率】　日本の水産物の自給率は、2018年度で魚介類（食用）59%、海藻類68%となっている。

1-17　消費量の推移

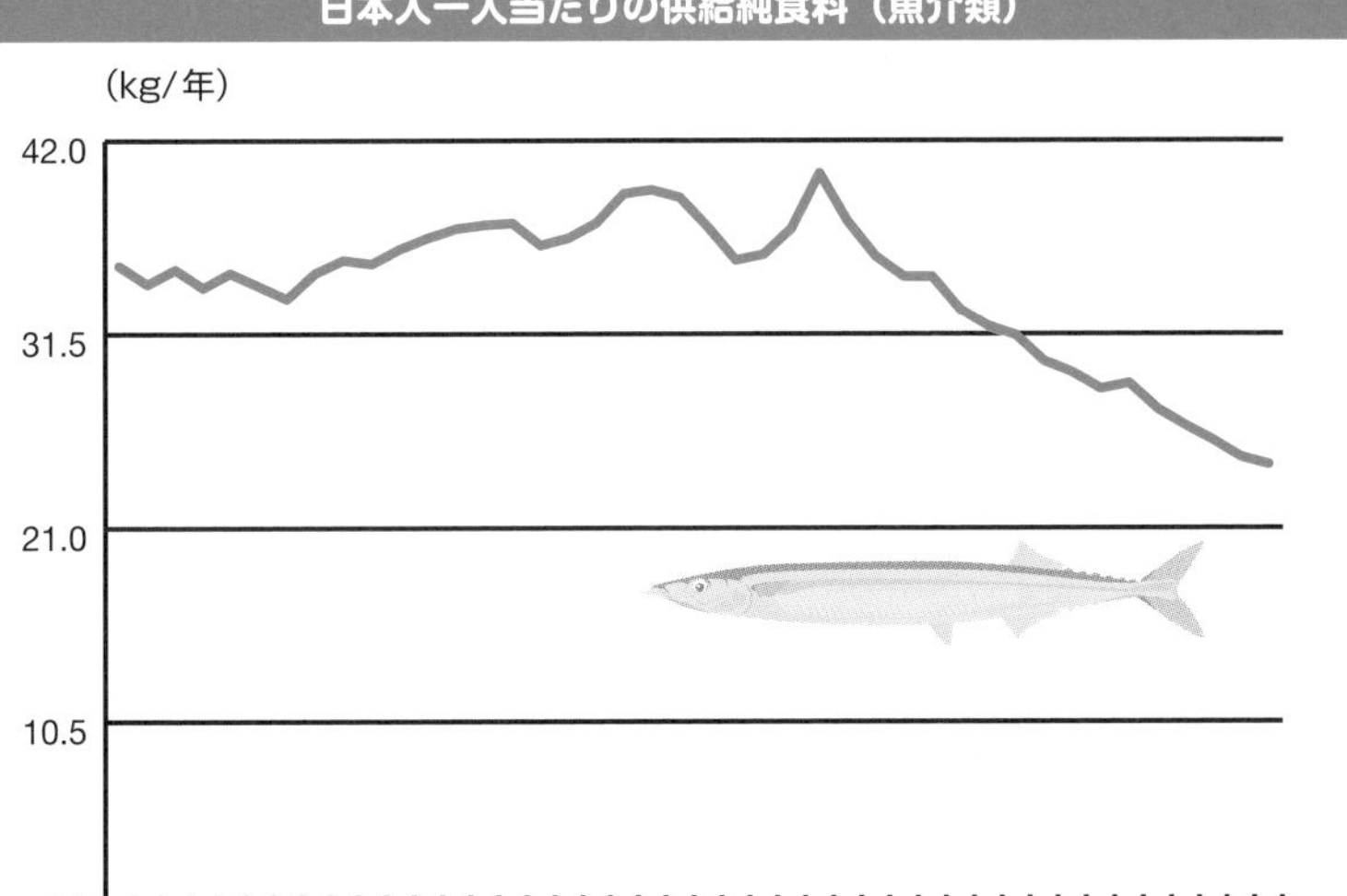

出所：食糧需給表

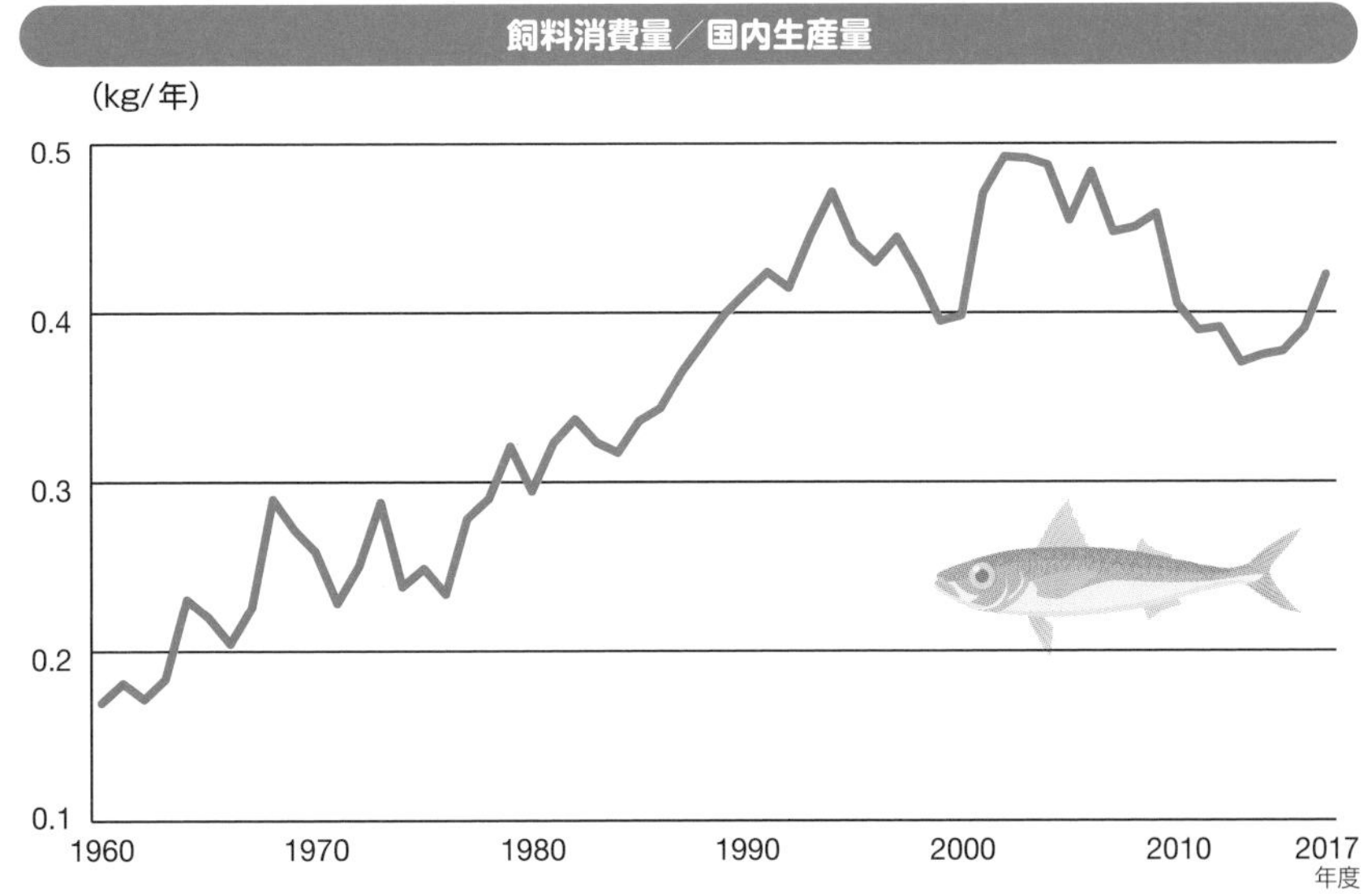

出所：食糧需給表

18

輸出入の逆転が起きた

歴史をひもとくと、日本はかつて水産物の輸出国でした。

水産物輸出国だった日本

明治時代に、日本は海外の進んだテクノロジーを積極的に導入し、富国強兵に励みました。その際に外貨が必要になるのですが、水産は綿などと並ぶ数少ない外貨の獲得手段でした。

小林多喜二の小説「蟹工船*」には当時の漁業の厳しい労働環境が記述されていますが、ここでつくられたかに缶はロシアなどに輸出され、日本人の口には入りませんでした。

戦後もしばらくは輸入よりも輸出の方が多い時代が続きます。一九七四(昭和四九)年までは輸入量よりも輸出量が多かったのですが、一九七五(昭和五〇)年以降は輸入が超過する状態が慢性化しています。

輸入依存へ

高度経済成長期に入って、日本の経済力が高まっていくと、輸入は増加の一途をたどります。バブル期には、世界屈指の購買力を背景に、世界中の魚が、日本に押し寄せてきました。国産魚が減ったぶんだけ輸入を増やすことができたので、供給は常に安定していました。

バブル崩壊の余韻が覚めやらぬ一九九〇年代には、日本の購買力は国際的に高い水準でした。また、当時は欧米先進国で需要がある水産物はエビやタラなどに限られていました。漁業国のほとんどが日本市場に売り込みをかけてきて、放っておいても世界中の魚が日本に集まってきたのです。

＊**蟹工船**　1929年に発表された。20世紀前半の労働者の厳しい状況を描いたプロレタリア文学の代表作とされる。オホーツク海でタラバガニを漁獲し、その場で缶詰に加工する大型船が舞台となっている。

買い負けによる輸入の減少

この魚余りは長く続きませんでした。バブル崩壊後の経済的停滞によって、日本の購買力が減少するのと並行して、寿司ブームや健康志向の高まりを背景に、他の先進国でも水産物の人気が高まってきたからです。

二〇〇〇年前後には、水産物の買い負けがニュースになりました。日本が買おうと思っていた水産物を、他国に奪われてしまう時代に突入したのです。これは裏を返すと、バブル期までは日本の勝者の独壇場で有り、海外に負けることはニュースになるぐらい希だったのです。最近は、買い負けという言葉自体を耳にしなくなりましたが、日本の購買力が回復したわけではありません。買い負けて当たり前になったので、ニュースにもならなくなったのです。

今後も世界の水産物の需要は増大することを前提に、日本の魚食文化を守るための戦略をとる必要があります。

日本の国内生産と輸入量の推移

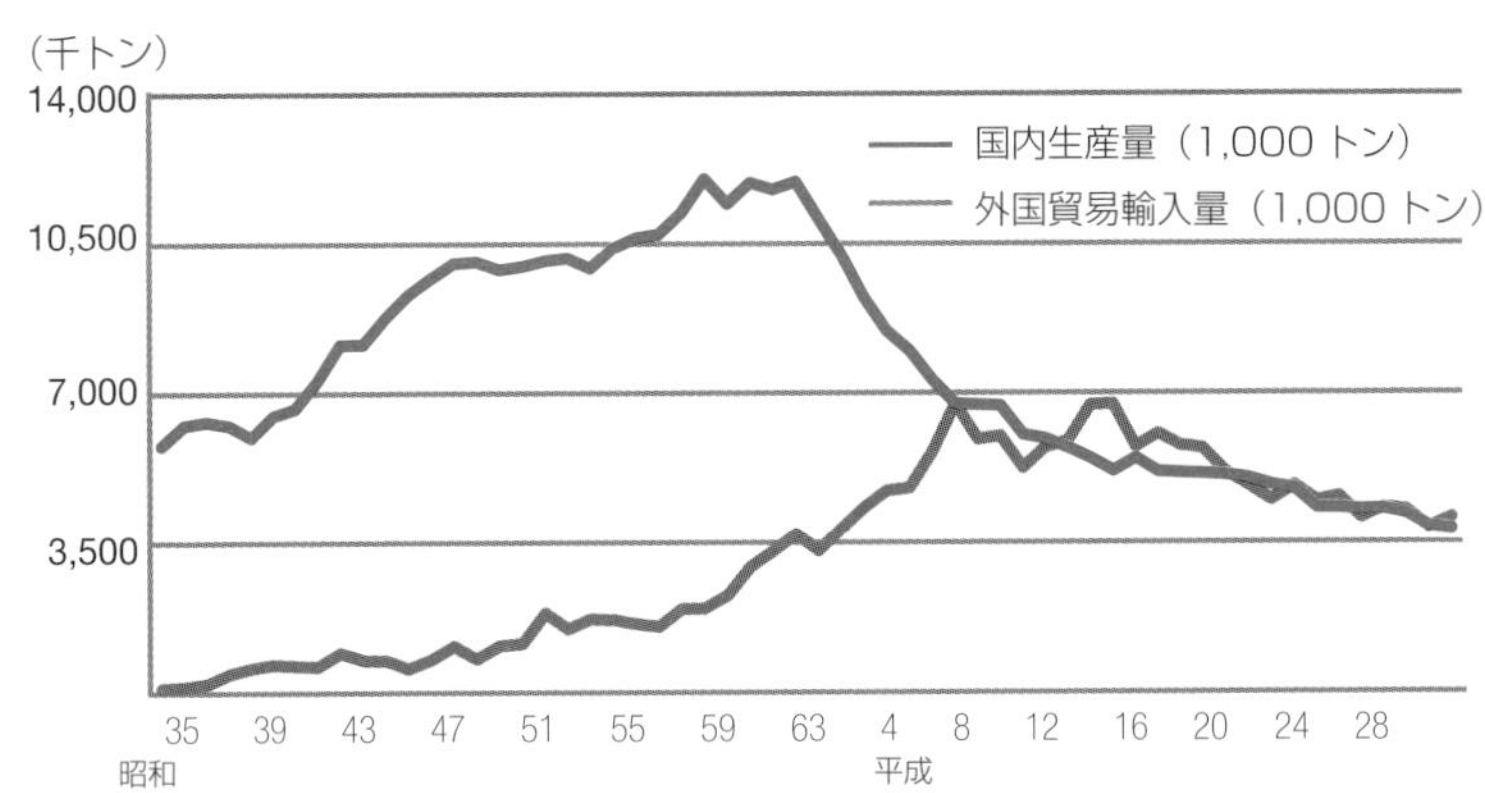

出所：農水省　食糧需給表

MEMO

世界の漁業の現状

本章では世界全体の漁獲量や養殖量、取引額などから漁業生産の見通しを紹介します。

また、主な漁業国の漁獲量と成長、漁法などについても解説していきます。

世界の漁業生産量

1

日本では水産業は衰退産業ですが、世界では養殖を中心に成長産業になっています。

増える世界の漁獲量

国連FAO*によると、世界の漁業生産は直線的に増加を続けています。二〇一七年には二〇五五八万トンで過去最高でした。二〇〇七年は一五七九〇万トンだったので、一〇年の間に三〇%増加したことになります。

一九六一年の一人当たりの水産物消費量は年間九・〇kgでしたが、二〇一五年には二〇・二kgまで増加しています。水産物の生産が増えて、水産物がより身近になっているのです。世界平均で見ると、二〇一五年の動物性タンパク質に占める水産物の割合は一七%でした。

漁業生産の内訳を見てみると、年々養殖の比率が上昇しています。二〇一六年には天然が五三%、養殖が四七%でした。

天然魚の生産は頭打ち

天然魚の漁獲は一九八〇年代から頭打ちで、近年は九〇〇〇万トン前後で安定的に推移しています。現在、開発が容易な未利用資源はほとんど存在しない上に、持続可能性の観点から、漁獲を削減しなくてはならない資源も多数存在するので、天然魚に関しては大幅な伸びは期待できません。しかし、先進国を中心に漁獲規制が効果を現しており、今後も安定した生産が期待できそうです。

天然魚の漁獲が多いのは、中国、インドネシア、米国などで、日本は七位でした。漁獲量が多かった魚種は、スケトウダラ(三四八万トン)、カタクチイワシ(三一九万トン)、カツオ(二八三万トン)などです。

＊**FAO**　Food and Agriculture Organization of the United Nationsの略。国際連合食糧農業機関のこと。1945年10月に設立された。

2-1　世界の漁業生産量

世界の漁業生産と養殖生産の推移

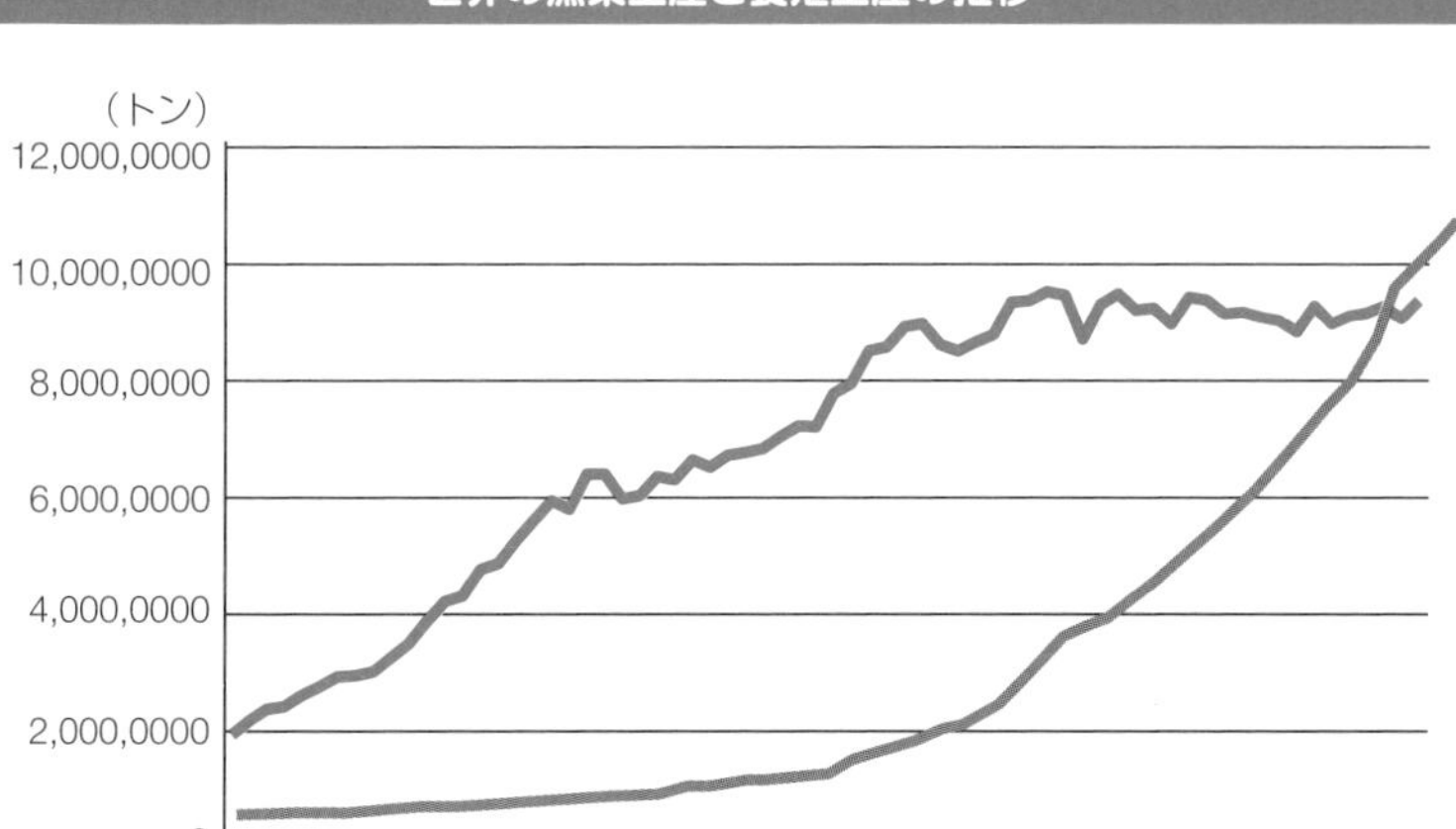

出所：FAO FISHSTATより引用

2017年の主要漁業国の漁業（天然）生産量（トン）

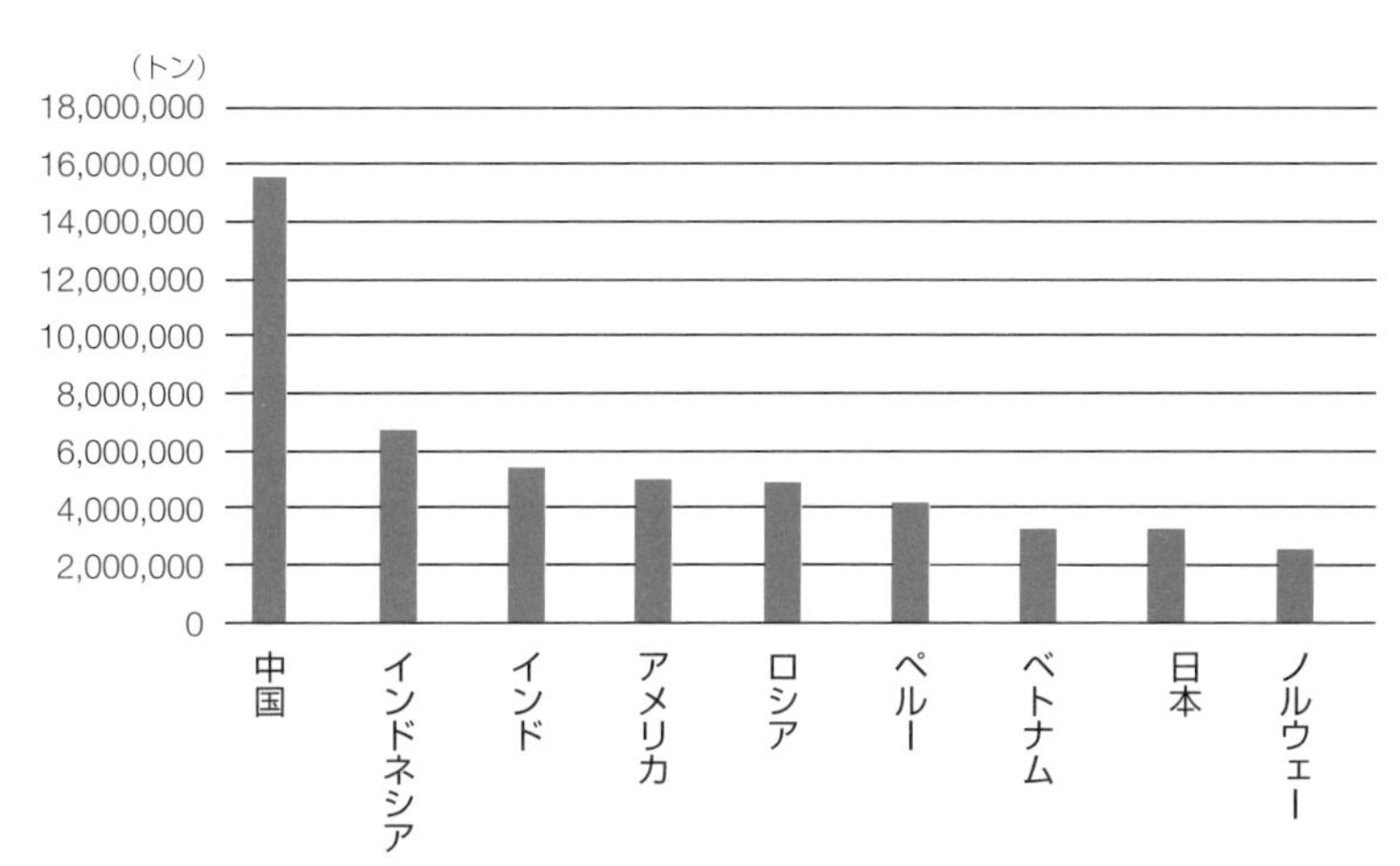

出所：FAO FISHSTATより

2 世界の養殖生産量

世界の漁獲量の増加を牽引しているのが、年間五～六%と高い成長を維持している養殖です。

成長する世界の養殖生産

現在の漁業生産の増加は、**養殖**によってもたらされています。養殖生産量は一九九七年には三六〇〇万トンでしたが、二〇一七年には一億一五〇〇万トンまで増加しました。近年、天然の生産を追い抜き、現在も年間五～六%のペースで増加をしています。

二〇一六年の養殖生産の内訳は、魚類が五四一〇万トン、二枚貝が一七一〇万トン、甲殻類(エビカニ)が七・九万トン、海藻類が三〇一〇万トンとなっています。コイ、ティラピア、ナマズなどの淡水魚が、二〇一六年現在は世界の養殖生産の五八%を占めています。

割合としては小さいですが、エビやサーモンのような価値が高い魚種の養殖も増加傾向です。

世界最大の養殖国は中国

養殖生産量を国別で見ると世界最大の養殖国は中国です。一九九一年から現在まで、世界の養殖生産シェアの半分以上を中国が占めています。中国の養殖業の動向によって、世界の漁業生産が左右されるといっても過言ではありません。

中国の養殖生産の主力は、ハクレン、コクレンなどの淡水魚です。これらの淡水魚は雑食性で、**餌効率**(餌一kgあたりの魚の収量)が良いために、大量に生産するのに適しています。中国の養殖は、大規模経営が基本で、内水面に広大な養殖池を作って養殖が行われています。中国では、養殖の研究開発も活発で、技術の進歩が著しくなっています。

【中国の養殖】 養殖の中心は広東、山東、湖北、浙江、江蘇の5省。湖北は海がなく淡水魚の一大養殖拠点となっている。

他の主要養殖国

中国に次いで養殖生産量が多いのは、インドネシアです。二〇〇七年の三二四万トンから、二〇一七年の一五九〇万トンへと五倍に増加しています。養殖の主力は海藻ですが、サバヒー（熱帯・亜熱帯性の浮魚）やティラピアの生産量も一〇〇万トンを超えています。

中国とインドネシアで、世界の養殖生産の約七割を占めています。インド、ベトナム、バングラディシュなどが続きますが、上位二カ国と比べると、生産量は少なく、シェアは一〇％未満です。

養殖生産（重量）が九位のノルウェーは新興国とは別のやり方で産業を成長させています。サーモンの生産量はほぼ横ばいですが、品質管理とマーケティングで価格を伸ばす戦略を採用して、養殖による収益を着実に伸ばしています。

日本の養殖生産は世界一二位で、漁業（天然）よりも順位が低くなっています。

2017年の世界各国の養殖生産量

中国
インドネシア
インド
ベトナム
バングラデシュ
韓国
フィリピン
エジプト
ノルウェー
チリ
ミャンマー
日本
タイ
北朝鮮
その他

出所：FAO FISHSTAT

主要養殖国の1997年～2017の養殖生産の増加率

国	増加率（%）
中国	171
インドネシア	1944
インド	231
ベトナム	1052
バングラディシュ	380
韓国	121
フィリピン	127
エジプト	1594
ノルウェー	255
チリ	225
ミャンマー	1167
日本	−24
タイ	64
北朝鮮	27
ブラジル	578

出所：FAO FISHSTAT

3 漁業生産の今後の見通し

世界の漁業生産は今後も伸び続ける見通しです。

FAOによる将来予測

国連のFAOは、世界の漁業の現状をまとめたSOFIA*という報告書を二年に一度公開しています。SOFIA二〇一八版には、二〇三〇年の世界各国の漁業生産を予測した結果が掲載されています。

養殖を中心に生産量が増加すると予想されています。二〇一六年の一億七〇九四万トンから、二〇三〇年の二億九六億トンへと生産が増えると天然が九〇九一万トンから九一五六万トンへと微増で、養殖が八〇〇三万トンから一〇九四万トンへと三七%の増加となっています。

途上国が生産増加を支える

国やエリアによって、漁獲量の増加率には大きな差があります。途上国は養殖生産が大幅に伸びることが期待されています。途上国においても、天然の生産量はほとんど伸びません。未利用資源がすでに少ない上に、途上国では漁獲規制が不十分なことが乱獲による漁獲量の減少が懸念されるからです。

EU、カナダ、米国、濠州、ニュージーランドなどの先進国は一桁の低い伸びにとどまります。これらの国ではすでに漁獲規制が行われていて、水産資源の持続可能性が担保されている一方で、天然魚の増加は期待できません。また、養殖についても、伸び率が一〇%と世界平均よりも低くなっています。

*SOFIA　State of World Fisheries and Aquacultureの略。The state of world fisheries and aquaculture 2018　http://www.fao.org/3/i9540en/i9540en.pdf

漁業生産を最も減らす国は日本

主要漁業国で、漁業生産を減少させるのは、日本（マイナス一一・五％）、韓国（マイナス三・三％）、南アフリカ（マイナス四・五％）の三ヶ国で、日本のみが二桁の減少になっています。

このことからわかるように、日本の水産業の衰退は、地球温暖化のような地球規模の外部要因によるものではありません。日本よりも国民一人あたりGDPが高いノルウェーなど、他の先進国でも漁業生産が増えていることから、経済力が高い先進国だからといって、漁業が衰退しないこともわかります。漁業を成長させている先進国を手本にすれば、日本の水産業を成長産業にすることも可能でしょう。

2016 － 2030 年の各国の漁業生産（天然＋養殖）の成長率

国	成長率(%)
中国	18.4
インド	24.5
インドネシア	31.9
日本	−11.5
韓国	−3.3
エジプト	55.7
EU	8.7
ノルウェー	16.3
カナダ	3.5
アメリカ	0.1
ペルー	14.2
ニュージーランド	5.3
全世界	17.6

出所：FAO SOFIA 2018

4

世界の水産物消費量

世界的な魚食の広がりによって、先進国でも途上国でも水産物の消費量は増加傾向です。

増加する世界の水産物消費量

世界の水産物消費量は、直線的に増加しています。FAOの統計(Food Balance Sheet)によると、世界の一人当たりの年間水産物供給量は、一九六一年の九kgから、二〇一三年には一九kgまで増えました。

一九六一年当時は、**コールドチェーン**＊(低温流通体系)が発達しておらず、水産物の消費は沿岸地域に限定されていました。近年は、コールドチェーンの発達により、内陸部でも新鮮な魚が日常的に食べられるようになりました。世界的な寿司ブームや健康志向の高まりなどから、ヨーロッパや北米などの先進国でも、水産物の消費が増加傾向です。

消費が減る日本

世界の消費が右肩上がりで増える中で、日本の水産物の消費量は減少傾向です。ピーク時から減少しているとはいえ、日本の水産物の消費量は世界標準の倍以上の水準です。(注:このページのグラフ数値は、他の時系列データとの整合性のため、FAOのFood Balance Sheetの値を使っているので、骨や内臓など非食部も含む数値になっており、日本国内の統計である食糧需給表よりも数値が大きくなります)

高度経済成長期の日本がそうであったように、経済成長に従って、動物性タンパク質の需要が高まっていく傾向が世界的に見られます。特にアジア諸国での水産物の消費量が大きく伸びています。

＊**コールドチェーン**　生鮮食品などを生産現場から物流と通して消費の現場まで低温に保つ方法。漁業では釣った船上で急速冷凍され、そのまま市場に持ち込まれてセリにかけられ、小売店まで運ばれる。

世界の主な地域の水産物消費量（kg／人／年）

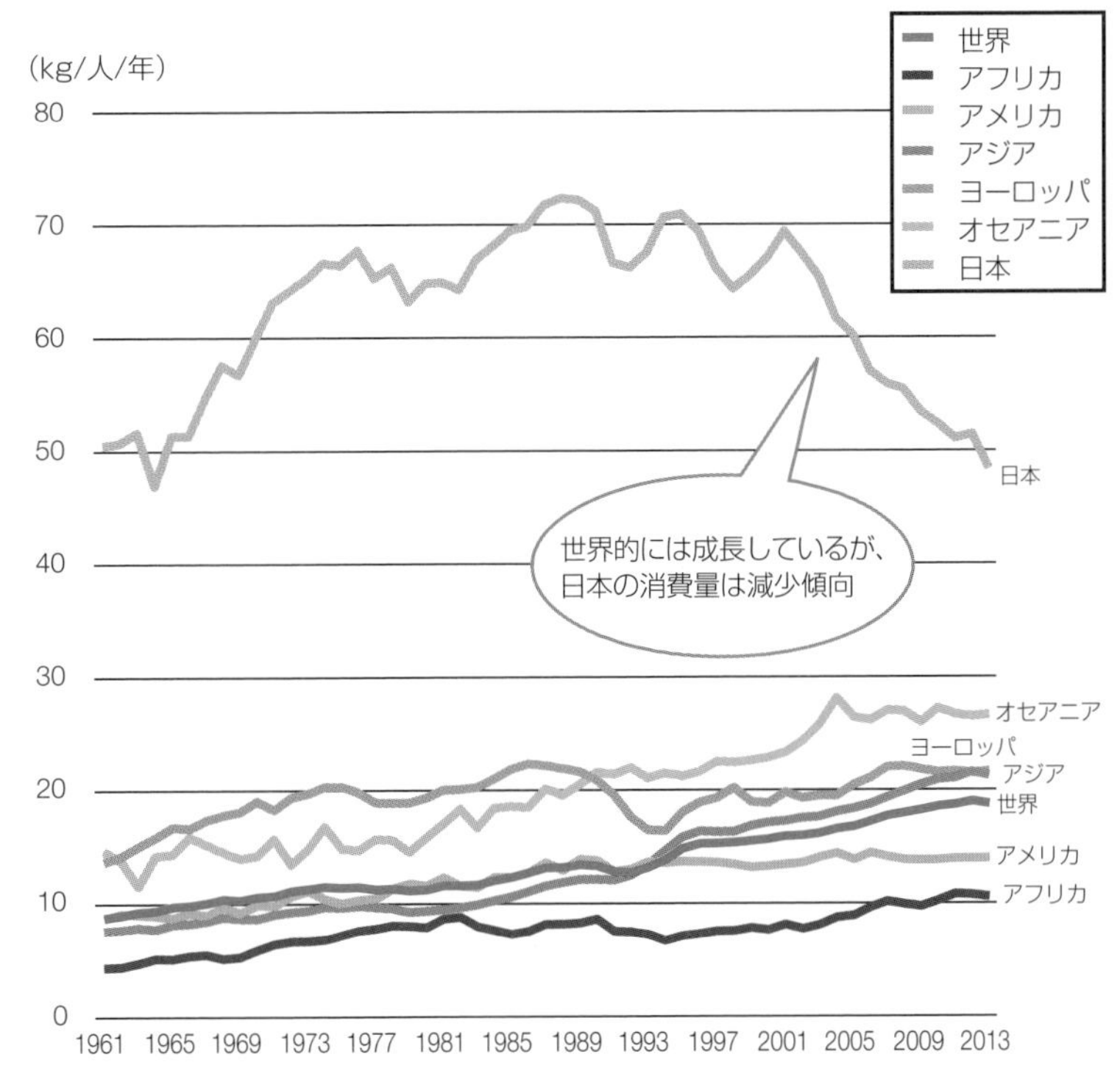

出所：FAO Food Balance Sheet
Food supply quantity (kg/capita/yr)
2960
Fish, Seafood

5

水産物の国際貿易

水産物の国際貿易が、世界の消費を支えています。

水産物の国際間取引は活発化

世界的な水産物消費の拡大の背景には、水産物の国際貿易があります。水産物は、農作物や乳製品など他の食材よりも、国際的な取引が活発です。

ＦＡＯのレポート（ＳＯＦＩＡ２０１８）によれば、二〇一六年に輸出された水産物が約六〇〇〇万トンで、生産量全体の三五％に相当します。二〇〇六年の輸出量は四八〇〇万トンだったので、一〇年で二五％増加をしたことになります。

水産物の貿易は重量以上に金額が増加をしています。二〇〇六年の輸出金額は八六〇億ＵＳＤ（米ドル）で、二〇一六年には一四六〇億ドルまで増加しました。一〇年で倍近く増えています。

貿易大国 中国

国別に見てみると、輸出金額が一番多いのは中国です。二〇一六年の輸出金額は二〇一億ドルで、世界の一四・一％のシェアを持っています。ノルウェー一〇八億ドル、ベトナム七三億ドル、タイ五九億ドル、米国五八億ドルと続いていきます。日本の輸出金額は二一億ドルで、世界二〇位でした。

輸入金額の上位は米国二〇五億ドル、日本一三九億ドル、中国の八八億ドルでした。四位から先は、スペイン、フランス、ドイツ、イタリア、スウェーデンなど、欧州勢が続きます。

世界的に見ると中国と東南アジアの水産物を、米国、日本、ＥＵが消費しているという構図になります。

世界の水産物輸出金額

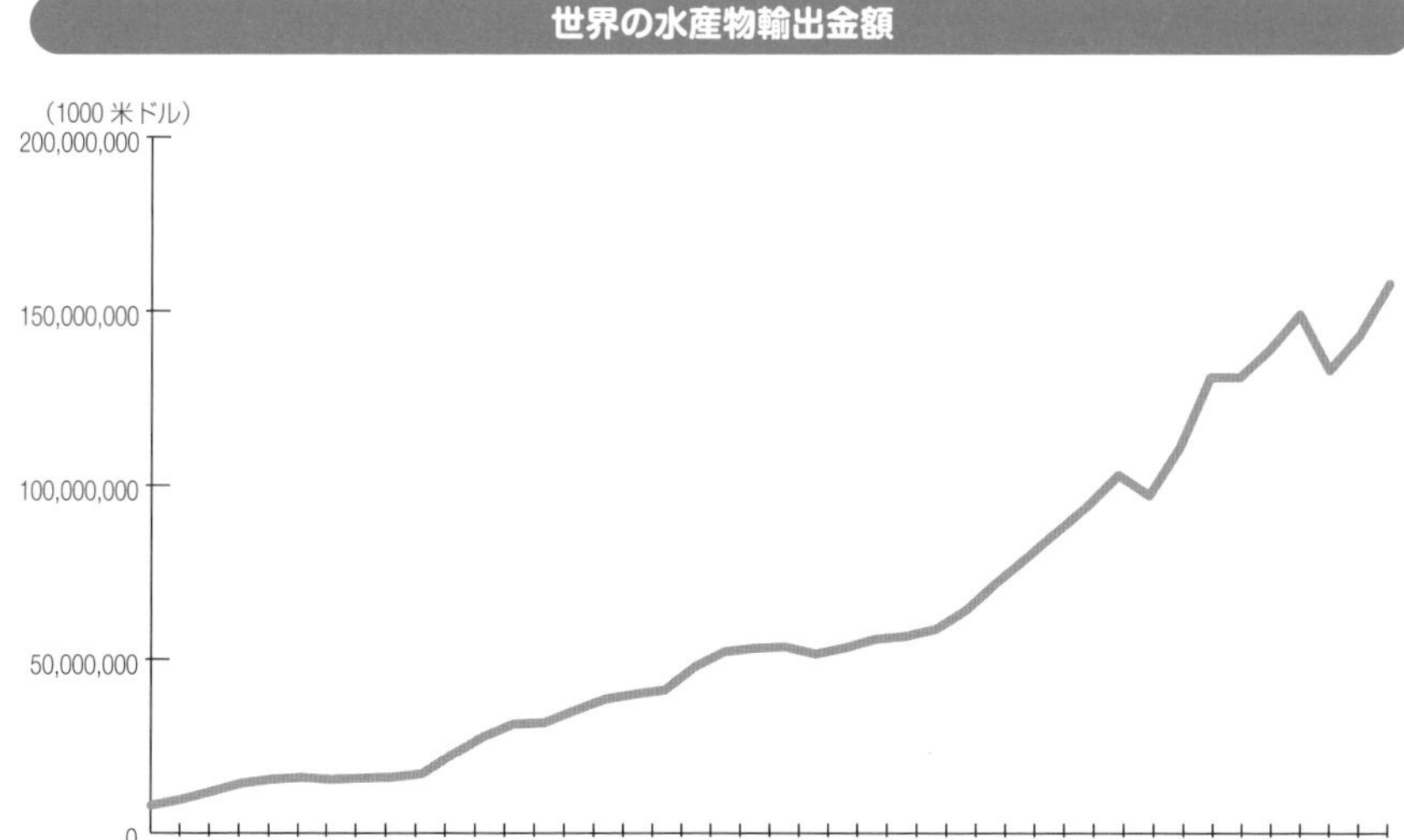

主要漁業国の 2016 年の輸出金額と輸入金額

・輸出

国	輸出金額(百万ドル)	シェア(%)
中国	20131	14.1
ノルウェー	10770	7.6
ベトナム	7320	5.1
タイ	5893	4.1
アメリカ	5812	4.1
インド	5546	3.9
チリ	5143	3.6
カナダ	5004	3.5
デンマーク	4696	3.3
スウェーデン	4418	3.1
世界	142530	100.0

・輸入

国	輸入金額(百万ドル)	シェア(%)
アメリカ	20547	15.1
日本	13878	10.2
中国	8783	6.5
スペイン	7108	5.2
フランス	6177	4.6
ドイツ	6153	4.5
イタリア	5601	4.1
スウェーデン	5187	3.8
韓国	4604	3.4
英国	4210	3.1
世界	135037	100.0

出所:SOFIA2018

6 輸入金額、価格の推移

世界では水産物の需要が高まり、価格が上昇しています。

世界的な水産物輸入金額の増加

世界の水産物の輸入金額(一〇〇〇米ドル)の推移を国別にまとめました。一九八〇年代中頃までは、米国と日本が二強でした。米国の需要はエビ・カニなどに偏っており、他の水産物に関しては日本の購買力が圧倒的でした。二〇〇六年までは日本が輸入金額一位の座を占めてきました。

長引くデフレから、日本経済は低迷し、一九九五年をピークに輸入金額が減少していきます。日本以外は右肩上がりで水産物輸入金額が増加の一途を辿ります。二〇〇七年に米国に並ばれます。その後しばらくは、日本も追従していくのですが、二〇一三年から大きく離されていきます。いわゆる「**買い負け**」です。

安い魚しか買えなくなった日本

輸入単価についても、バブル期以降の日本の凋落は顕著です。一九九七年に米国に追い抜かれました。その後も寿司ブームなどの追い風もあり、世界の水産物の輸入単価は上昇を続けています。

二〇〇〇年以降は欧州諸国でも、魚食ブームが始まり、水産物の輸入単価は上昇します。二〇〇二年前後に、日本の輸入単価はイタリア、フランスに追いつかれました。

逆に、中国の単価が急上昇しています。もし、日本の購買力が、人口が多い中国を下回るようになると、安い魚も日本に入ってこなくなるでしょう。また、日本の魚が中国に輸出されることになるかもしれません。

2-6 輸入金額、価格の推移

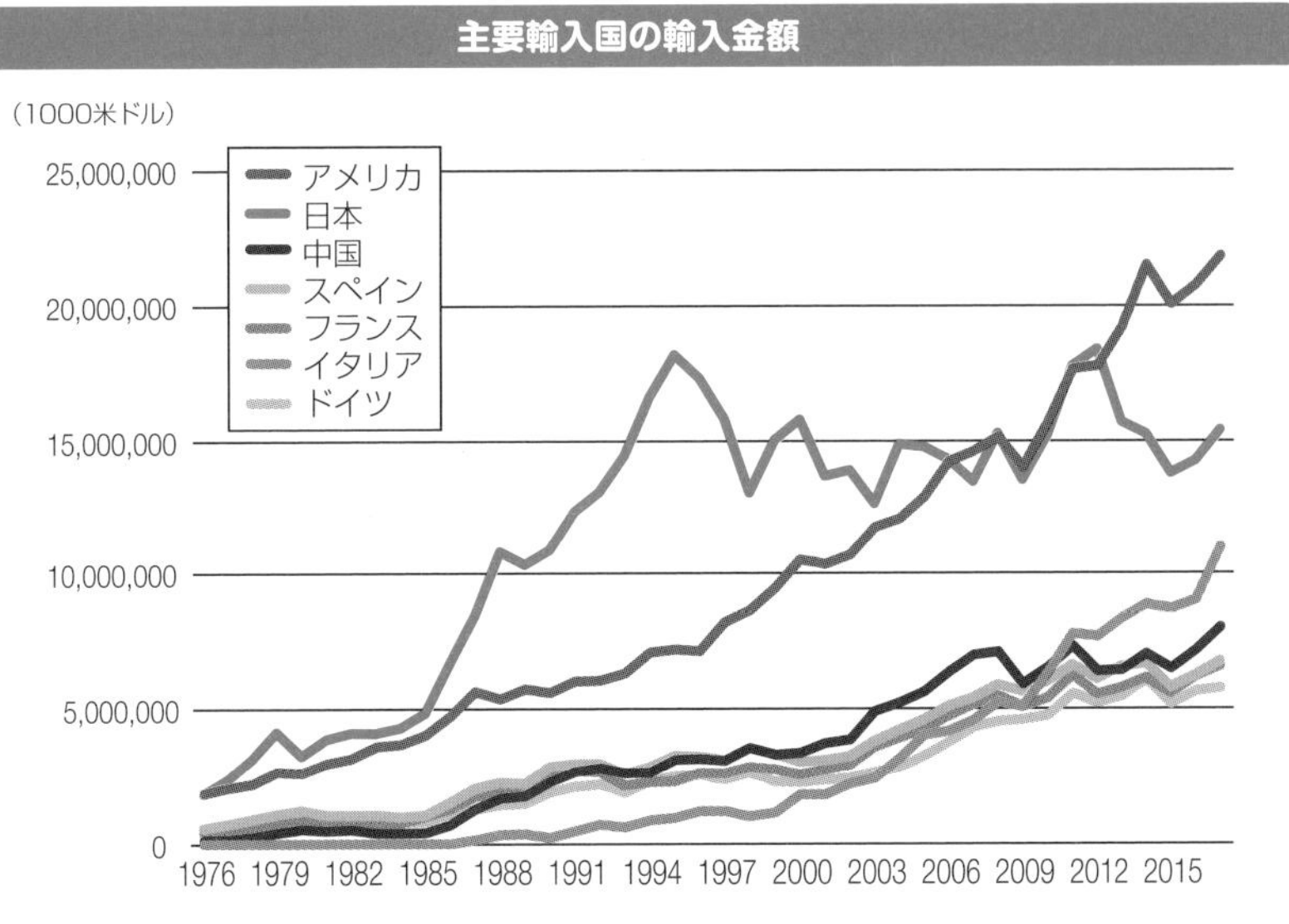

出所:FAO FISHSTAT

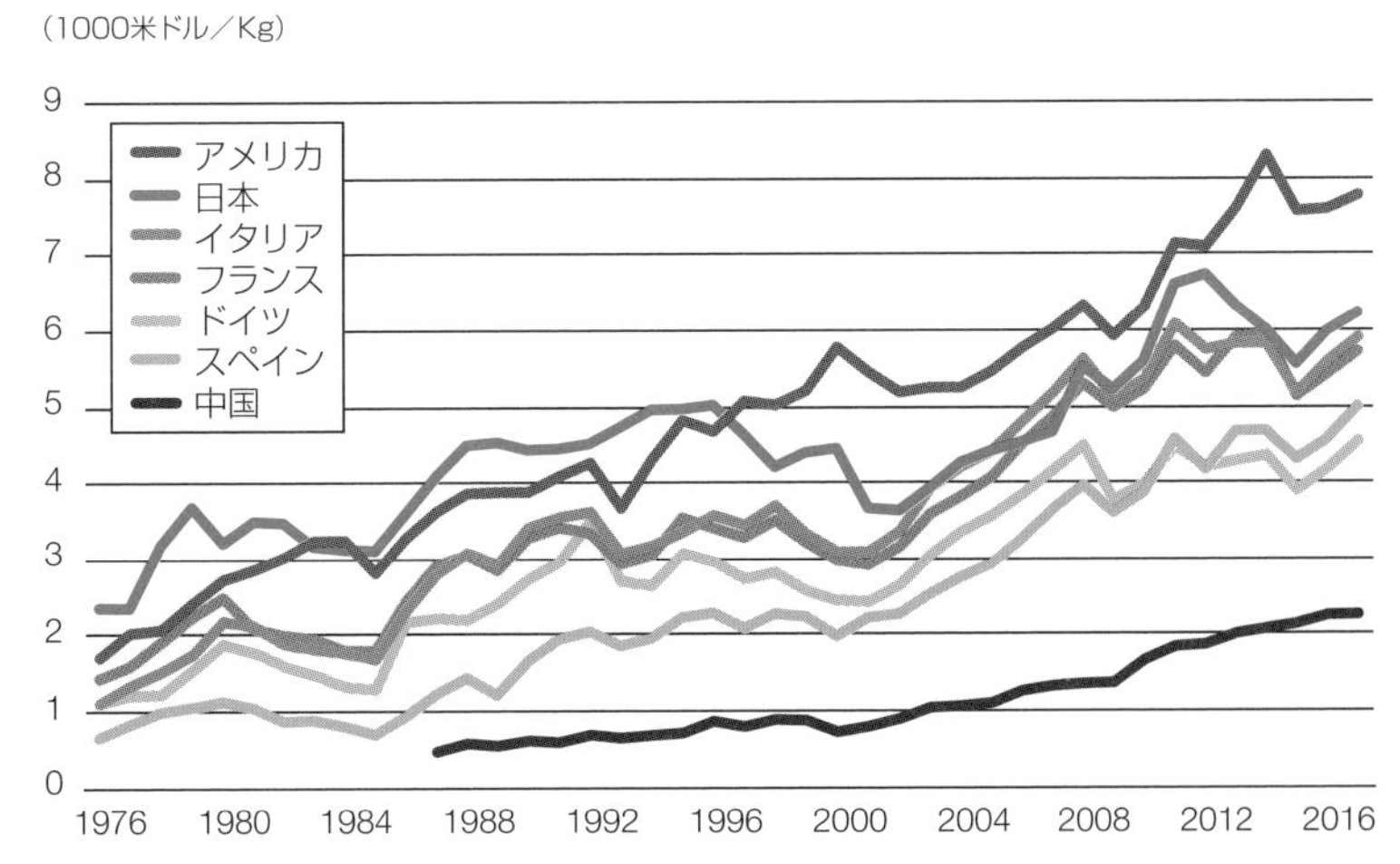

出所:FAO FISHSTAT

7 成長する漁業国(ノルウェー)

成長が著しい漁業国の筆頭に挙げられるのがノルウェーです。天然も養殖も右肩上がりで生産金額を伸ばしています。

量より価値で勝負

ＦＡＯの統計によると、**ノルウェー**の二〇一六年の天然の漁獲量は二三〇万トンで世界第九位でした。この二〇年ぐらいは、二〇〇万トン前後でほぼ横ばいです。

ノルウェーは人口が少ないために、生産のほとんどが輸出されます。輸出金額は右肩上がりで成長していることから、ノルウェーの水産業が着実に成長していることがわかります。速報によると、二〇一九年の輸出金額は一〇七三億クローネへと八％も増加したそうです。現在のレートは、一クローネが約一二円なので、一兆二〇〇〇億円程度になります。ノルウェーは、漁獲量を増やすよりも価値を高める方向をめざしています。

漁業(天然)も養殖も成長産業

ノルウェーの輸出金額は、天然、養殖共に増加傾向ですが、養殖の伸び幅の方が大きくなっています。

ノルウェーの養殖の主力は、**アトランティックサーモン**[*]です。アトランティックサーモンの世界の半分以上をノルウェーが生産しています。生食も可能な高品質な養殖サーモンは日本でも人気が高く、回転寿司の人気メニューです。

漁業(天然)の主力は、タラ、ニシン、サバなどです。ノルウェーでも一九七〇年代までは乱獲によって資源が減少していました。徹底した漁獲規制によって、天然魚の資源を回復させました。

＊**アトランティックサーモン**　和名はタイセイヨウサケ。北大西洋に生息している。これに対して日本や東アジア、東南アジアなどで獲れるのはシロザケである。

2-7 成長する漁業国（ノルウェー）

ノルウェーの漁業生産（トン）

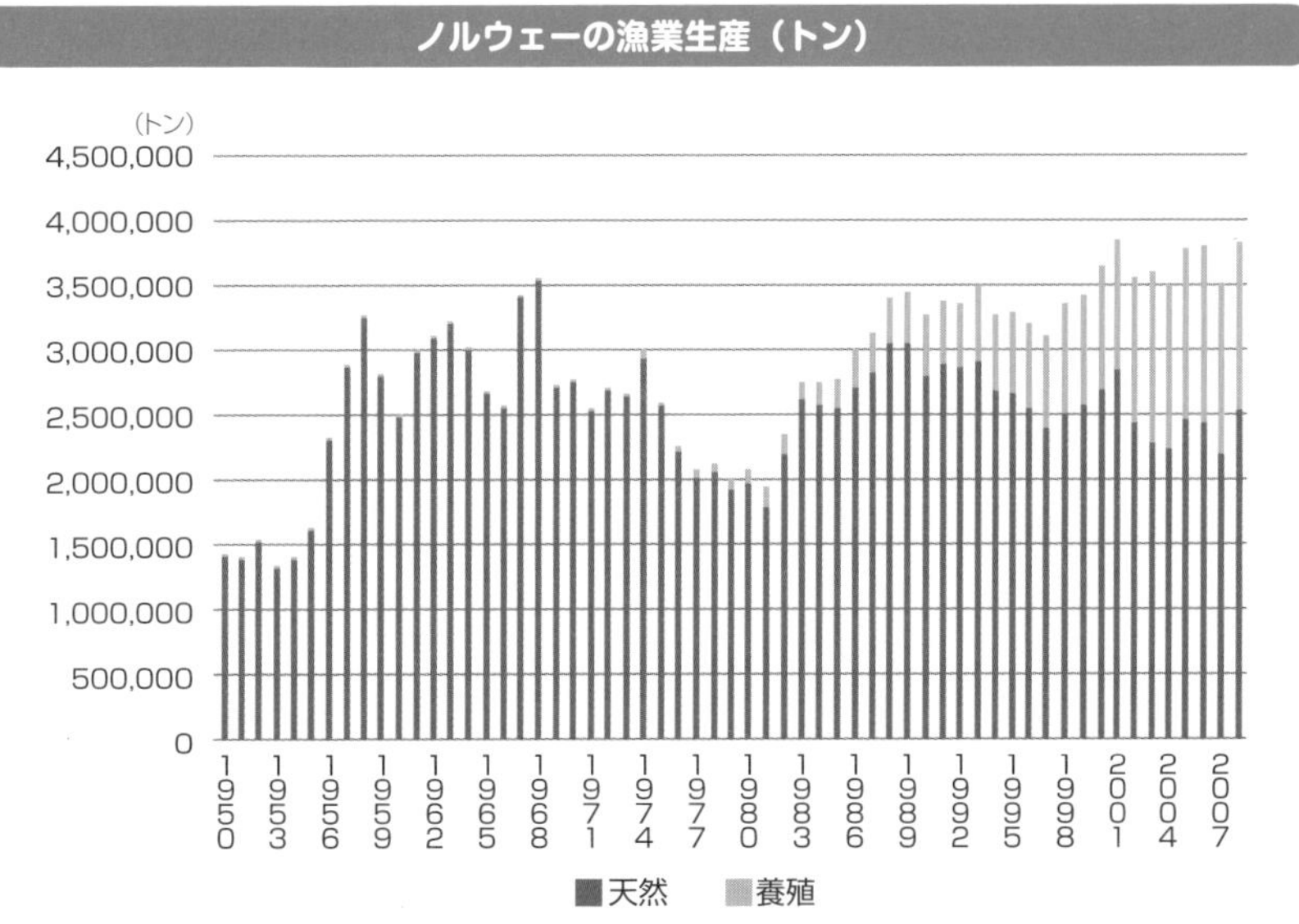

出所：FISHSTAT

輸出金額（10億NOK）

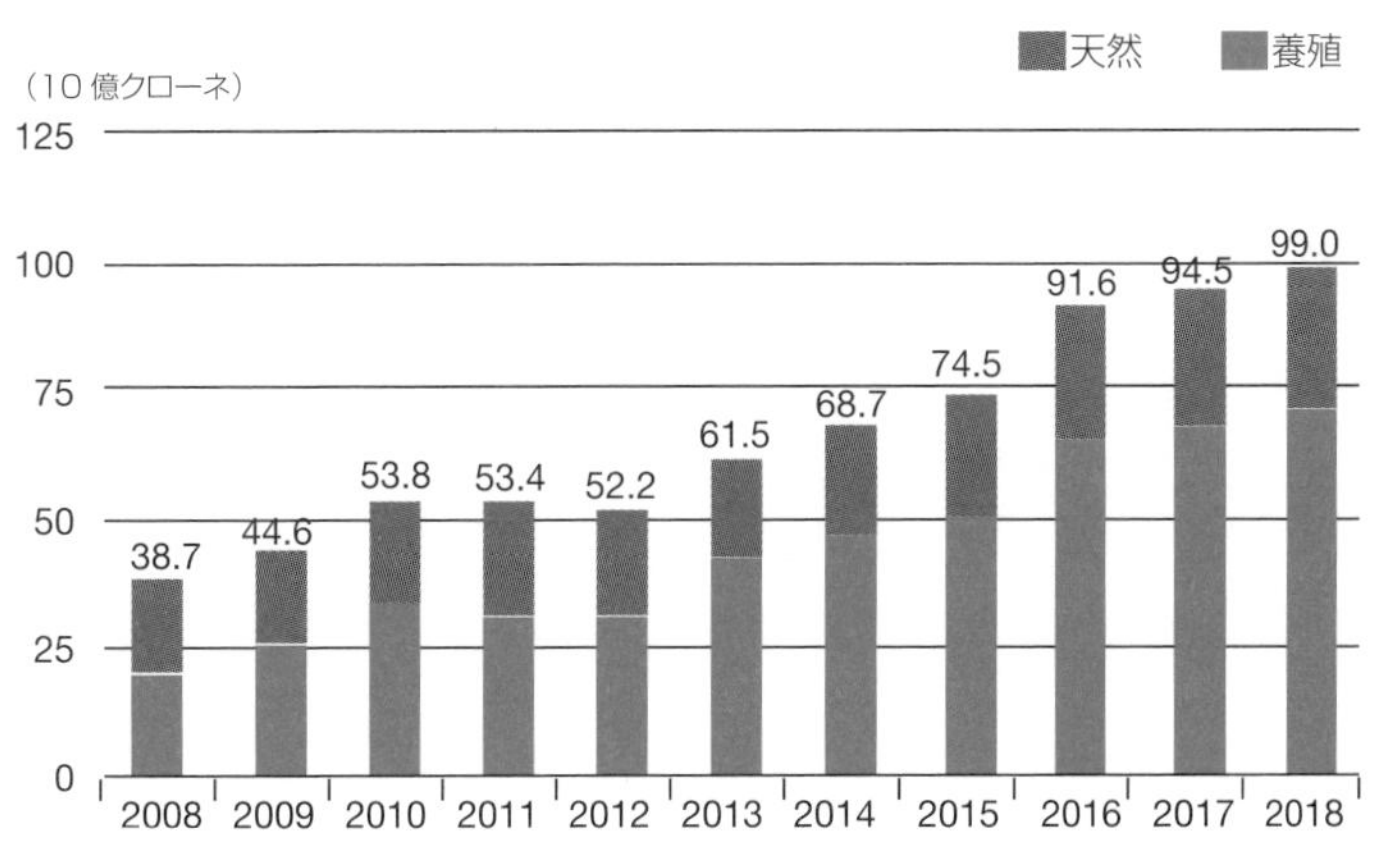

出所：ノルウェー水産物輸出審議会
https://seafood.no/aktuelt/nyheter/sjomateksport-for-99-milliarder-i-2018-/)

8 ITQをいち早く導入（ニュージーランド）

ニュージーランドは、経済性と持続可能性を重視したITQという制度をいち早く導入したことで、注目をされています。

ニュージーランド水産業の歴史

ニュージーランドは、かつては補助金政策によって、一次産業を手厚く保護していました。しかし、一九八〇年代に財政が悪化したことから、補助金が打ち切られ、生産性を上げて、税収を増やすための改革が行われました。

ニュージーランドでは、一九八〇年代から、**ITQ**＊という仕組みを導入しました。個々の漁業者に漁獲枠（漁獲上限）を割り当てました。そして、漁業の経済効率を高めるために、個人の所有する漁獲枠を証券化して、売買を自由にしたのです。二酸化炭素の排出権取引にも似た考え方です。結果として、漁業への資本投下がすすみ、漁業の生産性が向上しました。

生産金額は右肩上がり

ニュージーランドの主力魚種のホキは、タラのように深海に生息する白身魚で、マクドナルドのフィレオフィッシュの原料にもなっています。ホキ以外にもイカやロブスターなど多様な水産物を利用しています。人口が少ないニュージーランドでも、水産物の多くが輸出されます。輸出金額の推移をみると、漁業のパフォーマンスを把握できます。ニュージーランドの場合も、輸出金額は右肩上がりで増加傾向です。

漁獲規制の厳格化によって、漁獲重量を徐々に絞りながらも、水産物の価値向上に努めることで、生産金額を増やしていることがわかります。これは漁業先進国に一般に見られる傾向です。

＊**ITQ**　Individual Transferable Quotaの略。

漁獲量（トン）と輸出金額（千 USD）

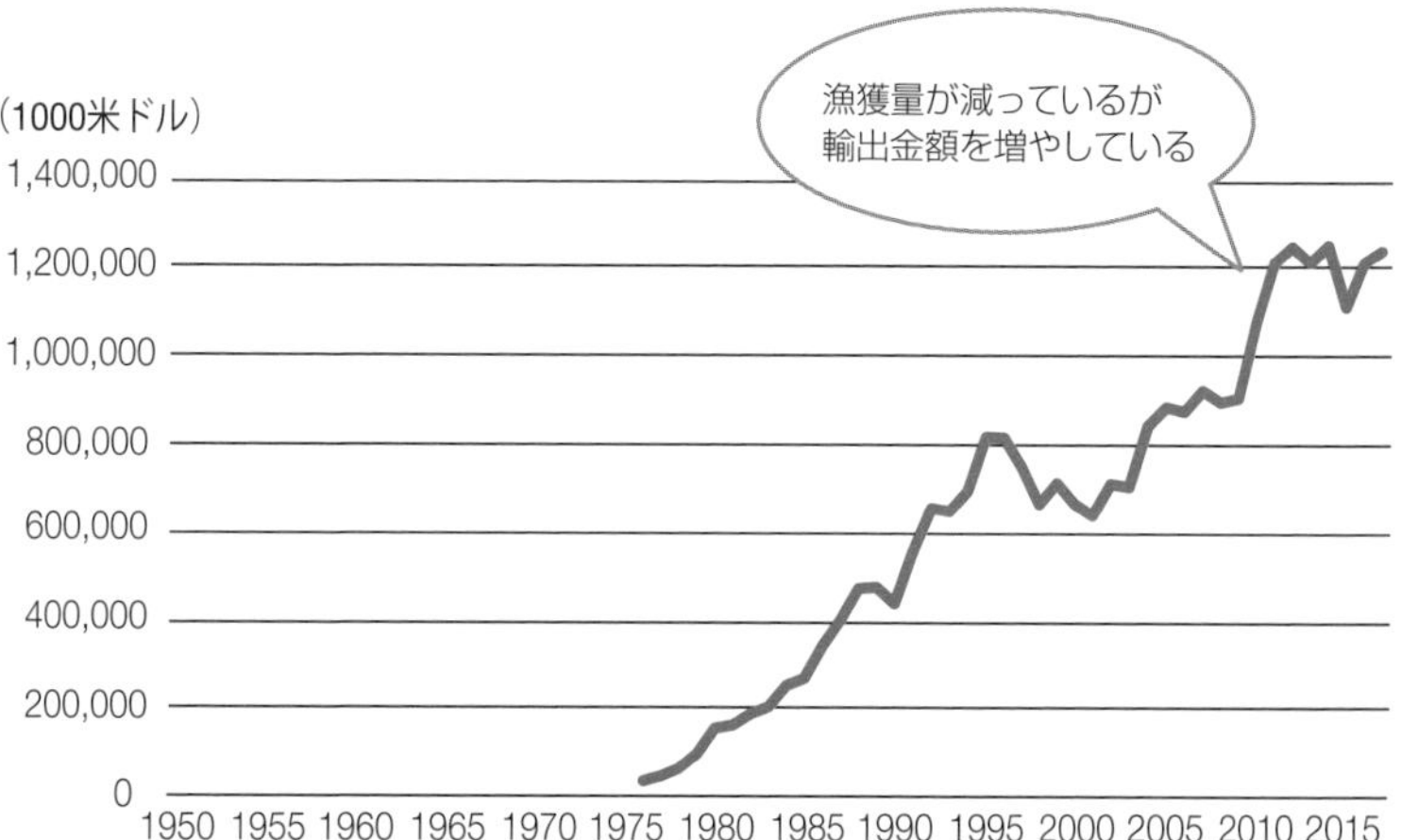

出所：上の図はFAO FISHSTAT
下の図はFAO. 2019. Fishery and Aquaculture Statistics. Global Fisheries commodities production and trade 1976-2017.

9 天然資源が主体（米国）

米国は漁獲量（天然）が世界第四位ですが養殖は盛んではありません。

天然資源主体の漁業生産

二〇一六年の**米国**の天然の漁獲量は四九三万トンで、中国、インドネシア、インドに次いで、世界第四位でした。

米国は世界一広大な排他的経済水域を持っています。その中には、アラスカ、ベーリング海など、豊かな漁場が含まれています。

米国でも一九八〇年代、一九九〇年代までは、多くの資源が乱獲によって減少をしていました。国の機関が厳格な漁獲規制を導入し、資源を復活させました。

天然の漁獲は盛んな一方で、人件費が高く、養殖適地が少ないために、養殖はあまり盛んではありません。養殖生産は四三万トンで、天然の漁獲量の九％程度です。

良好な資源状態

米国では**アメリカ海洋大気局**（National Oceanic and Atmospheric Administration）が漁獲規制を行っています。NOAAのアセスメントの結果、二〇一八年時点で、三三一の資源について資源状態がわかっていて、そのうち、九一％については漁獲圧（漁獲割合）が持続可能な水準でした＊。資源量については、MSY水準以上に維持されている資源が二〇一系群（八一％）で資源回復が必要な資源は四三系群（一八％）でした。二〇〇〇年と比較すると、四五の資源が乱獲状態から回復し、乱獲状態の割合が半減しています。

様々な研究でも、近年は海洋生態系が回復していることが示唆されています。

＊…**水準でした**　https://www.noaa.gov/media-release/number-of-us-fish-stocks-at-sustainable-levels-remains-near-record-high

キャッチシェア：漁業改革

自由競争を重視する米国では、他国のように個別漁獲枠方式の導入が進みませんでした。結果として、早獲り競争が維持されて、漁業の生産性が低迷した時期もあります。一九九〇年代から、国内外の専門家が議論した結果、個別漁獲枠を中心とした**キャッチシェア**(Catch Share)と呼ばれる漁業管理プログラムが、様々な漁業に導入されることになりました。例えばアラスカのカニ漁業は、二〇〇五年にキャッチシェアプログラムを導入し、漁船ごとに漁獲枠を配分しました。その結果、早獲り競争時代には、解禁と同時に水揚げが集中していたのが、漁期全体に分散されるようになりました。カニの価格が改善され、漁業収益が大幅に改善されました。

米国内でも漁業改革はおおむね成功*ととらえられているようです。

米国の漁業収益と水産資源の状態

（百万ドル）

2007	2008	2009	2010	2011	2012	2013	2014	2015	2016
$4.2	$4.4	$3.8	$4.5	$5.4	$5.3	$5.6	$5.5	$5.2	$5.3

National Marine Fisheries Service. 2018. Fisheries Economics of the United States, 2016. U.S. Dept. of Commerce, NOAA Tech. Memo. NMFS-F/SPO-187, 243 p.

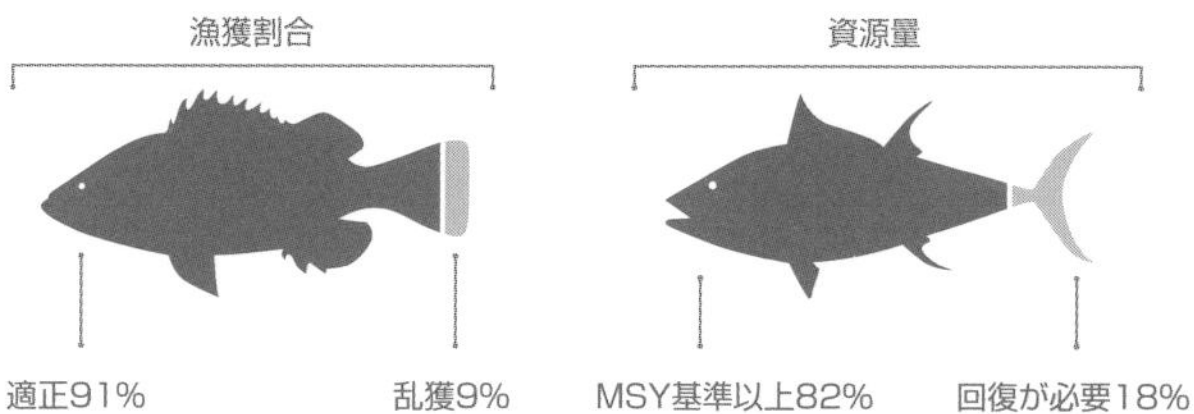

米国大洋気象省(NOAA) ウェブサイト

＊**おおむね成功**… Paul Krugman, "When Government Intervention Works," Krugman & Co., May 15, 2014. https://truthout.org/articles/when-government-intervention-works/

10 養殖が急成長（中国）

世界の漁業生産を牽引する中国では、養殖が急激に成長しています。

最も重要な漁業国 中国

中国は世界最大の水産物生産国であり、現在も急速に生産量を増やしています。世界の漁業生産のトレンドは、中国の動向に大きく影響をされます。

中国は最大の漁業国であるばかりでなく、世界最大の人口を抱える大消費市場でもあります。中国の一人当たりの水産物の消費量は急激に増加しています。

中国政府の統計によると、二〇一七年の漁業生産は六四四五・三万トンでした。そのうちわけは左ページ上図のようになります。天然は全生産の四分の一に過ぎず、残りの四分の三は養殖が占めています。中国というと、天然資源を大量に捕獲しているようなイメージですが、実は世界をリードする養殖大国なのです。

伸びる淡水養殖、規制が強化される沿岸漁業

中国の漁獲量（天然）は、一九九〇年年代から伸び悩んでいます。沿岸国の漁獲規制の強化や、資源の低迷がその背景にはあります。中国沿岸でも乱獲による資源状態の悪化が顕著であり、中国政府は沿岸の漁獲規制の強化を行っています。現在は、六〜八月の間は、中国沿岸での漁業を停止しています。

一方、養殖は現在も急激な勢いで増加して、世界の養殖のシェアの六〇％を占めています。

その主力は、**コクレン**や**ハクレン**などのコイ科の魚です*。これらの魚は雑食性なので、魚粉による配合餌料や野菜クズなどの残渣などが利用されています。大規模な内水面の養殖を展開しています。

＊**コイ科の魚です**　http://nrifs.fra.affrc.go.jp/news/news23/2306-1.html

2-10　養殖が急成長（中国）

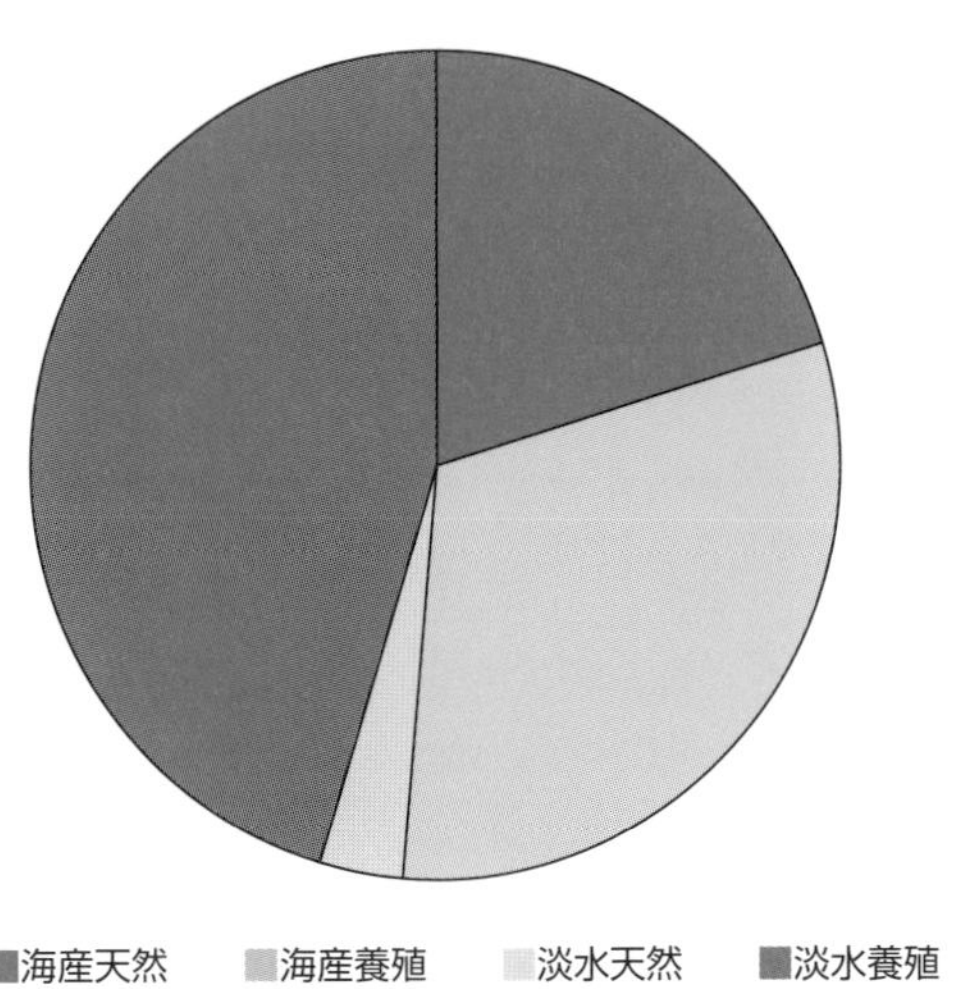

出所：中国統計年鑑2018年版

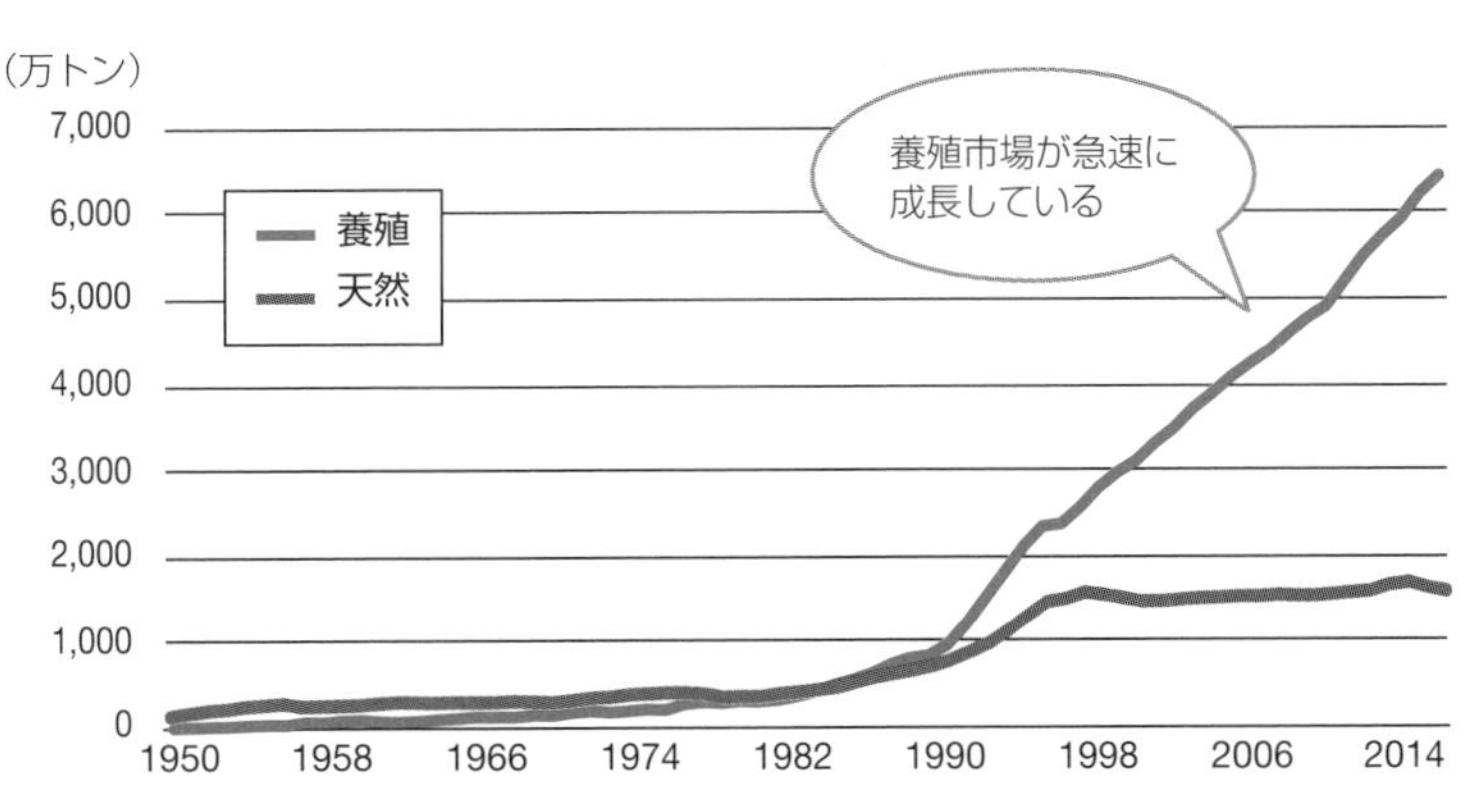

出所：FAO FISHSTATより著者作成

11 魚粉の輸出国(ペルー)

ペルーは畜産や養殖の餌となる魚粉の主要な輸出国です。

エルニーニョ、ラニーニャで資源が大変動

ペルーの漁業生産のほとんどを、**アンチョビ(カタクチイワシ)**が占めています。ペルー沿岸のアンチョビ資源は世界最大級の生産力を持っていて、世界の魚粉需要を支えています。

アンチョビはエルニーニョやラニーニャなどの海洋環境の影響によって、資源量が大変動します。そのため、ペルーの漁業生産も、年によって大きく変動するのが特徴です。

左ページ上図はペルーの漁獲量です。カタクチイワシ主体の漁業で、現在の中国の海面漁獲量に匹敵する一二〇〇万トンを超えるような年もあれば、一九八三年には一五七万トンまで減少しています。

資源管理に舵を切り、生産金額が安定的に推移

ペルー政府は、輸出産業であるアンチョビ漁業の生産性を維持するために、商業漁業の漁獲規制を積極的に行っています。

二〇一〇年には、漁獲に占める未成魚の割合が増えたことから、資源が悪化していると判断して、漁期の途中で操業を打ち切りました。このときは、世界的に魚粉価格が暴騰しました。

品質管理に力を入れるようになり、魚粉の平均価格が約三倍に増加しました。

ここ数年は卵の生き残りが悪いようで、漁獲量だけ見ると減少傾向ですが、価格が上昇したことから、水揚げ金額は一定の水準を維持しています。

【エルニーニョやラニーニャ】 **エルニーニョ**は太平洋の赤道付近や南米の沿岸における海面水温が高くなること。反対に海面水温が低い状態が続くことを**ラニーニャ**という。どちらも世界的に異常気象を引き起こすことが多い。

2-11　魚粉の輸出国（ペルー）

出所：　FAO FISHSTAT

ペルーの輸出単価

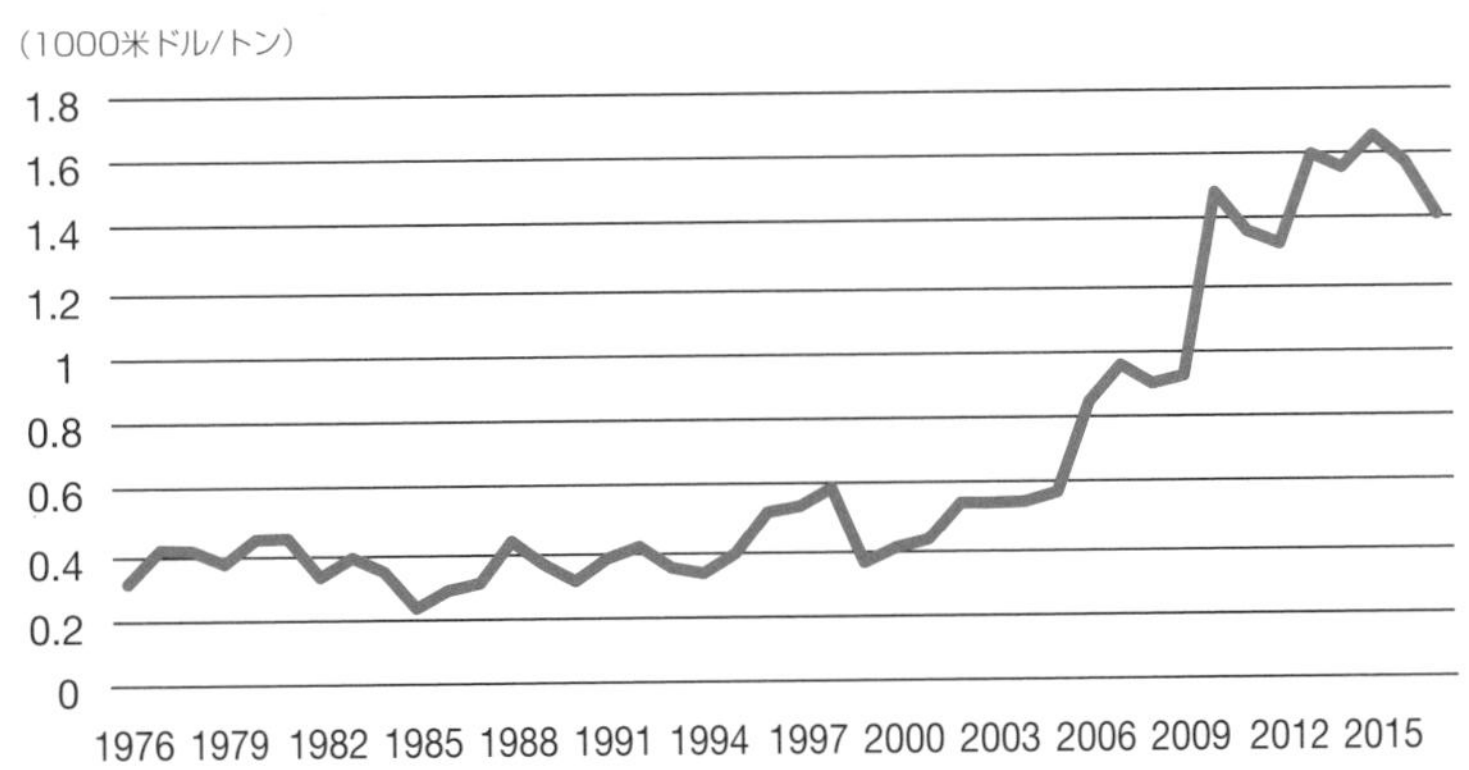

出所：　FAO FISHSTAT

MEMO

漁業の歴史とこれから

本章では戦前から戦後にかけての日本の漁業の歴史を追うことで、漁業形態の変遷について解説していきます。

漁業法、漁業権、漁協などがどのように成立し、どんな役割を担っているかを紹介しています。

1

日本の漁業のしくみ

現在の漁業制度のルーツは江戸時代に遡ります。

現在の制度の起源は江戸時代

現在の日本の漁業の仕組みの基礎は、江戸時代に確立されたものとされています。

江戸幕府の基本方針は、「磯猟は地附根附次第也、沖は入会」です。磯の根付き資源（海藻・貝類）などは地元の漁村に優先権を与える一方で、沖合は漁場の利用権を細かく設定せずに、誰でも漁場に入ることができました。

海藻や貝などの沿岸資源については、集落間の争いが頻発していました。そこで、漁場に線を引き、それぞれの集落ごとの縄張りを決めました。これによって、頻発していた集落間の争いを抑制するとともに、誰が納税するかを明らかにしました。

磯は地付き、沖は入会

地元漁村の権利が及ぶのは和船の櫓（ろ）を船から降ろして海底に着くところまでとされており、水深にして二〜三m程度の浅瀬に限られていました。その外側は**入会**（いりあい）といって、特に集落ごとの縄張りは設定せずに、複数の集落が自由に漁場を使うことができました。

当時は麻糸で編んだ網や手こぎの船で漁を行っていました。魚群探知機も存在しなかったので、遊泳する魚を乱獲することは技術的に難しかったのです。そこで、沖では過剰な規制を入れずに、皆で競争をして、漁獲が増えるような仕組みにしたというわけです。当時の状況に合致したルールといえます。

【櫓（ろ）】　和船で使われる漕具の一種。櫓を斜めに傾けることで揚力を発生させ、推進力を得る。

なぜそのようなルールになったのか

日本の村社会では、村の間の利害調整はこじれることが多く、しばしば村同士の紛争に発展します。そこは幕府が漁場に線を引くことで、紛争が頻発していた磯の資源については、紛争の緩和をします。

一方で、村の内部の利害調整は当事者に決めさせました。当時のガバナンスでは、それぞれの浜の実態に即した規制を行政が行うのは不可能ですので、当事者の判断に委ねた方が合理的です。

漁業者個人を管理するよりも集落に許可を与えて、内部調整させる方が行政コストもかからず、よりよい判断をすることができます。

一方で資源に余裕があった沖合は自由に利用をさせました。当時の状況を考慮すると、よくできた仕組みといえるでしょう。

日本の漁場利用ルール

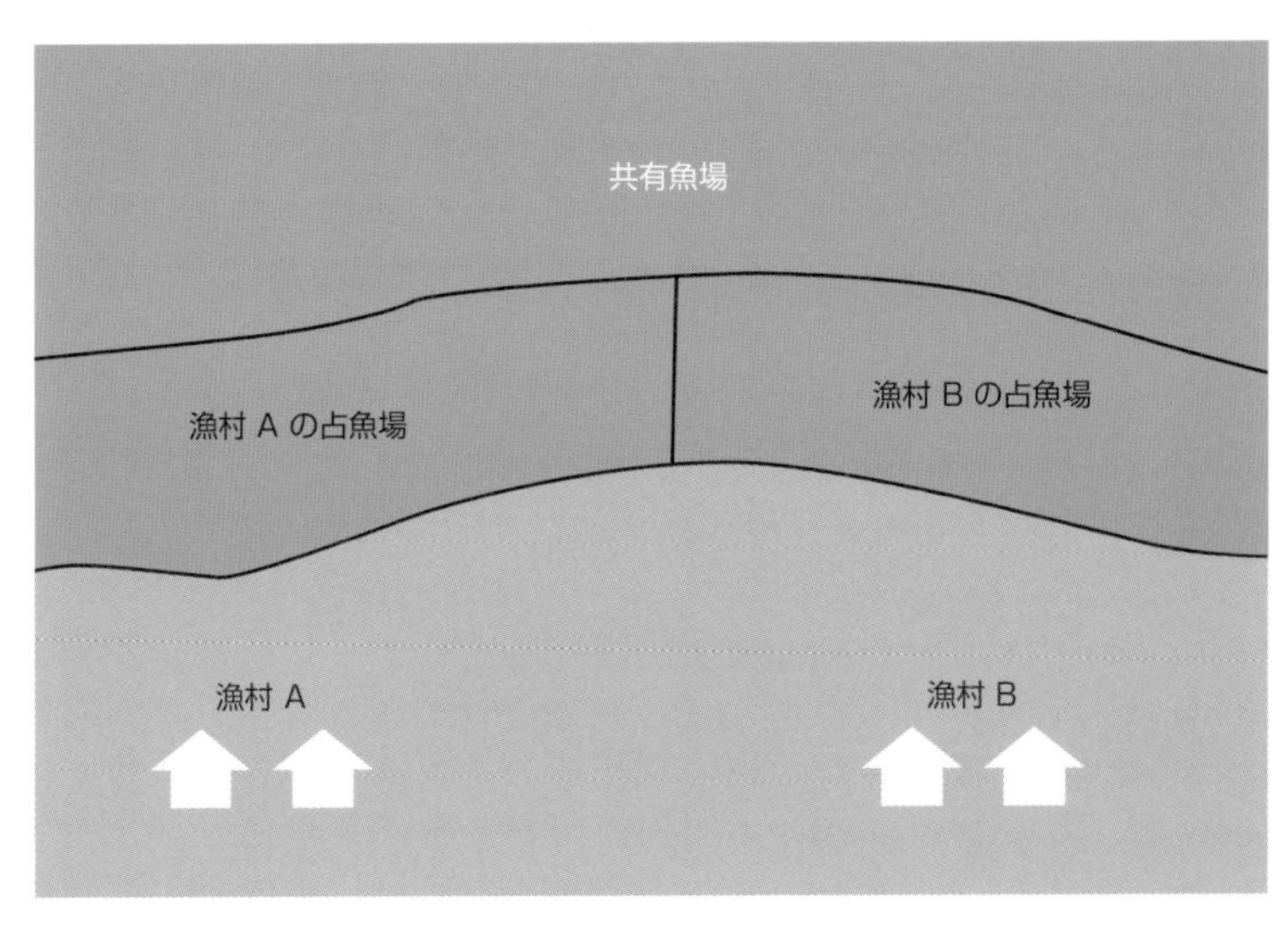

2

明治から戦前の漁業法

明治に入ると海外から近代的な漁法が導入され、漁業のあり方が変わっていきます。

残された地先権

江戸時代は、それぞれの藩が、漁村に沿岸の利用権を与えていました。明治になって藩が消滅したことで、新しい枠組みが必要になりました。

明治政府は、国が地先権を管理する中央集権的な仕組みを導入しようと試みましたが、漁業者の強い反対で断念しました。

一九〇一年に公布された**明治漁業法**では、江戸時代以来の慣習を法規範の中に取り込んだものとなりました。明治漁業法では、集落と同じような単位で**漁業協同組合地区**を設定し、そこに**地先水面専用漁業権**を付与しました。江戸時代の仕組みが、ほぼそのままの形で第二次世界大戦まで残されました。

外国の技術を導入

沿岸ではこれまでどおりの仕組みが維持されたのですが、**沖合漁業**には大きな変化が起こりました。明治時代には、富国強兵のための外貨の獲得が重要な課題となりました。水産は数少ない外貨収入源だったので、国を挙げて振興を行いました。

海外に人を派遣して、欧米の進んだ漁獲技術を導入しました。一八九九年にノルウェー式捕鯨船、一九〇八年に英国式の汽船トロール*漁船が導入されました。その後も漁船の動力化が進み、漁獲能力は飛躍的に向上していきます。

漁獲能力が向上したことで、漁業生産は伸びたのですが、すぐに乱獲状態に陥りました。沿岸漁業と沖合漁業との間の資源の争奪戦が加熱していきます。

***トロール**　英語ではtrawlと書く。詳細は5-3節を参照。

東シナ海の汽船トロール

外国から導入された効率的な漁法が、日本にどのような影響を及ぼしたかを見てみましょう。

汽船トロールは、蒸気船で海底に着底した網を引きずって、海底に生息する生物を効率的に漁獲する漁法です。一九〇八年に英国から導入された汽船トロールは、漁獲効率が優れていたために、瞬く間に広まりました。

漁獲効率の高い漁法が普及したことで、沿岸漁民との深刻な対立を生み出しました。沿岸での操業を禁止された汽船トロールは、東シナ海など外洋へと向かい、そこでも資源の問題を引き起こしました。下の図は、一九二一年からの東シナ海のレンコダイの漁獲量を示したものですが、急激に減少して、ほぼ獲り尽くしてしまったことが見て取れます。

東シナ海のレンコダイの漁獲量

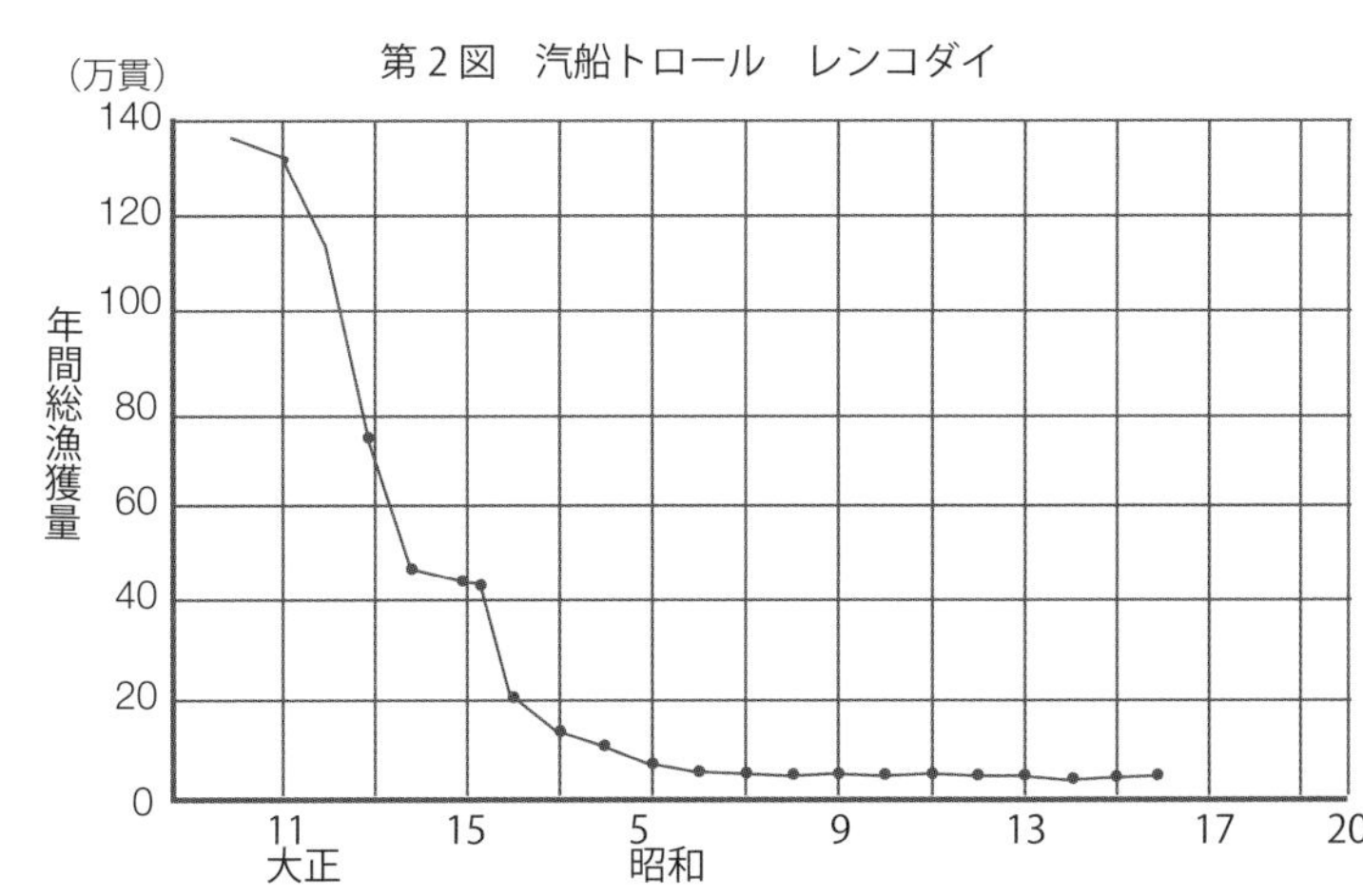

出所：西海区水産研究所（一九五一）「以西底魚資源調査研究報告」より引用

3

戦後の漁業法

現在の漁業法は戦後間もない時代に食糧難に対応するために作られました。

GHQによる戦後漁業法

一九四五年に日本はポツダム宣言を受諾して、連合軍に降伏をしました。米国は日本軍を解体し、日本の社会システムに様々な変革を加えました。水産業においては、漁業の民主化と産業振興の視点から、新しい**漁業法**が制定されました。

一次産業の民主化を進めるために、網元の解体と**漁業協同組合**の整備が行われました。沿岸については、漁業権を漁業協同組合が管理をすることになりました。地元漁業者の選挙で選ばれた組合長が権限を持ち、漁場のルールを当事者が話し合って決めるという直接民主主義に近いシステムです。沿岸の狭い領域については、地元で話し合って決めるという基本的な構図は、江戸時代から変わっていません。

戦後漁業法の特徴

戦後の漁業法はどのようなものだったのでしょうか。一九四九年に公布された漁業法の目的には以下のように記されています。

この法律は、漁業生産に関する基本的制度を定め、漁業者及び漁業従事者を主体とする漁業調整機構の運用によつて水面を総合的に利用し、もつて漁業生産力を発展させ、あわせて漁業の民主化を図ることを目的とする。

漁業者が主体となって利害調整をしながら、生産力を伸ばしつつ、漁業の民主化を図るということです。食糧難という時代背景を考えると食糧増産に主眼が置かれたのは当然といえるでしょう。この漁業法のもとで、日本漁業は目覚ましい発展を遂げます。

一九四九年の戦後漁業法の内容

漁業法の内容を見てみましょう。一章は法律の目的など原則的なことが書いてあります。

二章は漁業権と入漁権です。沿岸の根付き資源は漁業権を設定して、漁協の自治に委ねました。入漁権はそこで漁業をする権利になります。沿岸のごく狭い領域についての基本的な構図は江戸時代の仕組みの流れをくんでいます。

三章は、指定漁業です。漁業権でカバーされない漁業のなかで、主要なものは指定漁業として、船の大きさなどの制限が設けられました。

四章は漁業調整です。限られた漁場や資源を巡る漁業者間のトラブルを未然に避け、紛争を解決するための方法について示されています。

それ以降も漁業調整のしくみについての取り決めが続きます。

漁業法の概要

第一章	総則(第一条―第五条)
第二章	漁業権及び入漁権(第六条―第五十一条)
第三章	指定漁業(第五十二条―第六十四条)
第四章	漁業調整(第六十五条―第七十四条の四)
第六章	漁業調整委員会等

4 漁業権は三種類

漁業権は排他的に漁業を営む権利です。

なぜ農業権はないのに漁業権はあるのか？

漁業権という単語を聴いたことがある方は多いと思います。同じ一次産業でも「農業権」という言葉は存在しません。自分の土地を畑にして、農業を行うのに、特別な権利は不要です。土地を所有していれば、誰でも、自由に農業をすることができるのです。

一方、漁業が営まれる海面および河川には私有権が認められていません。公共の海面だからといって、誰もが無秩序に利用できる状態であれば、安定した操業は難しくなります。

特に、海面を占有する必要がある養殖や定置網は、その場所を一定以上の期間、排他的に利用する権利を認めないと生産が成り立ちません。

漁業権の種類

漁業権とは一定の期間、一定の水面において、排他的に特定の漁業を営む権利です。通常は、岸から三〜五ｋｍといった沿岸にのみ設定されています。また、漁業権が設定されているのは、海藻や貝などの定着性の生物や、養殖や定置網など、一定の海面を占有する必要がある漁法に限られています。「磯は根付き」の考え方が、時代を経て現在も残っているのです。

漁業権には以下の三種類があります。

①**共同漁業権**（存続期間　一〇年）
②**区画漁業権**（存続期間　五年または一〇年）
③**定置漁業権**（存続期間　五年）

漁業権の概要

■共同漁業権（在続期間：10年）
・探貝探藻など、漁場を地元漁民が共同で利用して漁業を営む権利。

■区画漁業権（在続期間：5年又は10年）
・魚類養殖など、一定の区域において養殖業を営む権利。

■定置漁業権（在続期間：5年）
・大型定置（身あみの設置水深が原則27m以上の定置）等を営む権利。
※小型定置は、共同漁業権に位置付け。

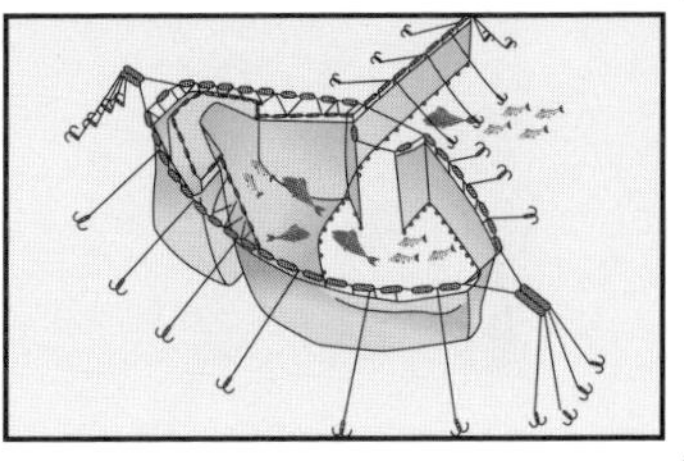

共同漁業権

5

共同漁業権とは、沿岸の根付き資源が共同で利用して漁業を営む権利です。

共同漁業権は三種類

サザエ、アワビ、伊勢エビなどは、一般人でも簡単な道具を使って獲ることができます。大勢の観光客や地元民が、好き勝手に漁獲をすれば資源の枯渇を招きます。また、刺し網や魚礁などは一定の海面を占有するため、漁業権を設定して、調整を行う必要があります。このように、沿岸の天然資源を地元漁民が共同で利用する権利を**共同漁業権**と呼びます。

悪しき既得権のように言われることもある漁業権ですが、筆者は沿岸の漁業を存続させる上で必要な権利だと考えます。共同漁業権は対象となる漁法やエリアによって、第一種から第五種まで存在します。免許期間は一〇年です。

漁業権の天然資源への適用範囲は狭い

どの魚種に共同漁業権が設定されているかは、都道府県ごとに異なります。都道府県のウェブサイトに公開されているので、都道府県の名前と「共同漁業権」をキーワードに検索をすると、すぐに見つけることができます。左のページでは例として石川県の例を示しましたが、地域によって漁業権の適用範囲が異なることがわかります。

また漁業権の対象となっているのは、アワビ、サザエなどの貝類と、わかめ、岩のりなどの海藻、ウニ、なまこなどの着底性の生物に限られていて、遊泳性の魚類は含まれていません。漁業権に基づく漁獲は日本の漁獲量全体から見ると、小さな割合なのです。

【漁業権】 個人が川で釣りを行う場合や、海でも海藻やエビ、ウニなどを獲ることは漁業権に触れる行為となる可能性がある。

第一種共同漁業権の一例（石川県の場合）

地域別の漁獲を禁止している種類一覧

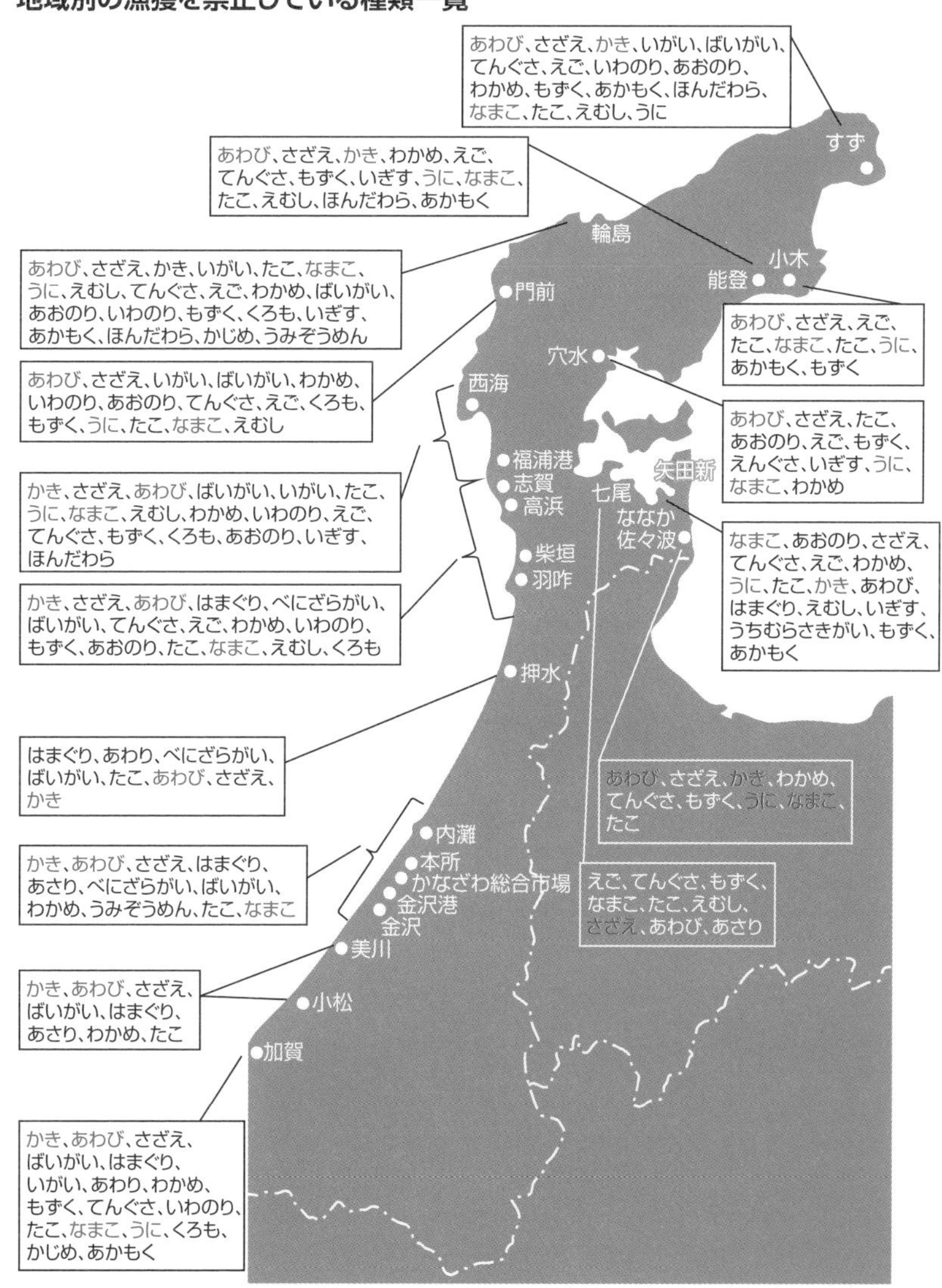

出所：JFいしかわ　http://www.ikgyoren.jf-net.ne.jp/fishery/right.html

6

区画漁業権

養殖は、特定の海面を占有する必要があるので、区画漁業権がほぼ必須になります。養殖の場合は、漁業権が極めて重要な意味を持ちます。

区画漁業権の種類

区画漁業権は以下の三種に分かれ、免許期間は一〇年です。

・**第一種区画漁業**

一定の水域内において石、かわら、竹、木等を敷設して営む養殖業。ひび、かき、真珠、真珠母貝、藻類、小割式の各養殖業がある。

・**第二種区画漁業**

土、石、竹、木等によって囲まれた一定の水域において営む養殖業。魚類、えびの各養殖業がある。

・**第三種区画漁業**

第一種及び第二種以外の養殖業。代表的なものとして貝類養殖業（地まき式を含む）がある。

特定区画漁業権

現在の魚類養殖の多くは、生け簀（いけす）の中で生物を飼育する**小割式**と呼ばれる方式です。一九四九（昭和二四）年に戦後漁業法ができた時点では、小割式はほとんど行われていなかったので、第一～第三種の区画漁業権には含まれていません。後に特定漁業権として付け加えられたのですが、現在ではこちらが主流になっています。藻類、真珠母貝、カキ等についても、入漁権が設定可能であり、**特定区画漁業権**と総称されます。

特定区画漁業権の免許期間は、従来の区画漁業権よりも短い五年となっています。

優先順位

特定区画漁業権には優先順位が決められています。

①地元漁協が管理（行使は組合員）
②地元漁民の七割以上を含む法人
③地元漁民の七人以上で構成される法人
④既存の漁業者等（法人を含む）
⑤その他の者

歴史的に地元漁民が共同で漁場を利用してきた歴史から、漁協の組合員が優先になっています。

企業は優先順位が低いうえに、五年後の免許更新の際に、組合員がその漁場を使いたいといえば、そこから出ていかなくてはなりません。零細の個人経営体を保護する制度になっている一方で、近代的な養殖産業が育成できない原因にもなっています。

漁業権の免許における法定優先順位

	定置漁業権	区画漁業権	特定区画漁業権	共同漁業権
第１順位	地元漁民の７割以上を含む法人	既存の漁業者等（地元・経験優先）	地元漁協が管理（行使は組合員）	地元漁協が管理（行使は組合員）
第２順位	地元漁民の７人以上で構成される法人	その他の者（新規参入者等）	地元漁民の７割以上を含む法人	
第３順位	既存の漁業者等（個人を含む）		地元漁民の７人以上で構成される法人	
第４順位	その他の者		既存の漁業者等（法人を含む）	
第５順位			その他の者	

※共同漁業権や特定区画漁業権は、歴史的に地元漁民が共同で漁場を利用し、または毎年くじ引き等で公平に地元漁民の間で漁場を割当てきたような漁業が対象。このため、地元漁民集団たる地元漁業のみにまたは優先的に免許。

7 漁業権の侵害について

何をやったら、漁業権の侵害になるのでしょうか

漁業権の侵害について

漁業権は民法上の物権と同様と考えられており、漁業権に基づく漁業を営む権利を侵害すると、漁業法第一四三条に基づく**漁業権侵害罪**に該当します。漁業権の侵害は違法行為であり、罰則規定もあります。

潮干狩りや釣りにもルールがあって、知らないうちに密漁をしていたという事態を避けるためにも、漁業権の侵害について、一定の知識を持つことが望ましいでしょう。特に、釣りやダイビングなど海のレジャーを楽しまれる方は、トラブルを未然に避けるためにも知っておきましょう。

漁業権というと、とても大きな権利のように見えるかもしれませんが、法的に漁業権の侵害となる範囲は、案外と狭くなっています。

水産庁による解釈

具体的に何をやったら漁業権の侵害*となるのか、水産庁が整理したのが次の二点です。

①敷設若しくは使用中の漁具又は養殖施設の毀損等によって、現実に採捕又は養殖行為を妨害する他人の行為

②以下のような他人の行為であって、漁場内における漁業の価値を量的又は質的に減少又は毀損する場合

・漁場内における採捕又は養殖の目的物たる水産動植物を採捕する行為

・水質の汚濁や工作物の設置等によって、漁場内における採捕又は養殖の目的物たる水産動植物の棲息及び来遊等を阻害する行為

＊**漁業権の侵害**　http://www.jfa.maff.go.jp/j/enoki/gyogyouken_jouhou3.html より

具体的に何をやったらいけないのか

①の使用中の漁具や養殖設備を壊してはいけないのは当たり前の話ですね。定置網や養殖イケスには不用意に近づかない、もしくは、事前に許可をとるのがよいでしょう。

②は、共同漁業権の対象となっている生物を無断で獲ってはならないということです。共同漁業権の対象ではない動植物を捕獲しても、漁業権の侵害にはなりません。防波堤でアジを釣っても漁業権の侵害にはあたりません。

どの魚種に共同漁業権が設定されているかは都道府県によって異なるのですが、タコ、イセエビ、アワビ、ウニ、ワカメなどは、多くの都道府県で漁業権が設定されています。

詳しく知りたい方は、各都道府県のウェブサイトを確認するか、都道府県の水産課や漁協に問いあわせてください。

第一種共同漁業権の対象となっている水産動植物の主な例

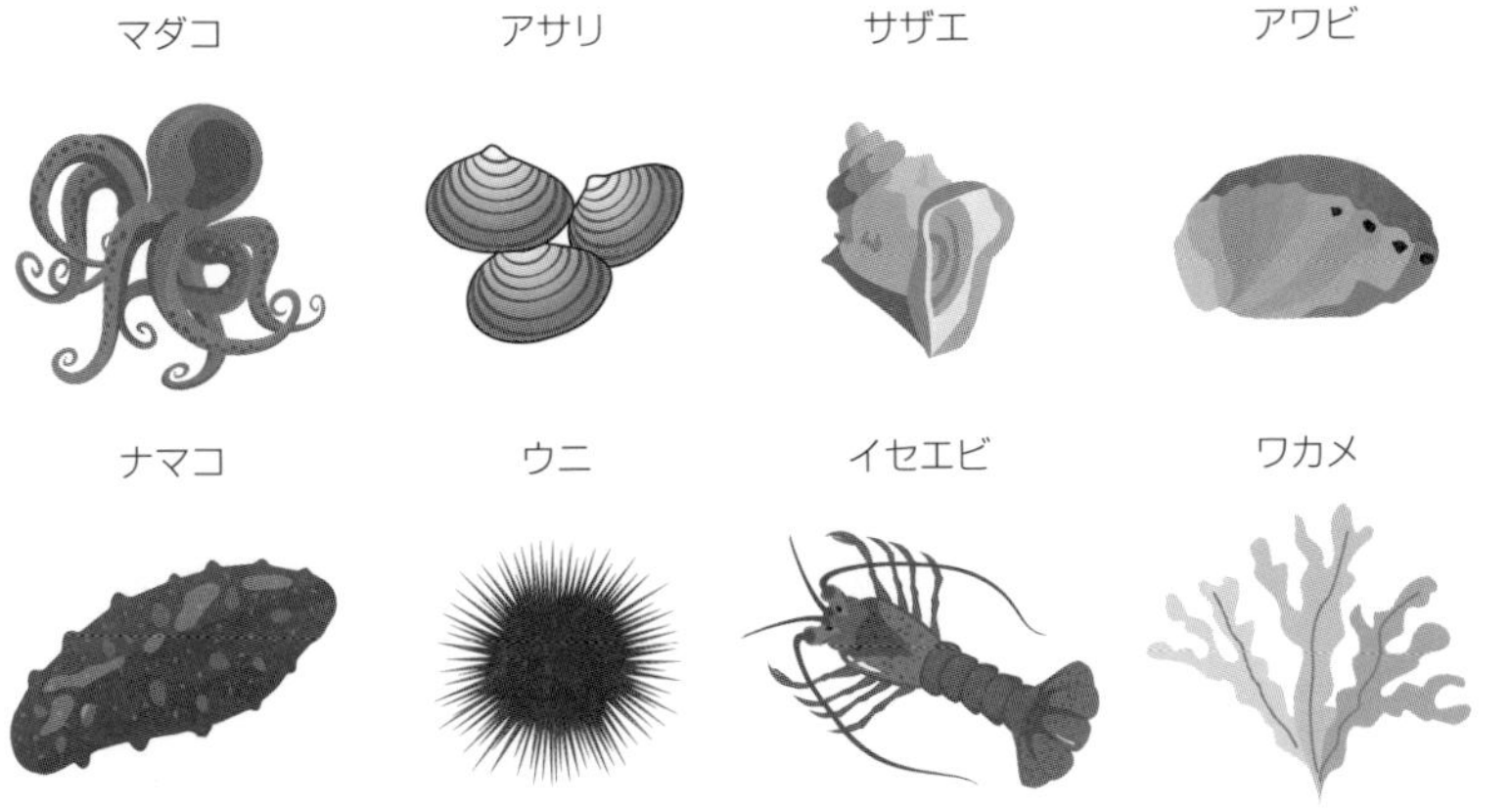

マダコ　アサリ　サザエ　アワビ

ナマコ　ウニ　イセエビ　ワカメ

など

（対象魚種は都道府県によって違います）

https://www.kantei.go.jp/jp/singi/tiiki/kokusentoc_wg/hearing_s/140819siryou02_2.pdf
参考資料
http://www.jfa.maff.go.jp/j/enoki/pdf/gyogyoho.pdf
http://www.hyogo-suigi.jp/Fishing/right.html

8 許可漁業

ほとんどの漁業は、国または都道府県の許可制になっています

許可漁業とは

漁業権が設定されているのは、沿岸のごく一部の根付き資源と養殖と定置網です。それ以外の漁業についても、誰でも自由にできるわけではありません。ほとんどの漁業は漁業調整および水産資源の保護培養等のため、都道府県知事または農水大臣の許可性になっており、これらを**許可漁業**と呼びます。

許可漁業は、許可の内容や許可に付した制限のほか、農林水産省令や都道府県規則により制約されます。船の大きさ(トン数)や利用できる漁具の仕様、操業できる漁期や漁場、獲って良い魚種など、様々な制限がかけられます。

知事許可漁業

各都道府県の沿岸で行われる小規模な漁業については、都道府県知事の許可制となっています。

地域の事情に応じて、都道府県知事が漁業調整等の観点から、都道府県規則を定め、規制を行っています。漁法としては、小型まき網漁業、刺し網漁業、延縄漁業、かご漁業など多岐にわたります。

中型まき網漁業、小型機船底引き網漁業、小型さけ・ます流し網漁業については、県間にまたがる漁業調整が必要なことから、法定知事許可漁業となっており、大臣が漁船の隻数などの上限を定めた上で、個々の都道府県の実情に応じて、知事が許可をすることになっています。

大臣許可漁業

県をまたいで操業したり、日本の外で操業したりする大規模な漁業は、農林水産大臣の許可が必要となります。これを**大臣許可漁業**と呼びます。

大臣許可漁業では、全国的な観点から、総トン数、隻数、その他規制措置などを、農林水産大臣が規制を行います。

大臣許可漁業には、**指定漁業**(政令)と**特定大臣指定漁業**(省令)があります。指定漁業は、沖合底引き網漁業、大中型巻き網漁業、遠洋鰹マグロ漁業など一三業種が該当し、ほとんどの大規模漁業は指定漁業となります。

特定大臣許可漁業は、円滑な調整のために、大臣が発する省令を根拠にしています。ズワイガニ漁業や東シナ海延縄漁業など、領土問題が絡む海域で操業する漁業などが該当します。

指定漁業は資本や人手が必要になるケースが多く、経営体における法人の割合が高くなっています。

大臣許可漁業（指定漁業）における法人参入の状況

漁業形態	許可数 (H26.1.1 時点)			企業の割合
	(a)	うち法人(b)	うち個人	(b) /(a)%
沖合底引き網漁業	316	168	148	53
以西底引き網漁業	8	8	0	100
遠洋底引き網漁業	10	10	0	100
大中型まき網漁業	117	113	4	97
小型捕鯨業	5	5	0	100
遠洋かつお・まぐろ漁業	302	282	20	93
近海かつお・まぐろ漁業	342	185	157	54
中型さけ・ます流し網漁業	39	31	8	79
北太平洋さんま漁業	165	89	76	54
日本海べにずわいがに漁業	12	11	1	92
いか釣り漁業	112	88	24	79
計	**1,428**	**990**	**438**	**69**

出所：漁業権の概要

9

漁業法の体系と自由漁業

戦後漁業法の体系を整理すると、左ページの図のようになります。

漁業法の体系

水面の操業的利用による生産力の発展を目標に、漁業の規模に応じて、**大臣管理漁業**と**知事管理漁業**に分けて、管理されています。

知事管理漁業には、漁業権漁業と知事許可漁業が存在します。大臣管理漁業には、指定漁業と特定大臣許可漁業が存在します。

漁業者の間の利害の調整をするための機構として、海区漁業調整委員会が設置されています。海区漁業調整委員会は、都道府県知事の諮問機関として、漁業の免許や漁業調整規則の制定・改正に助言をしたり、漁場紛争の防止解決など必要な指示をおこなったりします。

自由漁業

漁業権漁業、許可漁業のいずれにも該当しない漁業は、**自由漁業**です。自由漁業は、大臣や知事の許可を得る必要がありません。

自由漁業は、一本釣り、引き縄など、資源への影響が少ない漁業や、主たる漁業の合間に行うような裏作的な漁業が該当します。

自由漁業といっても、一般人が自由にできるわけではなく、漁業者であることが要件となっています。漁業者(漁協の組合員)であれば許可等を得ずに自由に行うことができるということです。

一般人が水産物を採取する場合は、漁業ではなく遊漁となり、釣り、手かぎ*、などに制限されています。

＊**手かぎ**　漁具の一種。柄に金属の鉤がついており、大型の魚を釣る際に船に引き上げたりするのに利用する。

漁業法の体系

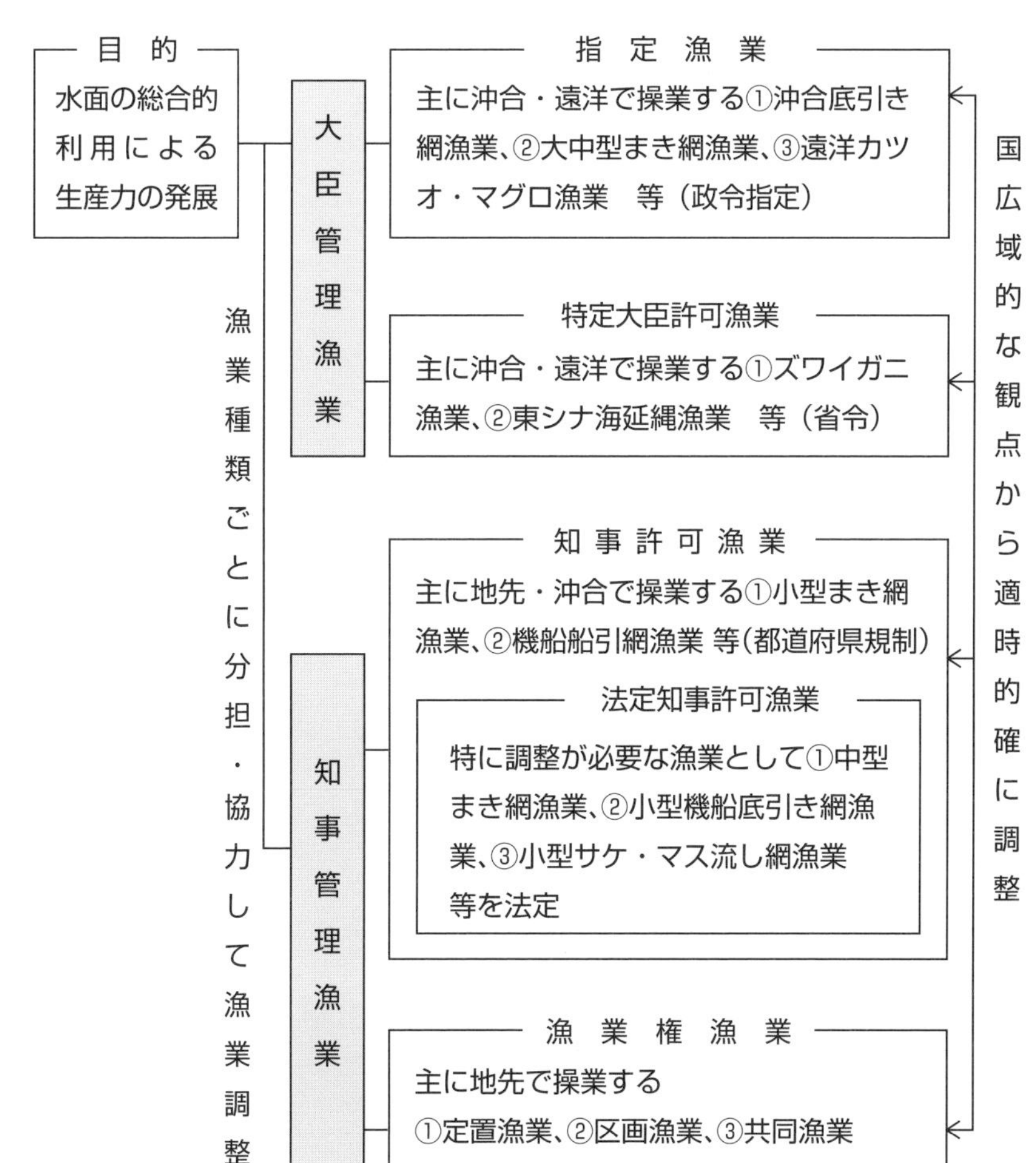

出所：https://www.jfa.maff.go.jp/j/suisin/pdf/004_gyogyouhou_gaiyou.pdfより。

10

漁業をするにはどうすれば良いのか？

漁師になるためのルートは複数存在します。

親方（個人事業主）になるには

漁師といっても、**個人事業主（親方）**になるか、**雇われ漁業者（乗り子）**になるかで、参入ルートは大きく違ってきます。

漁業の一般的なイメージは個人事業主でしょう。「脱サラして漁師になる」というようなケースです。個人事業主としての漁業は家業として子供が親の船を継ぐのが基本的な考え方です。あなたが漁師の子供なら、親の船にのって修行をして、仕事を覚えて、独り立ちをするのが一般的です。

近年は、漁業で生活するのが難しいことから、漁業者の子供が漁業を継がないケースが増えて、漁村の高齢化や限界集落化が進んでいます。

漁師の子供ではない場合

あなたが漁業者の子息でない場合には、親方（個人事業主）の漁師になるのは簡単ではありません。まずは、どこかの漁協の組合員である親方に弟子入りして、船に乗せてもらって仕事を覚える必要があります。

十分な人数の漁業者がいる場合は、よそ者が「組合員にしてください」と漁協に出向いても、門前払いをくらうのですが、最近は人手が減ったことから、やる気がある若手を歓迎する浜も増えてきました。親方に弟子入りして、何年か下積みをして、その頑張りが周りに認められると、準組合員や正組合員への道も見えてきます。

乗り子（雇われ漁業者）

漁業会社に、従業員として雇われて漁業に参入する場合は、他の職種と大きく変わりません。巻き網や定置網など、各地の漁業会社が、求人を行っています。

漁業センサス2018によると二〇一八年に漁業に新規に就業したのは一八六二名でした。自営の親方が四六九人で約四分の一でした。四分の三は雇われ漁業者でした。脱サラをして漁師になるというのは狭き門なのです。

漁師になりたい人は、漁業就業者フェアなど、定期的にいろいろな都市で開催されているので、そこに参加してみると良いでしょう。雇われ漁業者の場合も、漁法や船によって、働き方はいろいろです。厳しい長時間労働をするけれども、給料が高い船もあれば、逆の船もあります。

定置網だと、毎日近場の漁場との往復になるので、労働時間が規則正しく、それほど長期化しない傾向があり、新規参入者が定着しやすいようです。

2018年の新規就業者の割合

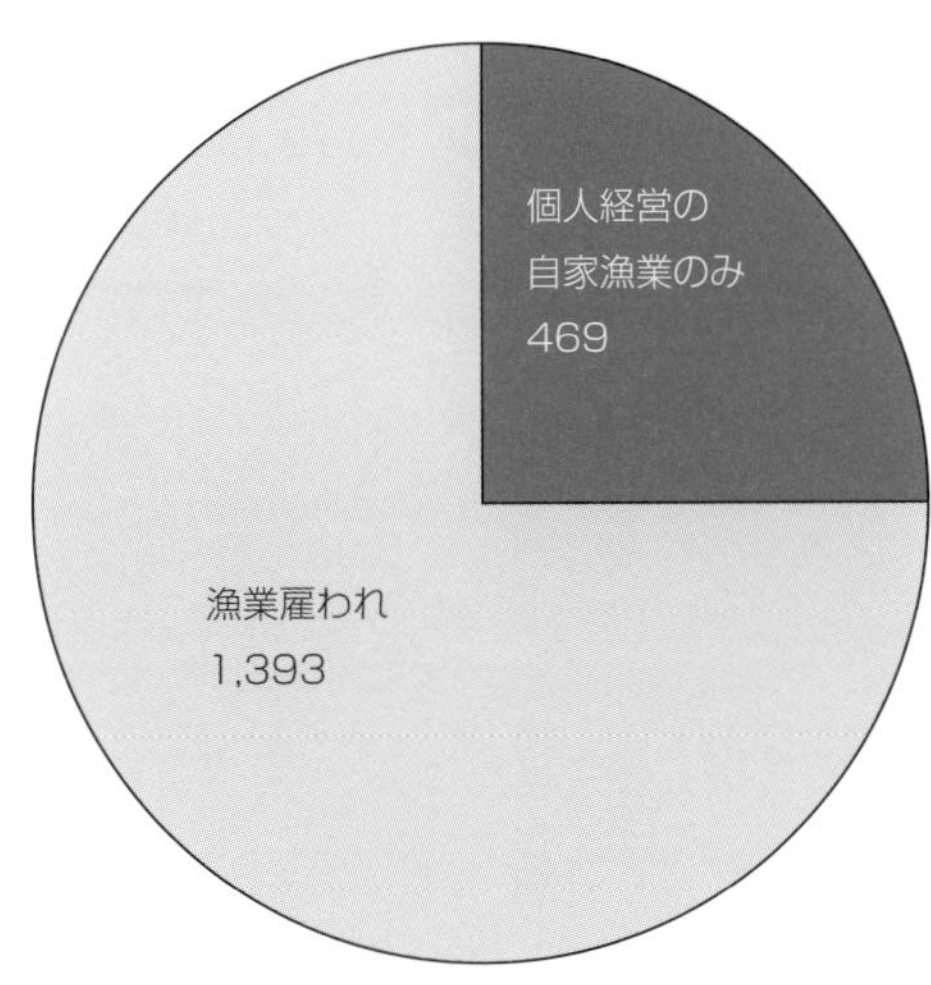

出所：漁業センサス（2018）

11 漁協の役割

漁業権の管理を行う漁協は大きな権限を持っています

漁協ってどんな組織?

日本を占領したGHQは、財閥解体などと並行して、地主の土地を農民に配分しました。漁業の場合は網元を解体して、漁民が組織する組合に漁業権を与えました。選挙で選ばれた組合長に権限を与えて、漁業権を民主的に運用しようという狙いです。

一九四八(昭和二三)年に公布された**水産業協同組合法**では、**漁協***の目的として、「漁民及び水産加工業者の協同組織の発達を促進し、もつてその経済的社会的地位の向上と水産業の生産力の増進とを図り、国民経済の発展を期する」とされています。

網元から網子(農業における小作)を解放し、漁業の民主化を進めるという意味では、漁協は一定の役割を果したといえるでしょう。

漁協の事業

個人経営の漁業者の事業と生活を支えるために、漁協は様々な事業を行っています。

- ・水産資源の管理・増殖
- ・水産に関する経営や技術の向上に関する指導
- ・組合員に対する資金の貸付け
- ・組合員の貯金、定期積金の受入れ
- ・組合員に対する物資の供給
- ・組合員の漁獲物、生産物の加工、保管、販売
- ・漁場利用の調整
- ・組合員の遭難防止、遭難救済
- ・組合員の共済に関すること
- ・漁船保険、漁業共済等のあっせん

***漁協** 正式名称は漁協協同組合。**JF**(Japan Fisheries cooperative)ともいう。基本的には地域ごとの漁業全般を扱う総合漁協だが、魚種や漁法ごとに集まる専門漁協などもある。

漁協の合併

ピーク時には、日本全国に約三五〇〇の漁協が存在しました。漁業者が減少するに従って、漁協の合併が進んでいきます。

水産業協同組合法六十八条には、組合員が二〇名未満になると組合は解散すると定められています。正組合員の資格を得るには、年間九〇〜一二〇日以上漁業に従事する必要があります。

漁村の過疎高齢化が進むに従って、正組合員の要件を満たす漁業者の数が減って、二〇名を割る漁協が増えてきました。漁協の消滅を避けるために、一九九一年から漁協の合併が全国的に進められました。いわゆる**平成の大合併**です。

二〇〇八（平成二〇）年までに漁協の数を約二五〇〇まで減らすことを目標にしていたのですが、現在でも一〇〇〇を切ったあたりで下げ止まっています。漁協同士の経営状況に大きな差がある場合には、合併は難航するようです。

沿海地区漁業協同組合数及び合併参加組合数の推移

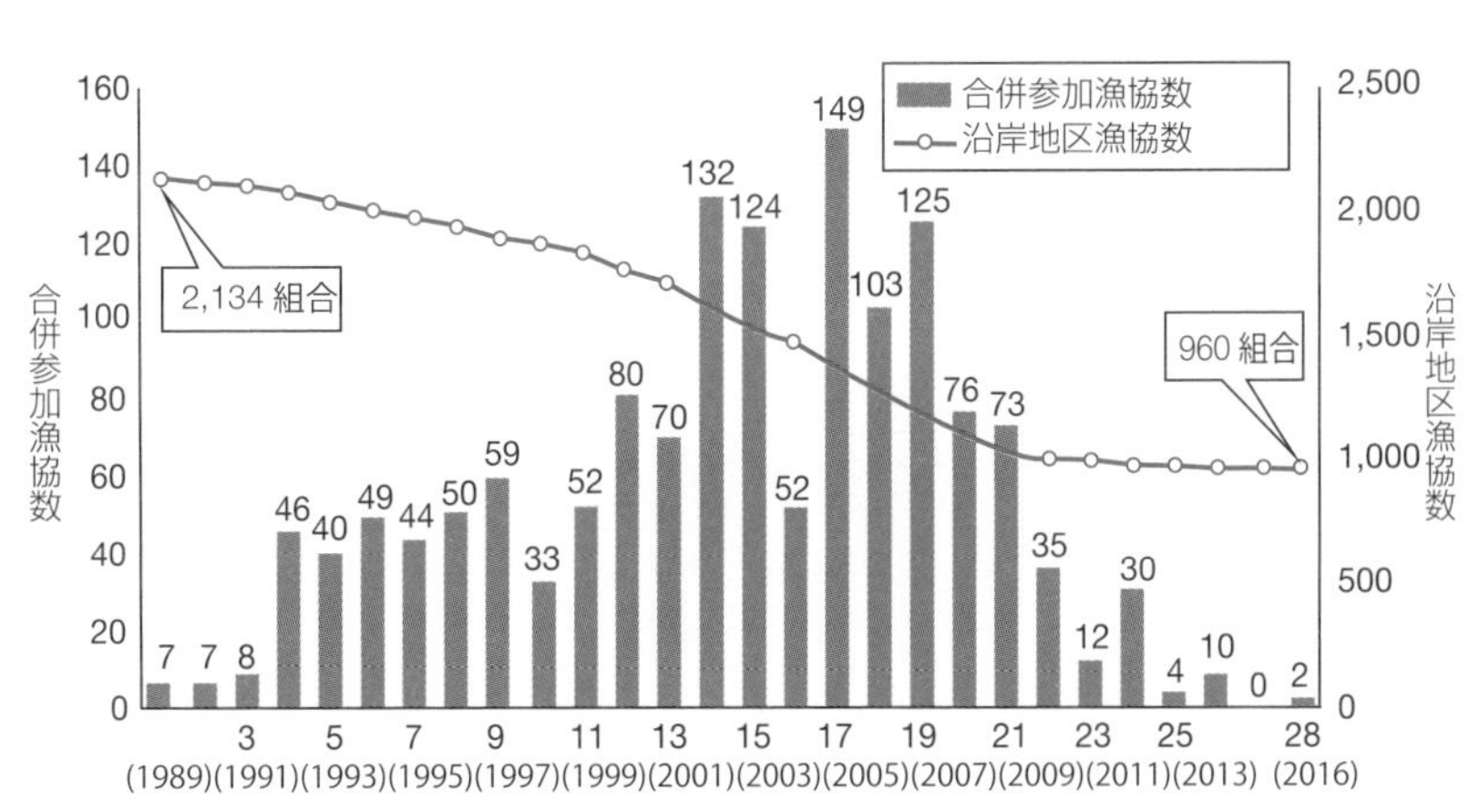

出所：平成29年水産白書（5）漁業協同組合の動向
http://www.jfa.maff.go.jp/j/kikaku/wpaper/h29_h/trend/1/t1_2_2_5.html

12

漁協系統の仕組み

全漁連、県漁連という漁協の系統が存在します。

全漁連

地域の漁民の意向を直接民主主義で反映できるように、当初の漁協の規模は小さいものでした。まとまって力を発揮するために、漁協系統が存在します。

全漁連(正式名称は全国漁業協同組合連合会)は、全国の沿岸漁業協同組合、都道府県漁業協同組合連合会から組織される漁業協同組合です。経済事業、購買・販売事業、組織指導、監査、広報活動などを全国展開しています。JF全国監査機構という組織を内部に持ち、会員である漁協の監査を行っています。

全国段階の組織と指定は、全漁連以外に、信用事業を担当する農林中央金庫や、共済事業を担当する全国共済水産業協同組合連合会が存在します。

県漁連

都道府県ごとに**県漁協**が設置されています。県漁協の役割は、都道府県によって様々です。漁業が盛んではない県の県漁連は、存在感が希薄なケースもあります。一方で、北海道漁連などはマーケティングや販売促進などに力を入れており、強力な商社機能を持っています。

平成の漁協の大合併によって、一〇の県で県内の全ての漁協がすべて合併をして、県一漁協が成立しています。この場合、県漁連の存在意義がなくなるので、県漁協は解散します。県一漁協に合併した後もそれまでの個々の漁協は支所として存続しています。

漁協系統の仕組み（2017 年 3 月末時点）

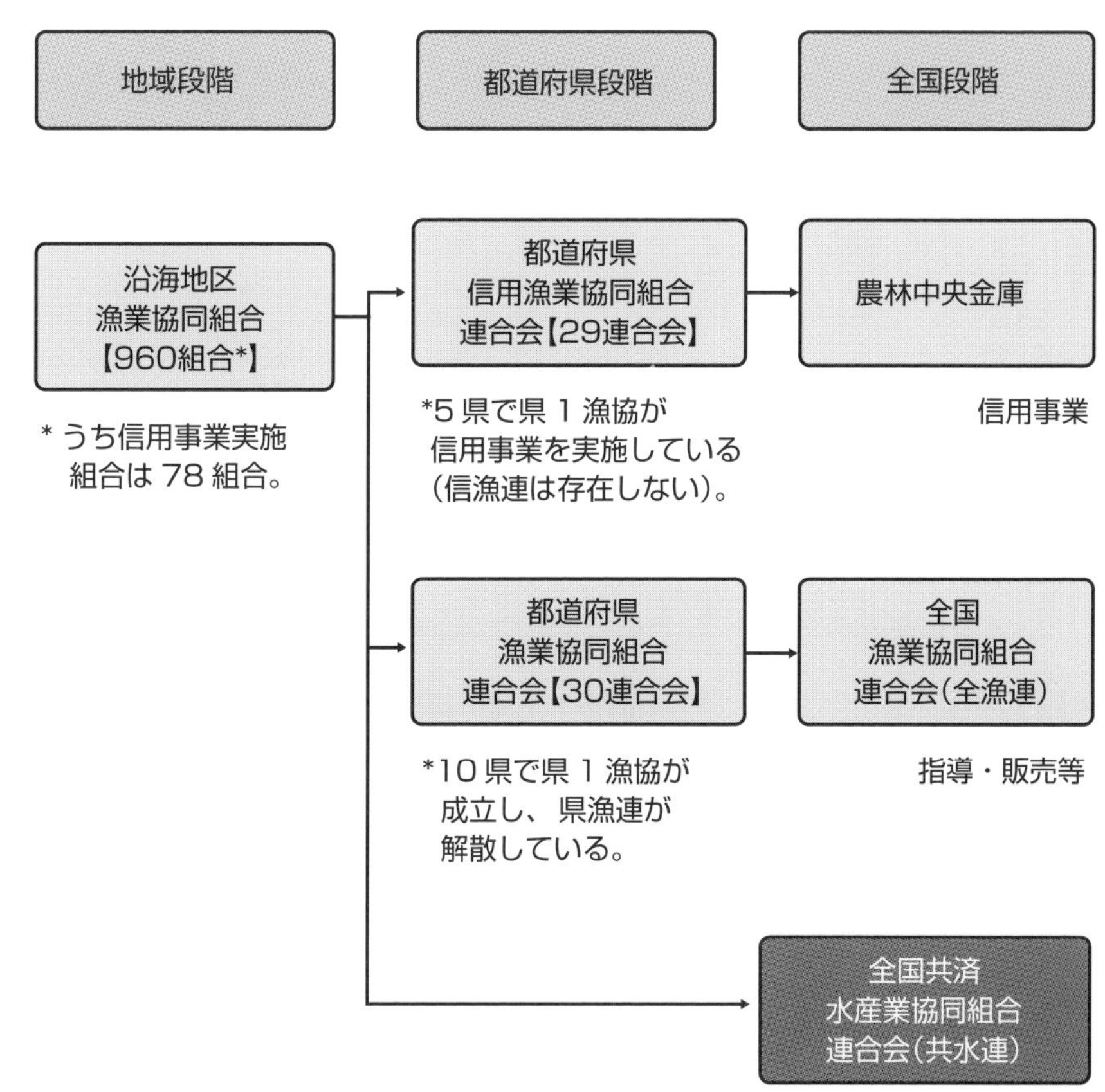

出所：内閣府 https://www8.cao.go.jp/kisei-kaikaku/suishin/meeting/wg/suisan/20170920/170920suisan01-9.pdf

MEMO

主な魚種

本章では日本でよくみられる魚種について、生態と資源としての特徴について解説していきます。

マイワシは日本水産業の土台

1

マイワシは、日本の水産業の土台ともいえる重要な魚種です。一九八〇年代には現在の日本の天然の漁獲量よりも多い四五〇万トンも漁獲されました。一九九〇年代から減少しましたが、現在、増加傾向です。

生態と分布

マイワシは、群れをつくって海の表層を回遊します。同じ鰯の仲間には、カタクチイワシやウルメイワシなどが存在しますが、「いわし」というと本種を指します。水揚げするとすぐに死んでしまうことから漢字で鰯と書きます。

冬に高知県沿岸で生まれたマイワシは黒潮にのって北上し、春から秋にかけて、黒潮と親潮がぶつかって、プランクトンが豊富な三陸沖で成長します。一～三年程度で成熟をすると、産卵場にむけて南下回遊します。梅雨時の六～七月に最も脂がのります。この時期のマイワシは、「入梅いわし」と呼ばれ、人気があります。EPAやDHAなどのオメガ三系脂肪酸*も豊富です。

マイワシの漁業

戦後しばらくの間、マイワシの資源水準は低く、漁獲は低迷しました。一九七二年から増え始めて、一九八九年から減少しました。一九八九年から一九九二年の四年間は卵の生き残りが悪く、資源の再生産ができなかったことがわかっています。一九九三年以降、卵の生き残りは改善したのですが、少なくなった資源から、これまでと同じ漁獲量を確保しようとした結果、資源が減少していきました。

現在は、マイワシを捕っていた巻き網船団も減少し、資源が再び増加傾向にあります。近年は50万トン程度まで、漁獲量が増加しています。食用としての需要は限定的で、飼料に回される割合が高くなっています。

＊**オメガ三系脂肪酸**　不飽和脂肪酸の一種で人体では作れない脂肪酸の一種。**EPA**(Eicosapentaenoic Acid)や**DHA**(Docosahexaenoic acid)は青魚に多く含まれる。

マイワシ太平洋系群の回遊経路

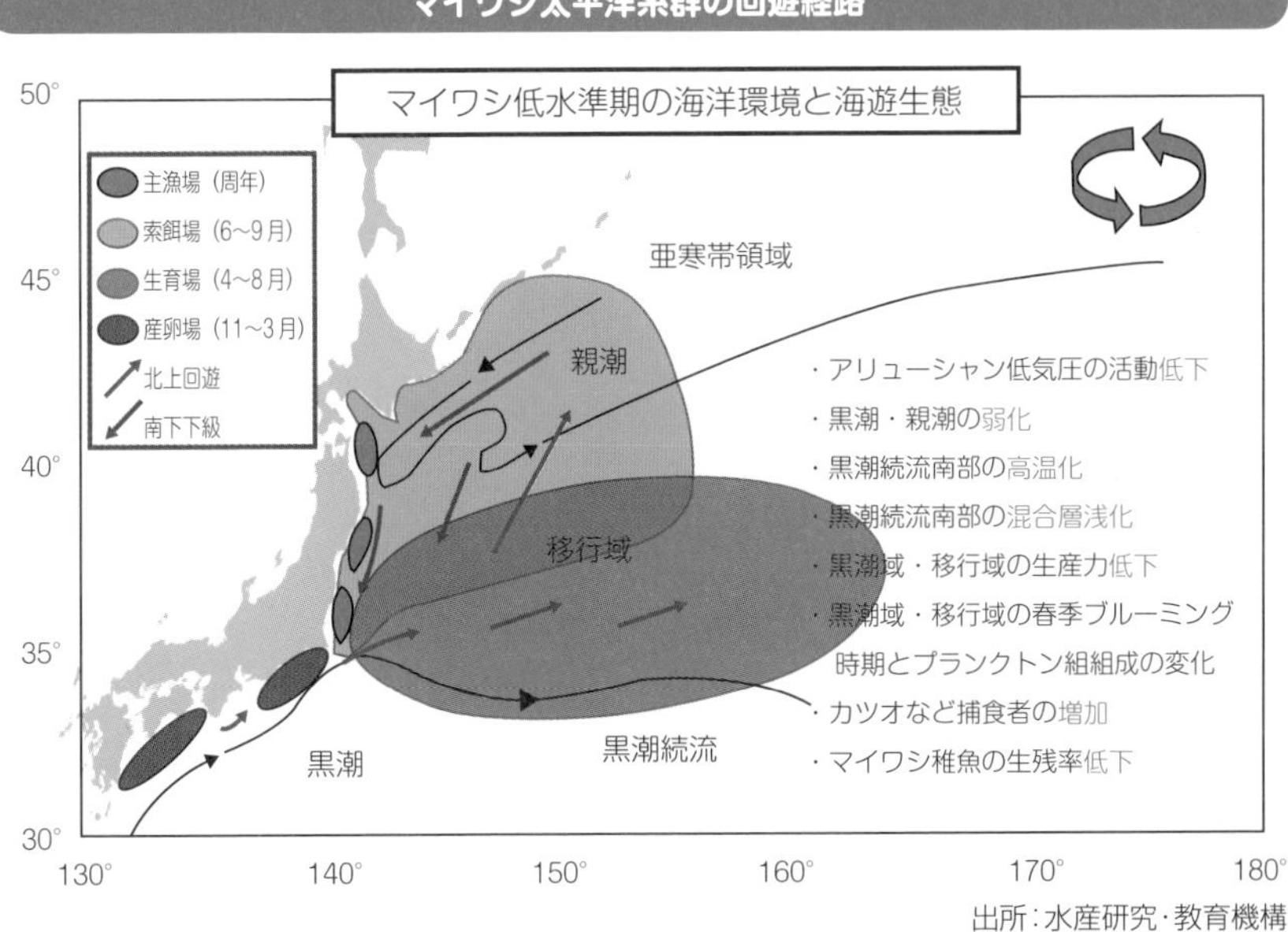

出所：水産研究・教育機構

日本のマイワシ漁獲量

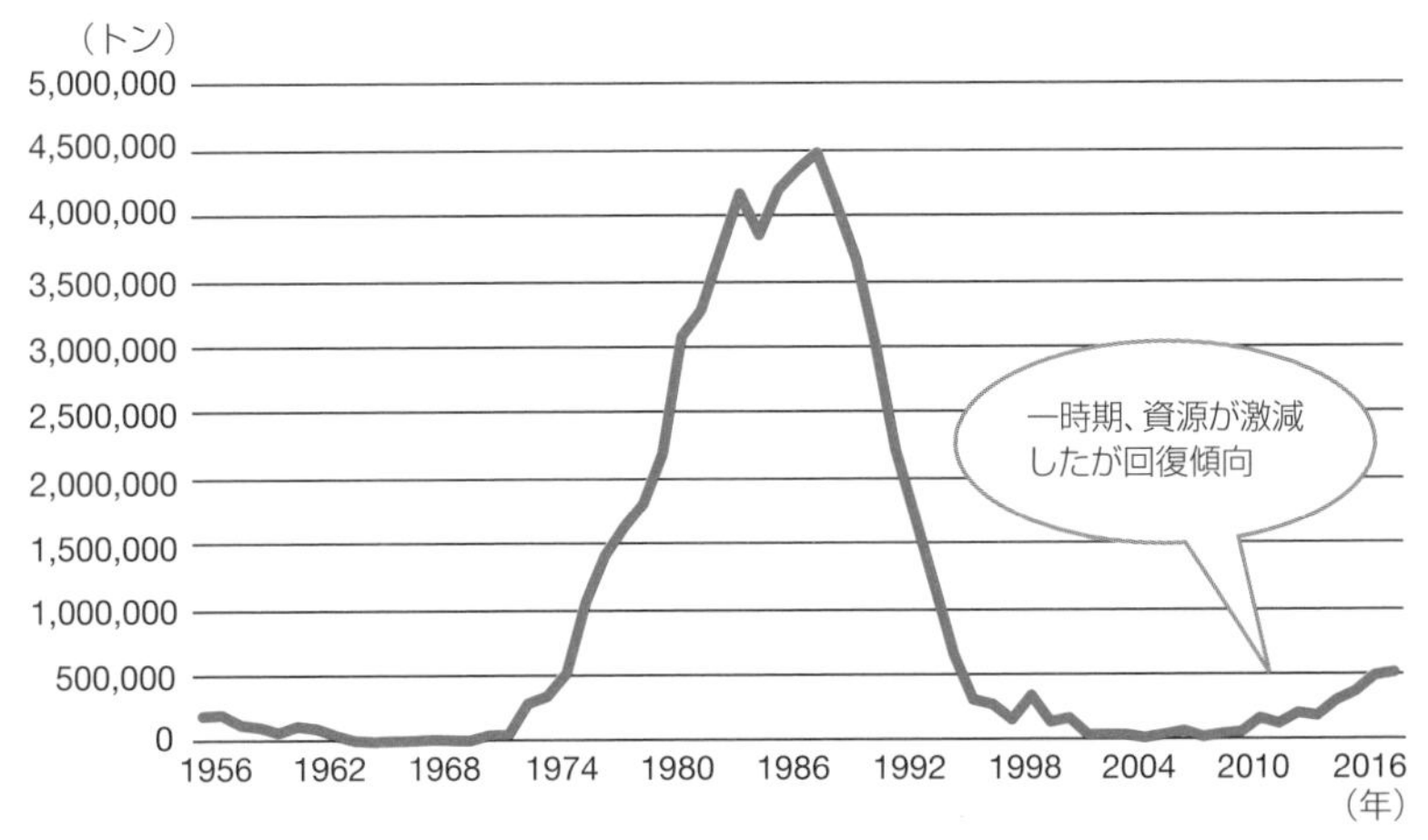

出所：農水省 漁業・養殖業生産統計

2 サバ類（マサバ・ゴマサバ）

鯖は缶詰などで人気の魚です。国産はマサバとゴマサバの二種類の魚がいます。

生体と分布

サバ（マサバ、ゴマサバ）は、群れを作って表層を回遊します。日本周辺は、太平洋系群と日本海系群が存在します。春から夏に北の餌場で栄養を蓄えた**サバ**は、秋から冬にかけて産卵のため南下します。秋から冬にかけて、**マサバ**は脂がのって特においしくなります。

ゴマサバは、マサバよりも暖かい海域に生息している近縁種です。ゴマサバの旬は夏で、この時期にはマサバよりも脂がのっています。

日本のサバ類には、背中に虫食い模様と呼ばれる不規則な模様があります。ノルウェーサバは直線的な模様が規則正しく並ぶ個体が多く、慣れれば簡単に見分けがつきます。

サバの漁業

一九七〇年代には豊富だったマサバ資源は一九八〇年代の巻き網の漁獲によって激減し、一九九〇年代以降、低水準にとどまっていました。二〇一一年の東日本大震災で一時的に漁獲が減ったこともあり、現在は資源は回復傾向にあります。

サバの漁獲は未成魚*が中心です。マサバとゴマサバは成魚になると判別が容易ですが、未成魚は区別がつきづらいことから、漁獲統計がサバ類としてまとめて記録されています。

サバの未成魚は、クロマグロ養殖の餌として利用されています。また、途上国向けにサバ未成魚の輸出が増加しています。一方で、日本の食卓はノルウェーサバにシェアを奪われています。

＊**未成魚**　1-4節を参照。

マサバ

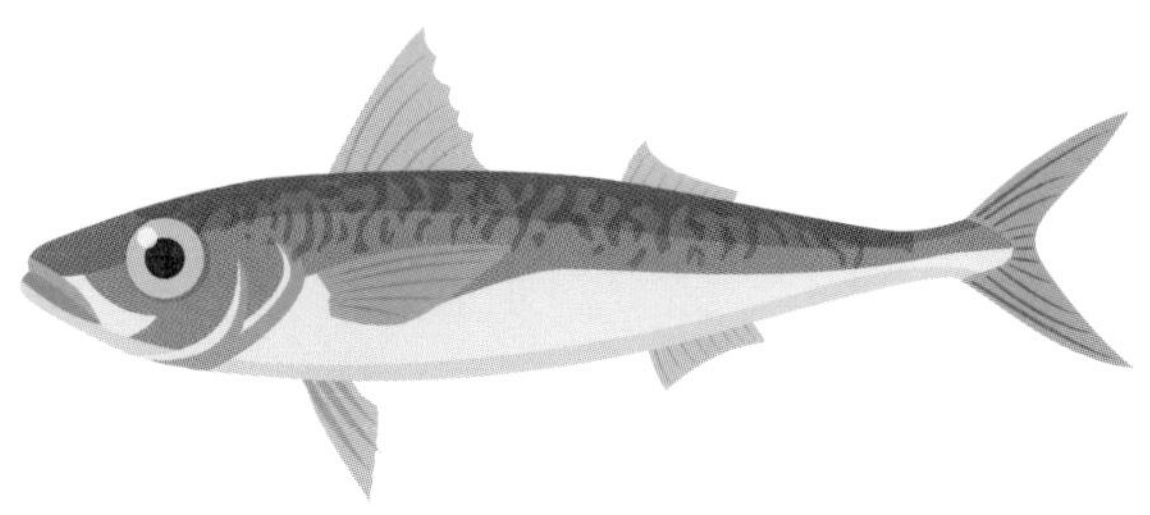

マサバは秋においしい魚です。背中に虫食い上の模様があるのが日本のサバです。ゴマサバはおなかに褐色の斑点があります。

日本のサバ類の漁獲量

出所：農水省 漁業・養殖業生産統計

3 スケトウダラは日本で最も捕れる白身魚

スケトウダラは、日本で最も多く捕れる白身魚です。すり身にして、練り物になります。また、卵は明太子の原料です。

生態と分布

スケトウダラは、海底に生息する**底魚**（そこうお）です。群れを形成して、海底を回遊します。普段は沖合に生息しているのですが、冬になると、産卵のために、沿岸に回遊をします。スケトウダラの卵は明太子の原料です。

日本海から、北太平洋全域に、広範囲に分布します。ベーリング海には大きな資源があり、米国がＥＥＺを設定する前は、日本の遠洋漁業が大規模な漁業を行っていました。

日本では、北海道が本場です。日本周辺はスケトウダラの分布の最南端にあたり、水温の上昇などの影響もあり、日本周辺では獲れづらくなっています。

資源と漁業

一九七〇年前後に三〇〇万トンもの漁獲を記録していますが、当時はベーリング海など遠洋での漁獲が多かったためです。米国やロシアが二〇〇海里のＥＥＺを設定して以降、漁場の喪失もあり、漁獲量が減少しました。

日本近海では、産卵場にやってきた親を狙う刺し網やトロールによる未成魚の漁獲が盛んです。

日本のスケトウダラ資源は、いくつかの系群に分けて、評価されています。日本海系群は資源状態が極めて悪く、太平洋系群は比較的安定しています。卵の生き残りが多いベビーブーム（**卓越年級群**と呼びます）が最近は発生しておらず、注意が必要な状況です。

【スケトウダラ】 名前の由来には佐渡のスケソウという魚からという説、スケソという魚から来たという説、サケのタラがなまったものなどの説がある。

スケトウダラの分布図

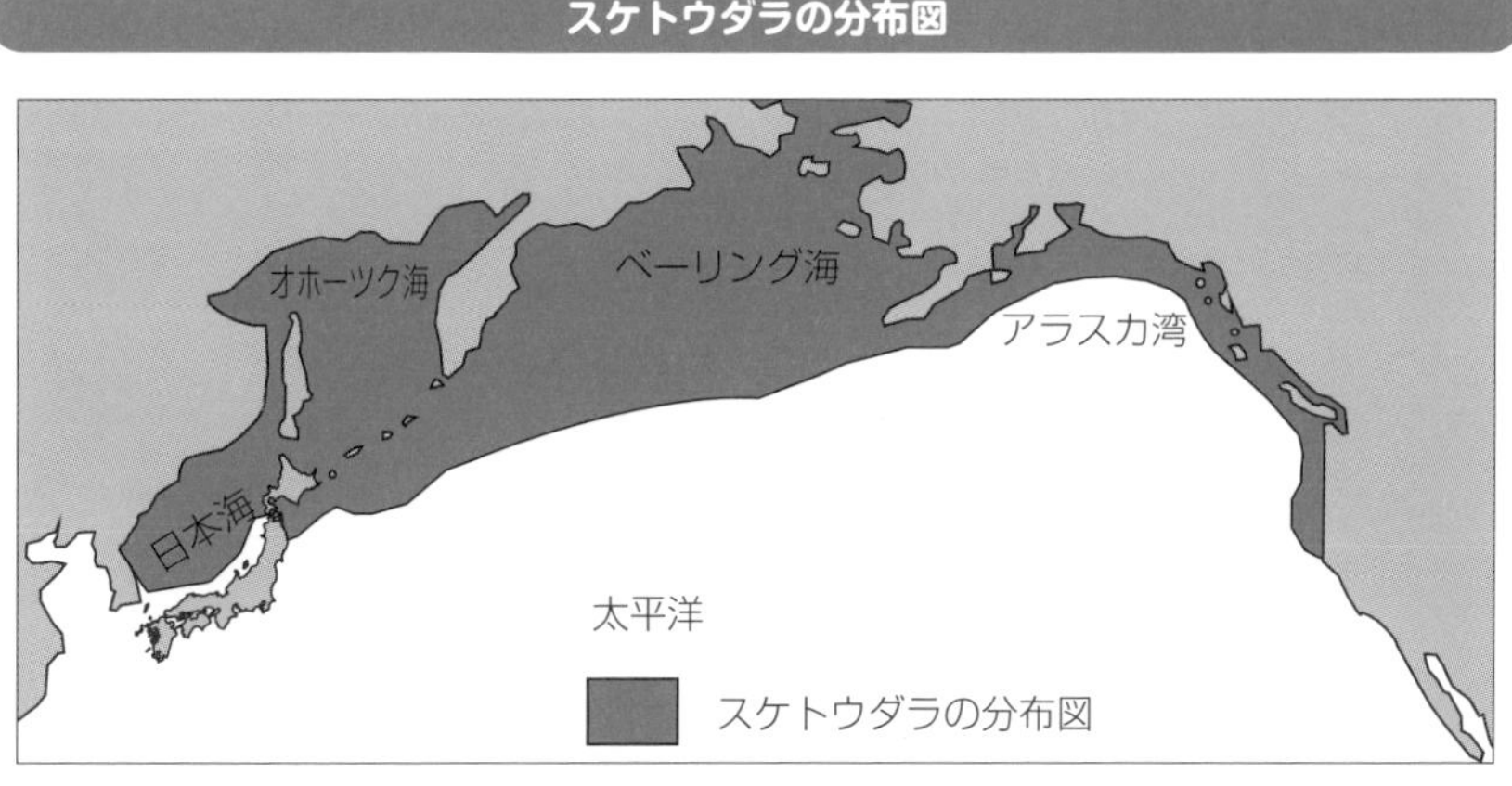

出所：北海道立総合研究機構

http://www.hro.or.jp/list/fisheries/research/kushiro/section/zoushoku/aqed－r000000099d.html

日本のスケトウダラの漁獲量

出所：農水省 漁業・養殖業生産統計

4 スルメイカの資源量が激減

庶民のイカといえば、スルメイカです。漁獲量が多く、加工品の原料としても重宝されてきました。そのスルメイカの資源量が数年前から激減して、イカの漁業が盛んだった地域に大きな影響を与えています。

スルメイカの生態

スルメイカは、沖縄を除く日本周辺に広く分布しています。主産卵場は東シナ海で、秋から冬が産卵の中心です。秋に生まれた個体は、対馬暖流にのって日本海に回遊し、冬に生まれた個体が黒潮にのって太平洋側に回遊します。スルメイカの成長は早く、ふ化後九ヶ月で五〇〇g程度に成長します。産卵の準備が整うと、産卵場へと向かいます。

スルメイカの寿命は一年程度と考えられています。寿命が短いことから、その年の卵の生き残りの善し悪しによって、資源が大きく変動しやすいという特徴を持っています。近年は、資源が減少傾向にあり、注意が必要です。

資源と漁業

日本全国で漁獲をされますが、特に九州の北側や津軽海峡が好漁場となっています。

一九九〇年代から二〇万トン程度で安定して推移してきたスルメイカの漁獲量は、近年、激減をして、二〇一九年には三万四〇〇〇トンまで減少しています。漁獲の減少はイカ釣り漁師ばかりでなく、イカの加工業者の経営をも苦しくしています。

日本以外に、韓国、中国、北朝鮮などもスルメイカを漁獲しているのですが、これらの国をカバーする国際的な資源管理を行う枠組みがないので、漁獲規制を行うのが難しい状況が続いています。

【スルメイカの漁法】 追い込み漁や定置網漁業もあるが、よく知られているのは夜間に船からライト（集魚灯）を点けて寄ってきたイカを釣り上げる方法である。

スルメイカの分布

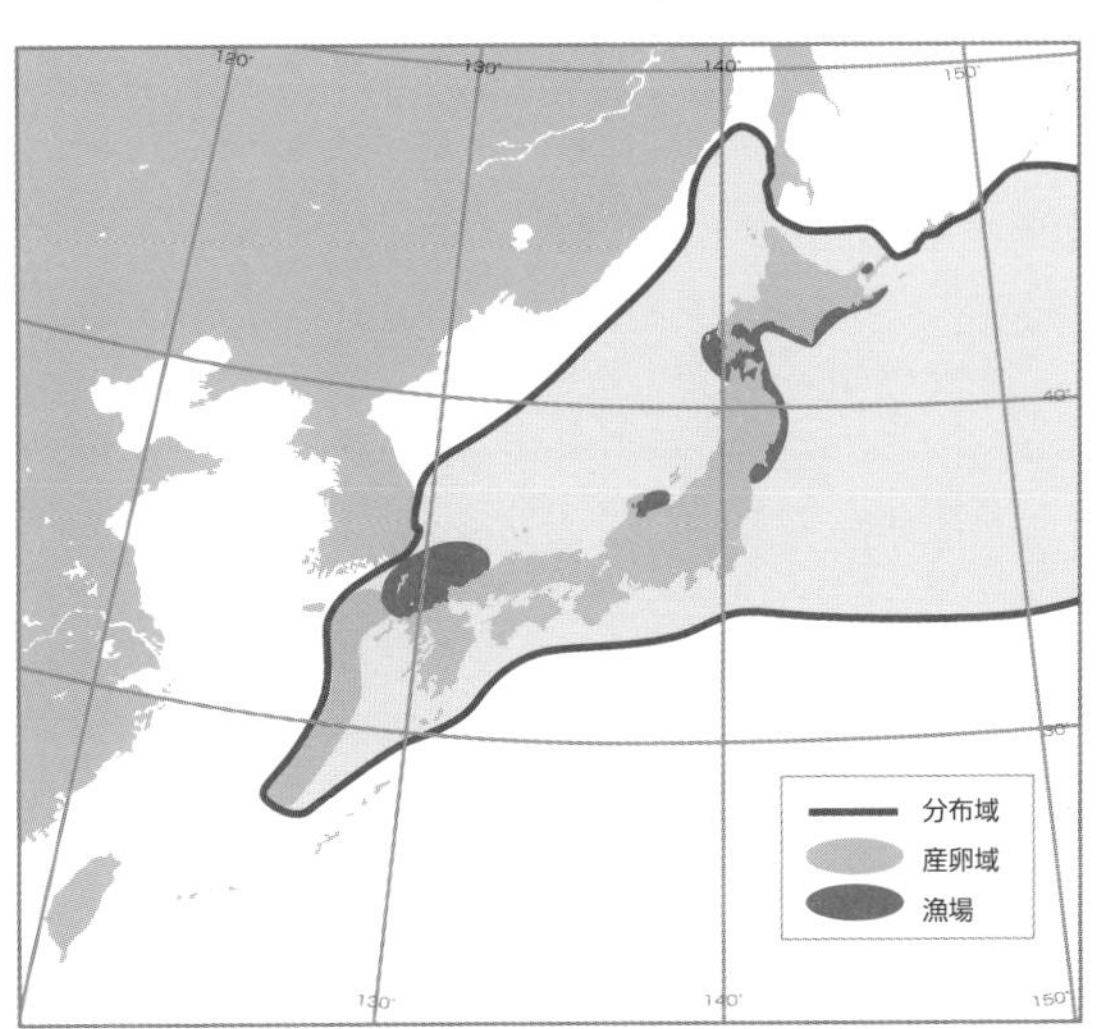

出所：水産研究・教育機構 資源評価票

スルメイカ漁獲量

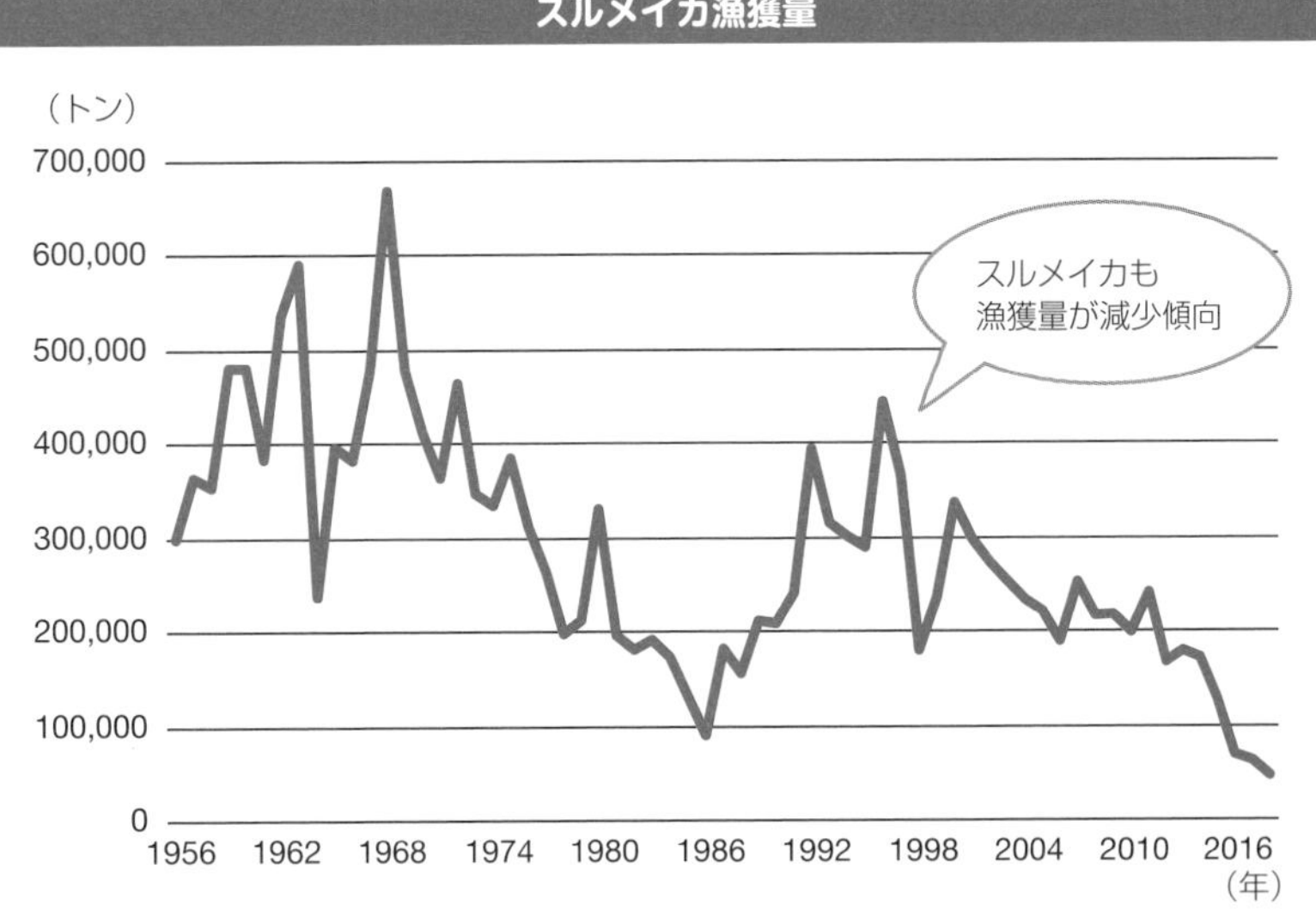

出所：農水省 漁業・養殖業生産統計

5 サンマは公海に生息する

秋の風物詩であるサンマも、資源の減少が顕著です。多国間の資源管理の枠組み構築が急務です。

サンマの生態

日本人は**サンマ**を日本の魚だと思っているかもしれませんが、実はそうではありません。サンマは普段は太平洋の真ん中の公海で生息しています。夏から秋にかけて、卵を産むために南下するのですが、そのときに産卵群の一部が日本近海を通りかかり、それを日本漁船が漁獲をしています。

サンマの寿命は二年です。成長が早い個体は〇歳で産卵に向かい、成長が遅い個体は一歳になってから産卵に向かいます。

サンマは公海資源なので、どこの国の船でも公海でサンマを漁獲することができるのですが、以前は日本以外にサンマを熱心に漁獲する国はなかったので、日本がサンマ資源をほぼ独占的に利用してきました。

サンマの漁獲量の減少要因

日本のサンマの漁獲量は二〇〇八年には三五万トンありました。その後は直線的に減少をして、二〇一九年には四万トンまで減少しています。

日本のサンマ漁獲量の減少の背景には、サンマの資源量の減少と回遊ルートの変化の二つの要因があります。サンマは一九度以下の低い水温を好みます。近年は北海道沖に、サンマが苦手な暖かい海水の塊が発達する年が多くなっています。そのような年には、サンマは日本に近づく前に回遊ルートを変更して、南下をしてしまうのです。結果として、日本の漁場（日本の三陸近海）の外側をサンマが通過して、日本の漁獲が減少します。

【サンマの漢字】　サンマは「秋刀魚」と書かれることが多いが、すし屋の湯飲みなどで表記される魚編で一文字で表記する漢字が存在しない。

サンマ

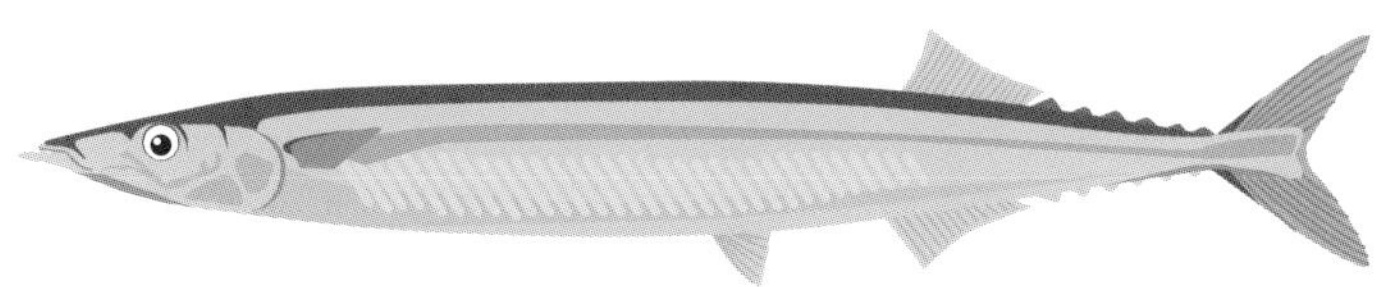

秋の風物詩として、日本人におなじみサンマは、
普段は太平洋の公海に生息している。

サンマ漁獲量

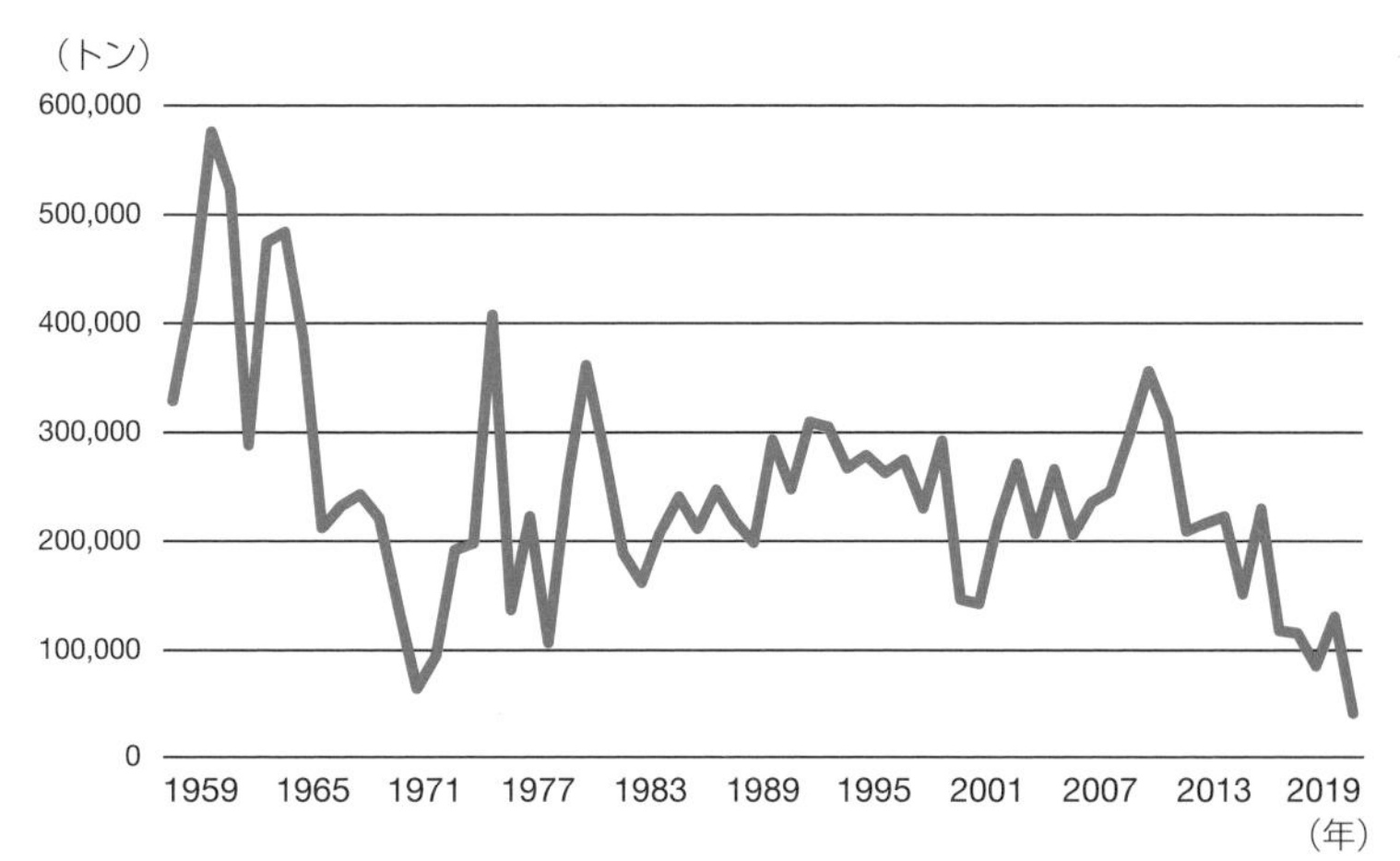

出所：農水省 漁業・養殖業生産統計

6

タイヘイヨウクロマグロ

高級魚の王様のクロマグロも資源状態が悪化しています。国際的な圧力から漁獲規制が導入されました。

クロマグロの生態

クロマグロはマグロの王様とも呼ばれる高級魚です。太平洋に生息する**タイヘイヨウクロマグロ**と大西洋に住む**タイセイヨウクロマグロ**の二種が存在します。

タイヘイヨウクロマグロは、北太平洋広域に分布する回遊魚です。クロマグロは、群れを形成して、北の栄養が豊富な海で、餌を捕食します。春から初夏にかけて、産卵のための群れを形成して、産卵場に回遊します。産卵場は、日本海と沖縄の二カ所です。

クロマグロは成長が早く、生後三年で三〇kg程度の大きさになり、産卵を開始します。その後も成長を続けて、七歳で一〇〇kg近くまで成長します。大型の個体は四〇〇kg近くまで成長します。

クロマグロの漁業

クロマグロは巻き網、定置網、一本釣り、延縄など多岐にわたる漁法で利用されています。一本釣りや延縄は、冬場に津軽海峡などの餌場でクロマグロを狙います。秋から冬にかけても脂ののったマグロの価値は高くなっています。

未成魚や、産卵場での操業が漁獲の中心となっていて、脂がのった旬の天然本マグロは希少性が高くなっています。

クロマグロは国際機関中西部太平洋まぐろ類委員会（WCPFC）による資源管理が行われていて、日本でも二〇一五年から漁獲枠が導入されています。

【マグロのブランド】 ニュースなどでよく話題になる大間のほかに、三厩（みんまや）、深浦、竜飛など青森の有名な産地があり、その他、松前、壱岐などもブランドマグロをアピールしている。

タイヘイヨウクロマグロ

クロマグロ(本マグロ)は、海のダイヤとも呼ばれる高級魚の代表です。資源が減少したことから、国際的な規制が導入されました。

日本のクロマグロ漁獲量

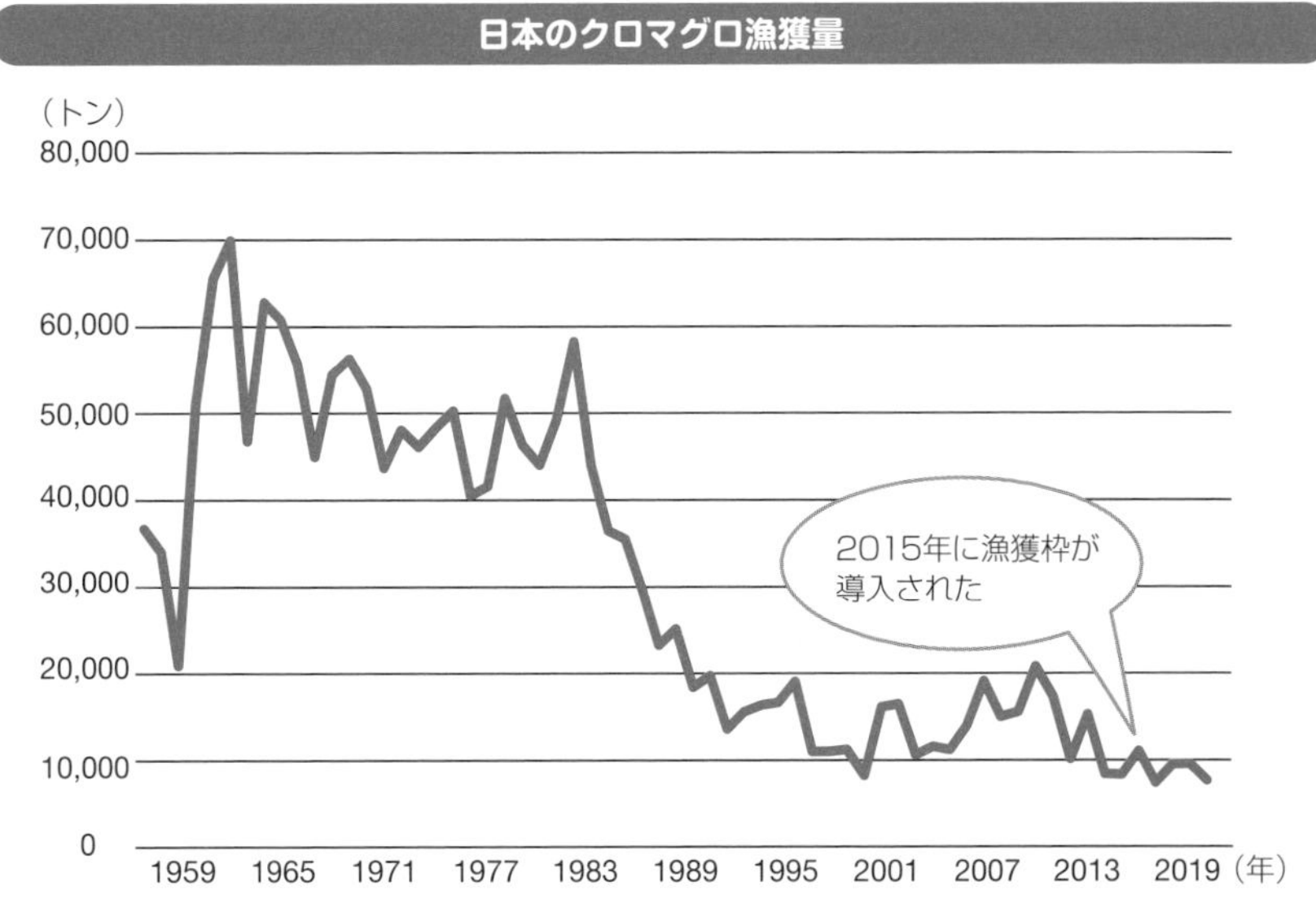

出所:農水省 漁業・養殖業生産統計

ヒラメは稚魚の放流が盛ん

7

ヒラメは海底に生息する左右非対称な魚です。全国でヒラメの稚魚の放流が盛んに行われています。

ヒラメの生態

ヒラメは上品な味わいの白身の高級魚です。**ヒラメ**の寿命は一〇年以上で、大きいものでは、一m程度の大きさにまで成長をします。成長はメスのほうが早く、メスは六歳で体重が五kgになりますが、オスはその半分程度の体重しかありません。

ヒラメは太平洋、日本海など日本周辺海域に広く分布しています。種苗*の大量生産技術が確立されていることから、人工的につくられた稚魚の放流が盛んです。天然のヒラメは背中が褐色で、おなかが白いのですが、人工種苗はおなかにも褐色の斑点がはいります。ここに着目をすると、成長をしてからも、人工種苗由来かどうかを判別することができます。

ヒラメの漁獲

ヒラメは主に底引き網で漁獲されます。ヒラメの漁獲量は五〇〇〇トンから一万トンの間で安定的に推移しています。太平洋側のヒラメの好漁場は福島県沖です。東日本大震災の原発事故によって、福島県で禁漁を行ったところ、ヒラメ資源が急激に回復しました。

種苗放流尾数は一九八〇年代から増加をして、一九九九年にピークの三〇〇〇万尾に達したのち、予算の削減から減少に転じています。種苗放流が大きく変化したにもかかわらず、資源量と漁獲量には明瞭な変化が見られませんでした。種苗放流の効果に関する検証が必要と思われます。

***種苗** 漁業においては養殖や放流に用いる稚魚のことを指す。

ヒラメ

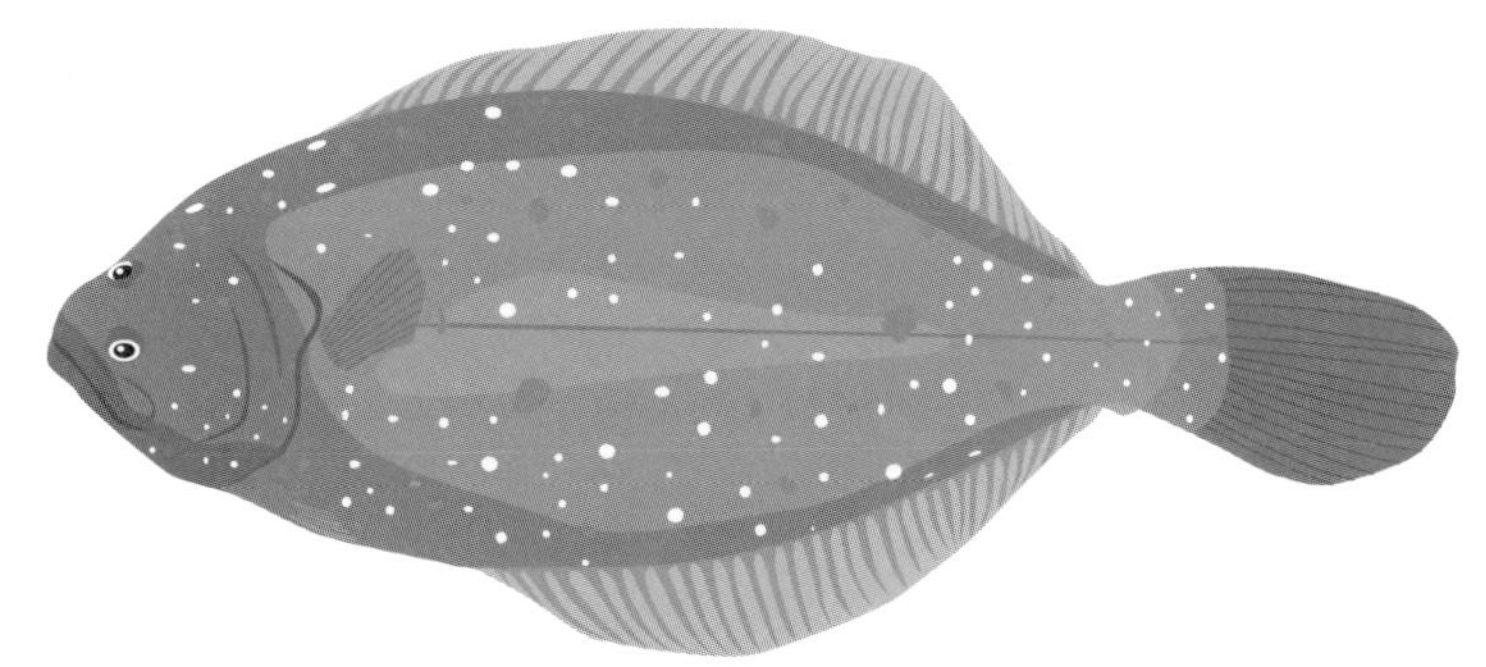

ヒラメは上品であっさりした味わいが人気の高級魚です。日本では種苗放流が盛んに行われています。

日本のヒラメ漁獲量

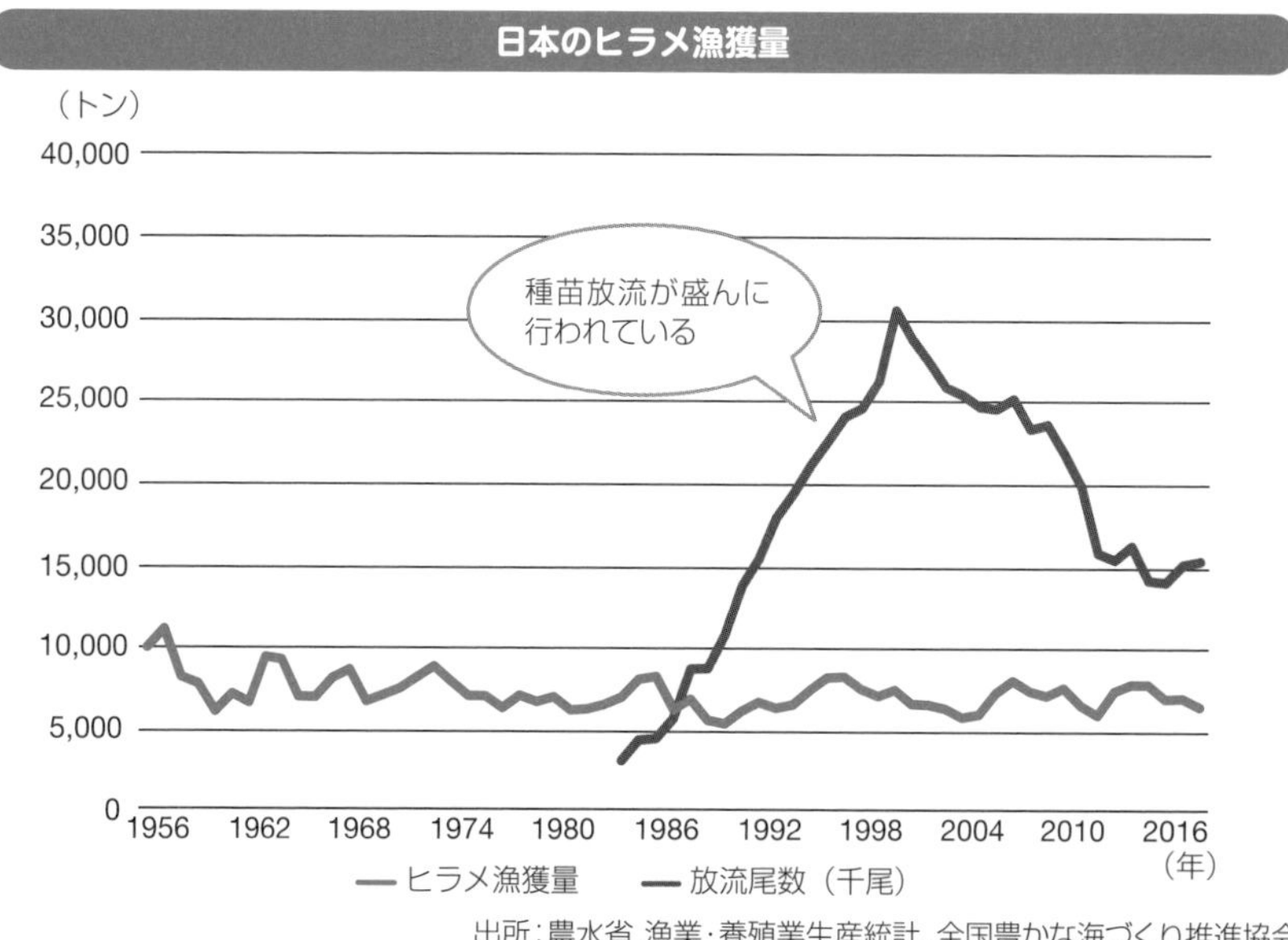

出所：農水省 漁業・養殖業生産統計、全国豊かな海づくり推進協会

8 カタクチイワシはシラスとして消費

カタクチイワシは鮮魚としてはそれほど流通していませんが、稚魚がシラスやちりめんとして消費されています。カタクチイワシも近年は減少傾向です。

カタクチイワシの生態

カタクチイワシはマイワシよりも小型の**浮魚**＊で、海の表層を群れを作って回遊します。資源量が豊富なことから、捕食魚や海鳥などの餌としても重要で、生態系ピラミッドの土台を支える重要な生物です。

カタクチイワシとマイワシには交互に増加する**魚種交代**があるといわれています。カリフォルニア湾の堆積物から、カタクチイワシとマイワシの近縁種の鱗の化石を取り出したところ、過去二〇〇〇年にわたり、交互に増加していることがわかりました。人間による漁獲がほとんどなかった時代から、存在した魚種交代は、自然現象と考えられていますが、そのメカニズムは、詳しくわかっていません。

カタクチイワシの漁業

一九九〇年代に入り、マイワシが減少すると、カタクチイワシの漁獲量が増加しました。

しかしながら、カタクチイワシは食用としての需要が低く、脂が比較的少ないことから、養殖の餌としての価値もマイワシやサバ類よりも低く、カタクチイワシ成魚に対する漁獲圧はそれほど高くはありませんでした。一方で、稚魚を漁獲するシラス漁は、海域によっては資源に少なからぬ影響を与えている可能性があります。

近年、マイワシの増加と前後して、カタクチイワシの資源量が減少をし、シラスが不漁になる海域が増えています。

＊**浮魚** 「うきうお」と読む。海洋の表層を遊泳する魚のこと。

カタクチイワシ

カタクチイワシは鮮魚としてはあまり流通しませんが、稚魚が、シラスとして消費されています。

カタクチイワシの漁獲量

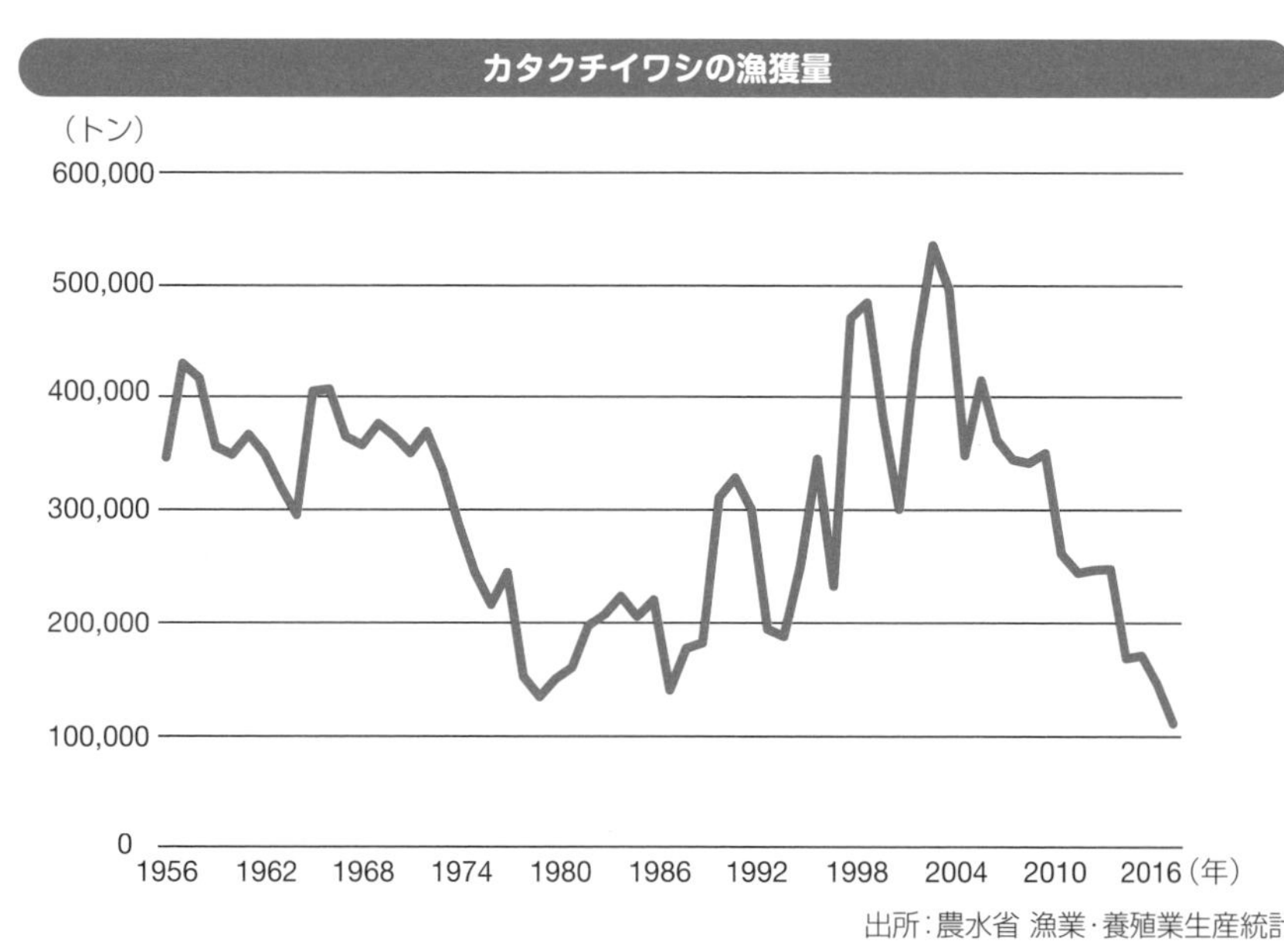

出所：農水省 漁業・養殖業生産統計

9 ホッケも漁獲規制の強化方針

大衆魚の代表格だったホッケも、現在は漁獲量が激減しています。

ホッケの生態

ホッケは寒い海に住んでいます。日本では、北海道と東北北部が主な生息域です。ホッケは、生後一年間は群れを作って表層で生活します。成長するに従って海底に移動します。群れをつくって、餌を求めて回遊します。成魚になると、沿岸の岩場で単独生活をするようになります。

一昔前、居酒屋で安くて大きな魚といえばホッケでした。ホッケの漁獲量が減少して、安くて大きなホッケを見かけなくなりました。コンビニではホッケの塩焼きが売られていますが、こちらはシマホッケという別の魚でアラスカやロシアから輸入されています。ちなみに、日本のホッケの正式名称はマホッケです。

資源と漁業

北海道はもともとニシンやスケトウダラなど、他の水産資源が豊富だったこともあり、ホッケを狙って操業する漁業は活発ではなく、細々と地元消費が行われていました。居酒屋チェーンに安くホッケが出回るようになると、全国的な需要が高まり、漁獲量が増えました一九九八年にピークの二四万トンに達した後、漁獲量が減少をします。

国の研究機関、水産研究・教育機構によると、ホッケの漁獲割合を現在の半分まで削減すると、かなり速いペースで資源が回復するという試算が示されています。国は、ホッケの漁獲規制を強化する方針を示していますが、漁業者との調整が難航しています。

【ホッケの漢字】 ホッケは魚編に花と書く。出生魚の一種で成長に従ってアオボッケ、ロウソクボッケ、マボッケ、ネボッケと呼ばれる。

ホッケ

かつては大衆魚だったホッケも、いまや高級魚の仲間入りです。資源の低下から、漁獲規制の強化が検討されています。

ホッケの漁獲量

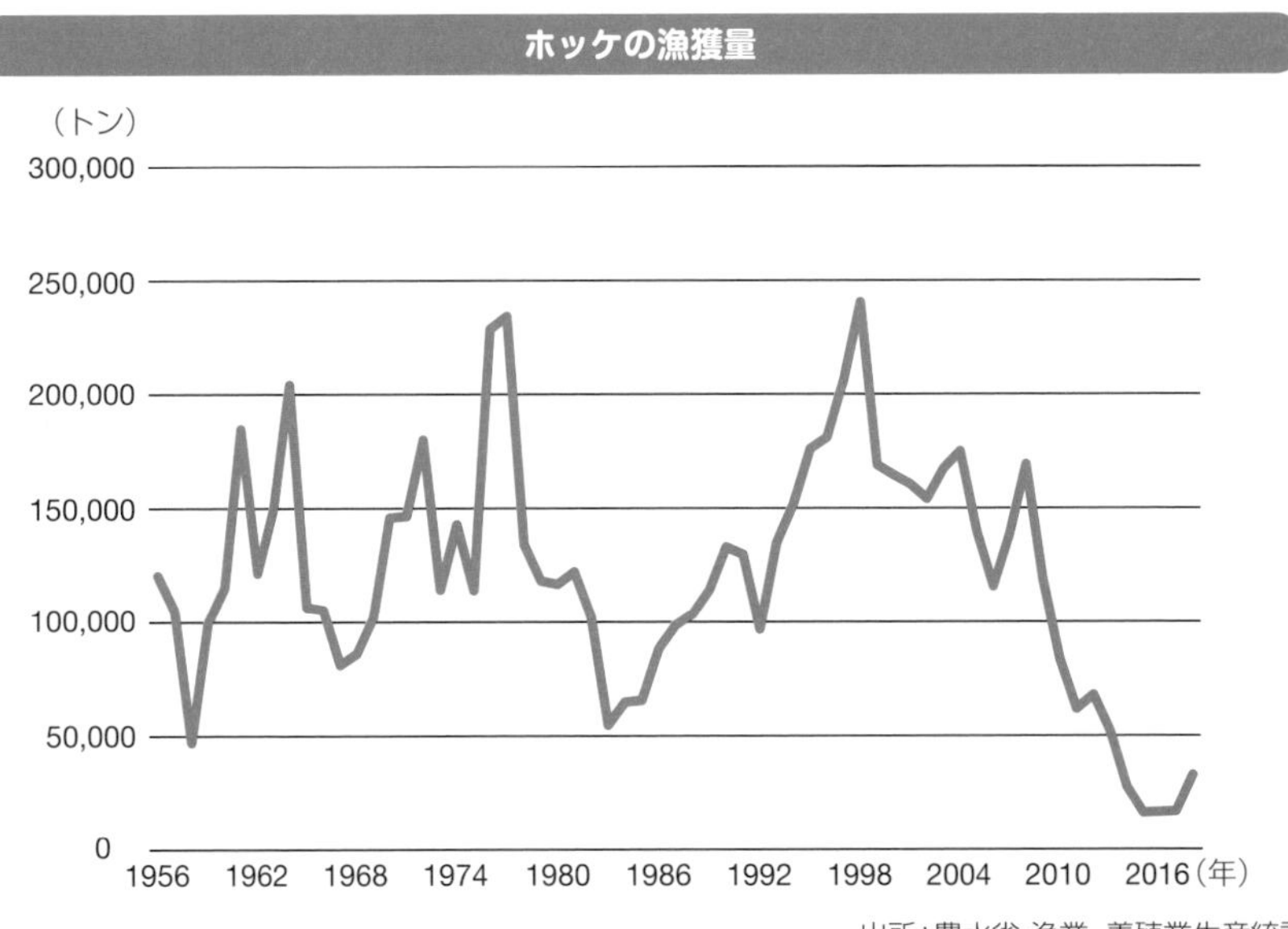

出所：農水省 漁業・養殖業生産統計

10 カツオの日本への回遊が減少

初鰹や戻り鰹など、季節の風物詩ともいえるカツオは、赤道付近に産卵場を持つ回遊魚です。黒潮に乗って日本周辺海域に季節回遊をします。近年、日本周辺でのカツオの来遊漁が減少しています。

カツオの生態

日本人の食生活に欠かせない**カツオ**は、広域分布をする国際資源で、太平洋、インド洋、大西洋の温帯と亜熱帯に分布します。産卵場は赤道付近で、一部の個体が群れを作って、餌を食べるために高緯度海域に回遊します。カツオは、分類上はマグロに近く、英名はスキップジャックツナです。

太平洋に生息する鰹の一部が、北の餌場に向かう途中に日本近海を通過します。春に日本近海を北上して餌場に向かう初ガツオは、脂が少ない代わりにカツオ独特の香りを楽しむことができます。一方、秋に産卵場に南下する戻りガツオは、脂がのっていて芳醇な味覚を楽しむことができます。

カツオの漁業

近年、日本周辺へのカツオの来遊量が減少して、資源の減少が懸念されています。一方で、分布の中心である赤道周辺では資源量の大幅な低下は認められておらず、資源状態はあまり問題がないと考えられています。資源量が減少すると、日本のような分布の外縁部に回遊する個体が減るのかもしれません。

カツオはタタキなど鮮魚としても価値が高い魚ですが、鰹節は和食のだしに欠かせないものです。日本周辺でもカツオを獲り続けられるように、国際的な漁獲規制を推進する必要があります。近年、日本は**中西部太平洋まぐろ類委員会**（**WCPFC**＊）で、カツオへの漁獲規制強化を訴えています。

＊**WCPFC**　Western and Central Pacific Fisheries Commissionの略。

カツオの分布

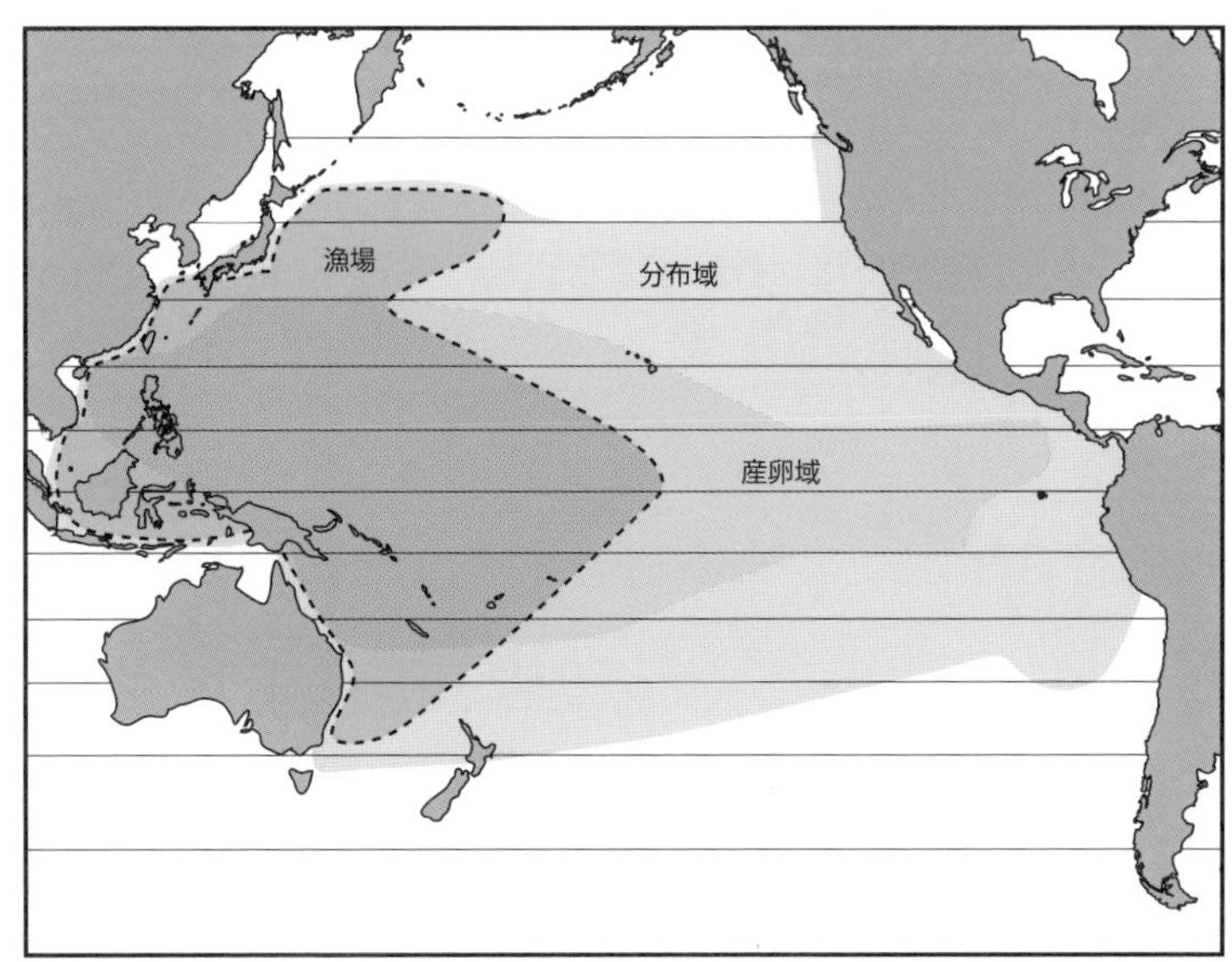

出所：http://kokushi.fra.go.jp/H29/H29_30.html

カツオ

カツオは、季節によって味が変わります。また、鰹節の原料としても重要です。日本政府は、カツオ資源の漁獲規制強化を呼びかけています。

出所：農水省 漁業・養殖業生産統計

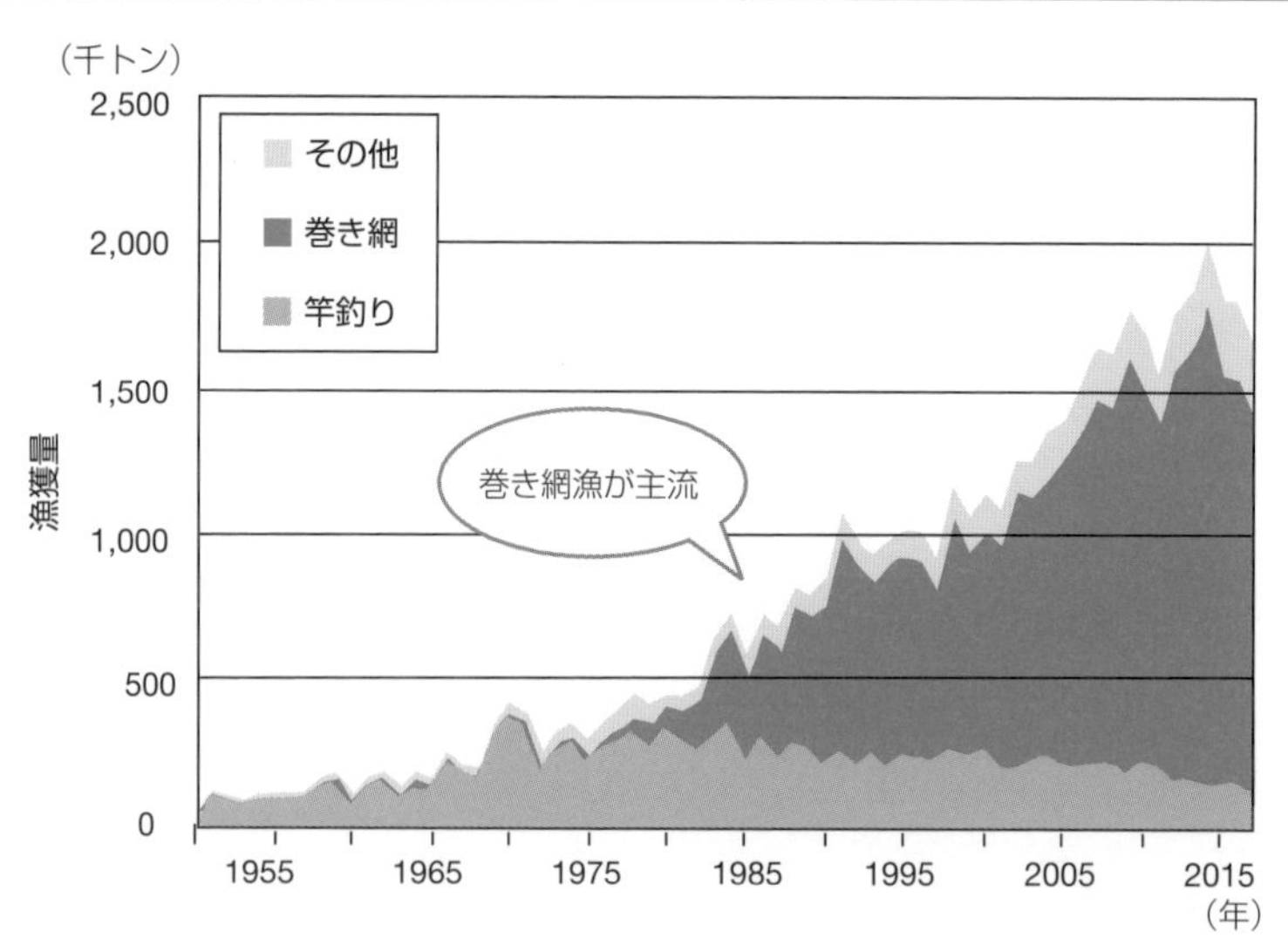

出所：http://kokushi.fra.go.jp/H30/H30_30.htmlより引用

第5章 漁法

本章では、日本でよく行われている漁法について、主だったものを取り上げて解説します。

それぞれに取り易さ、効率性、環境負荷などが異なり、魚種や漁場に合わせて適切な漁法が選択されています。

日本における主な漁法

1

日本では多種多様な漁法で漁業が行われています。その中で、主立ったものを紹介していきます。

多様な漁法が共存する日本の海

現在、日本で利用されている**漁法**は多岐にわたります。日本で古来行われている伝統的な漁法もあれば、明治以降に欧米から導入された漁法もあります。海外から導入された漁法にも、日本国内で様々なカスタマイズがされています。

個々の漁業者はそれぞれの漁具に細かい改良を加えているケースが多く、漁具に強いこだわりを持っている漁業者も少なくありません。

漁法は、網を使う漁法と、針を使う漁法の大きく二つに分けることができます。それぞれ表層性の魚を狙うケースと、底に生息する魚を狙うケースで、独自の改良がされています。

網漁法

網漁具は、網で囲ったり、網に引っかけたりして、生物を捕獲します。群れになって泳ぐ生物を効率的に漁獲できることから、現在の漁業の中心を占めています。

機動力のある漁船で、網を移動させて、生物を能動的に漁獲する**巻網**や**トロール**のような漁法もあれば、海底に網を固定しておいて、魚がかかるのを待つ**定置網**や**刺し網**のような待ち漁具もあります。

魚群探知機やソナーで魚の群れを見つけて、一網打尽にしてしまう巻網やトロールは、日本漁業の大黒柱ともいえる存在です。効率性の高さゆえに、他の漁法と資源を巡る軋轢が生じるケースもあります。

定置網や刺し網などの受動的な網漁法は、操業中の移動が少なく済むというメリットがあり、燃油が少なく済みます。これ以外にも、集魚灯で魚を集めて、網ですくい上げるたもすくい網なども行われています。

釣り漁法

釣り漁法は糸と針を使う伝統的な漁法です。シンプルなものは、一本の糸の先に、一つの針がついている**一本釣り漁法**です。大間のマグロ一本釣りなどテレビでもおなじみの豪快な漁法です。マグロ以外にもカツオやサバ、アジなども一本釣りで漁獲されます。カツオの一本釣りは、水面に水をまいて、小魚の群れが暴れているように見せかけて、捕食魚のカツオを集めたところを釣ってしまう漁法です。

一本釣りは魚をより多く獲るという点では効率的ではありませんが、獲った魚を一尾ずつその場で処理をすることができるので、関アジ、関サバ、松輪サバなど、釣り漁業ならではのブランドが存在します。限られた資源で大勢の漁業者が生活していくには、合理的な選択肢です。

一本釣り以外にも、一本の幹縄にたくさんの枝縄と針がついている**延縄漁法**も日本ではポピュラーです。マグロ延縄漁業では、幹縄の長さが一〇〇ｋｍを越えるような大規模なものもあります。

主要な漁法

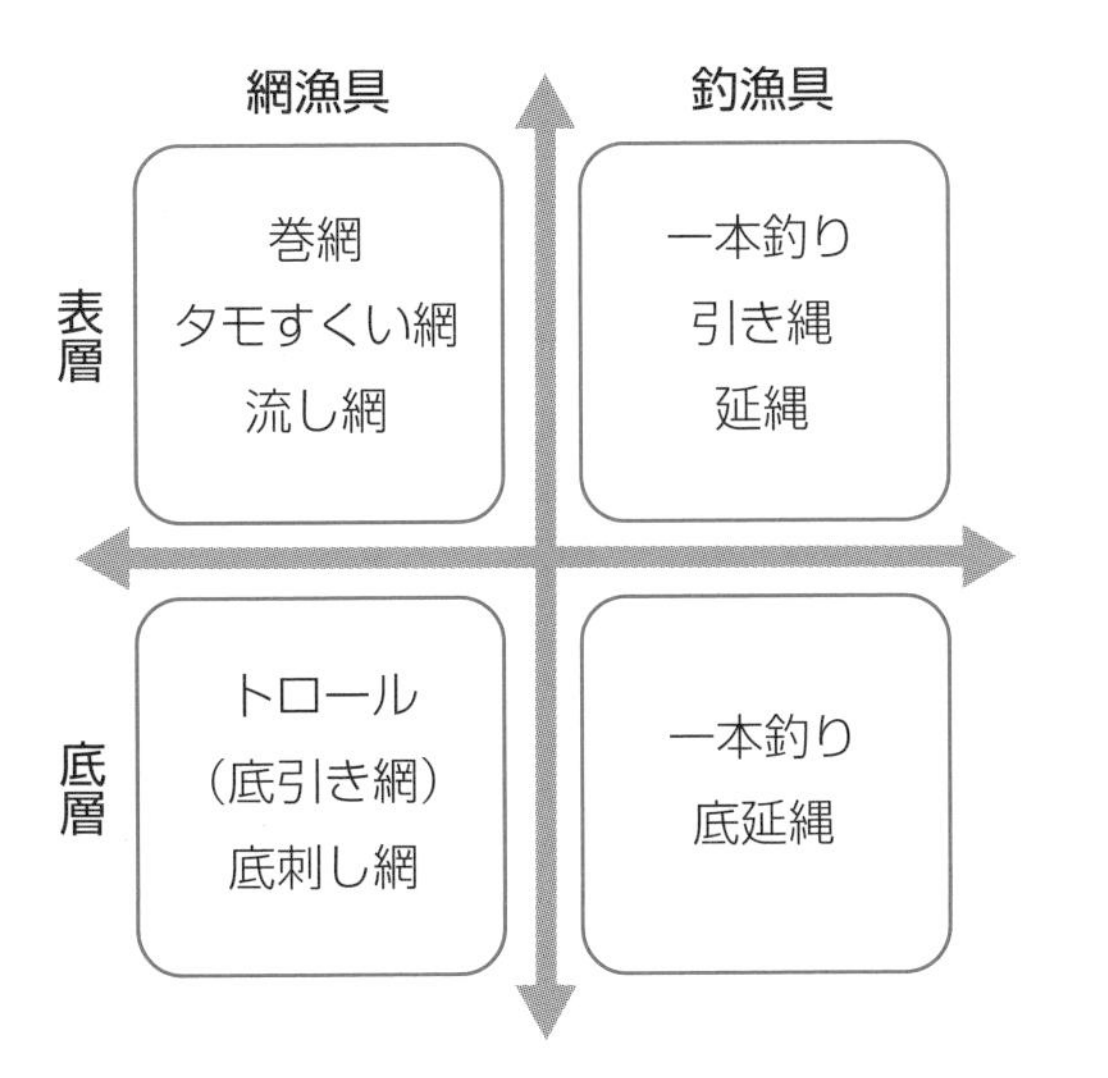

2 巻網は効率の高い漁法

巻網(まきあみ)は、群れを作って遊泳する魚を漁獲するポピュラーな漁法です。漁獲能力が高く、効率的な漁法であるが故に魚を捕りすぎてしまうケースもあります。

群れになって泳ぐ魚を一網打尽

巻網は、群れをつくって表層付近を游泳する魚(浮魚)を、効率的に漁獲する漁法です。長い網で魚の群れをぐるりと巻いて、文字通り一網打尽にします。漁獲効率が高い近代的な漁法です。

群れの進行方向から網を広げて、魚群を包囲します。そして、網の下を閉めて、袋状にして、逃げ道を塞ぎ、網を狭めて、群れごと漁獲をします。アジ、サバ、イワシなどが漁獲の主流ですが、クロマグロ、イカ、カツオなど、群れを作って、表層を泳ぐ生物なら、何でも漁獲することができます。

巻網には、大臣許可の大中型まき網と知事許可の中小型巻網があります。

船団を組む

巻網は一般的に船団を組んで操業をしています。網で魚を巻く船を、**網船**(もしくは**本船**)と呼びます。一艘の網船で操業するケースと二艘の網船で操業をするケースがあります。

網船以外にも、魚を運ぶ運搬船、魚群を探す探索船、集魚灯で魚を集める灯船(ひぶね)など、それぞれの役目をもった船が船団を組み、漁労長の指揮の下、一糸乱れぬチームワークで、魚を獲ります。二~五隻程度の船団を組み、小型の巻網で一〇~二〇名、大型になると四〇~五〇名が従事します。

最近は、一つの船で網船から運搬船まですべての機能をもった省人型の巻き網も登場しています。

規制が不十分だと乱獲をしがち

日本の漁獲量に占める巻網の割合は四〇%を越えています。巻網は、漁獲効率の高さゆえに、魚を獲りすぎてしまうケースも少なくありません。

アジ、サバ、イワシを漁獲する棒受け網という漁法が日本各地で行われていました。しかし、巻網の大量漁獲で魚価が暴落する上に、資源が減少したことから、衰退していきました。現在では、サンマ棒受け網以外は、ほとんど消滅してしまいました。

巻網は効率性の高さから、他の漁法と軋轢を生むことも少なくありません。一方で、きちんとした漁獲規制をすることで、効率的かつクリーンな漁法に生まれ変わるポテンシャルを持っています。

巻網の漁獲枠が適切に決められていれば、他の漁法に迷惑をかけることはありません。巻き網は効率性の高さから、漁獲量当たりの燃油消費量やCO2排出量が少なくなります。また、熟練した漁労長が、ソナー*を使えば、泳いでいる魚の魚種や体サイズを事前に把握できるため、稚魚を避けて操業することも可能です。

巻網

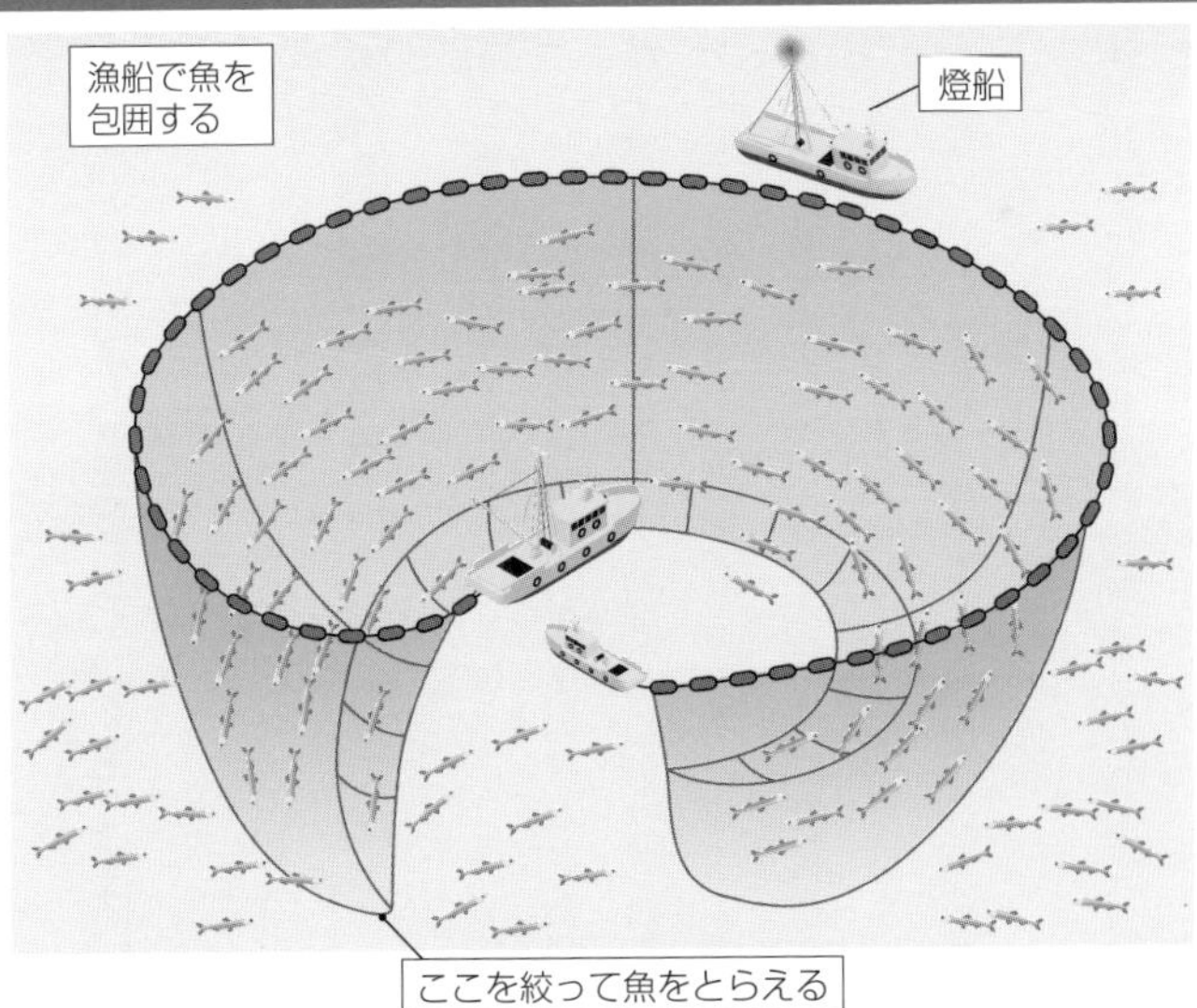

＊**ソナー**　ソナーとは音波によって魚群を探知する装置。魚群探知機が船の真下を探知するのに対し、ソナーは360周囲方向を探知できるので、群れの位置や進行方向を知ることができる。

3 底引き網（トロール）

海底に住む生物を効率的に獲る漁法が底引き網（トロール）です。海底付近に生息している生き物は何でも漁獲できます。

底引き網とは

底引き網は、着底性の生物をとる効率的な漁法です。二〇一八年の漁獲量は七七一九トンで、全体の二三％を占めています。これは巻網に次いで高いシェアです。我々の食卓を支える上で重要な漁法です。

海底にいる生物なら何でも漁獲対象となり、カレイ、ヒラメ、スケトウダラ、ホッケ、ハタハタ、ズワイガニ、甘エビなどバリエーションに富んでいます。

漁獲の効率性が高いために、規制が不十分だと資源を獲りすぎて、他の漁法と軋轢を起こすのは、巻網と同様です。また、底引き網の場合は、そのエリアにいる生物を一掃できるので効率的な反面、選択的に狙った魚種だけを獲るのは苦手です。

混獲が問題になる

底引き網も網目を大きくすることで、小さな生物を逃がすことはある程度可能ですが、ターゲットよりも大きな生物は網に入ります。このように狙っていない生物が捕獲されることを**混獲**（こんかく）と呼びます。

網にかかったものを船の上に上げて、商業価値があるものは魚倉に移し、そうでないものは海に捨てます。これを**投棄**と呼びます。混獲が多い海域では、漁獲のほとんどが投棄されることもあります。

日本では、混獲物の投棄に規制がありません。一度でも陸にあげると、産業廃棄物になるので、多くの漁業者は海上で投棄を行います。先進国では投棄が禁止され、すべてを水揚げして記録をとる国もあります。

環境破壊の原因となることも

底引き網で海底を引きずると、海底の構造物を破壊してしまうことから、環境への影響も懸念されます。底引き網の操業が多い海域では、海底地形が平滑化され、複雑な地形を隠れ場所にする生物のすみかを奪ってしまいます。

近年、日本近海では資源が減少したことから、底引き網を長時間引くことになり、結果として、生物の生息環境まで悪化させてしまうという悪循環に陥っています。

海底環境の破壊が問題視されているので、世界的には、網を海底に着底をさせない中層トロールが主流になりつつあります。ニュージーランドなどの環境問題への関心が高い国では、底引き網を海底に接触させるのを禁止しています。海底に接触をさせなくても、タラのように海底付近で群れをつくっている魚は問題無く捕獲可能です。

底引き網漁（トロール）

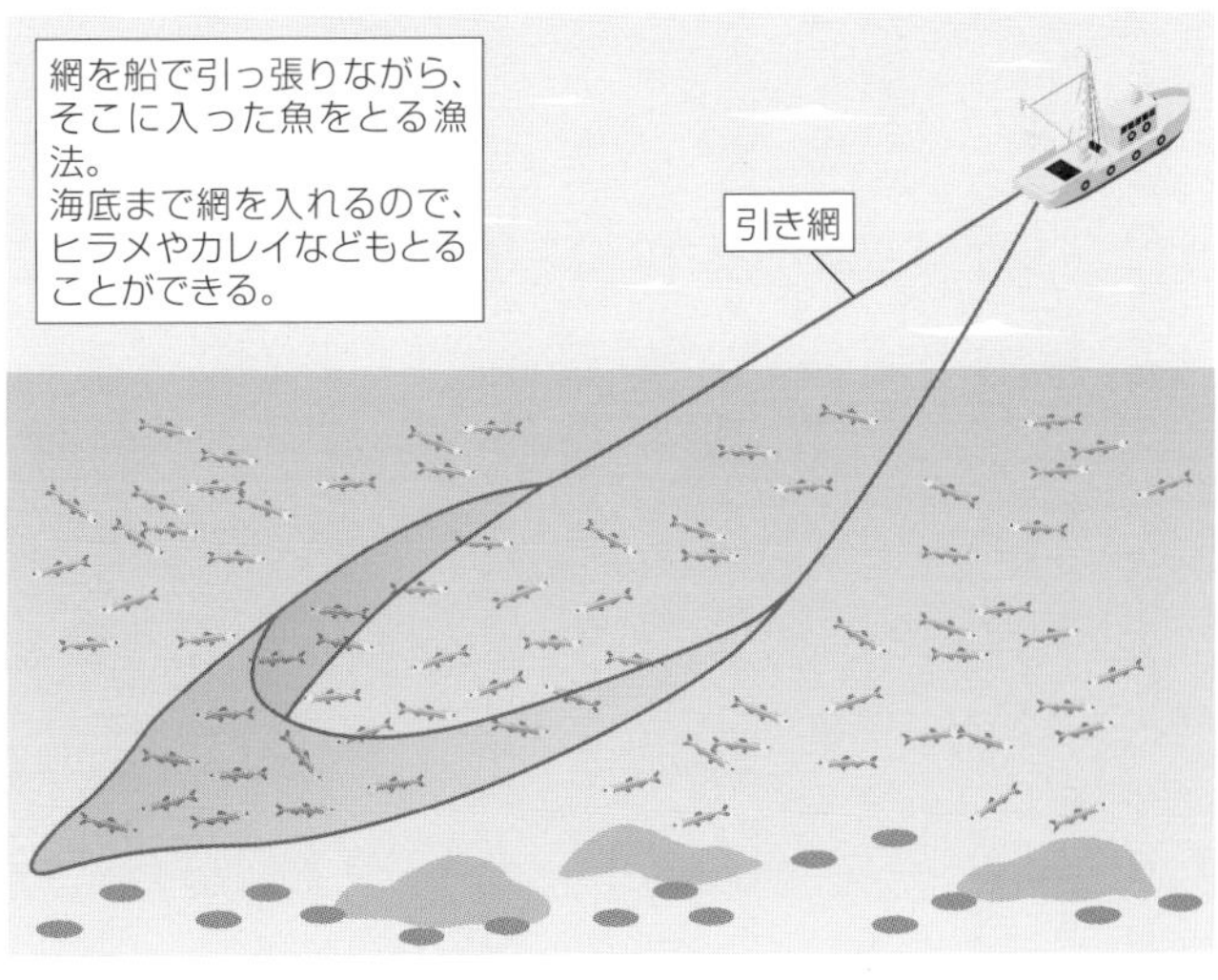

延縄(はえなわ)は日本の伝統的漁法 4

延縄は日本に昔からある伝統的な漁法です。釣り漁法の一種ですが、幹縄に餌と針がついた枝縄がついていて、より効率的に魚を獲ることができます。

延縄漁法とは

延縄は、日本でポピュラーな釣り漁法です。長い幹縄(みきなわ)に、等間隔に枝縄(えだなわ)がぶら下がっています。枝縄の先には針がついていて、そこに餌を仕掛けます。運動会のパン食い競争のような感じです。延縄を海に沈めておいて魚がかかるのを待ってから、水揚げをします。

延縄は獲りたい生物に合わせた深さに餌が来るように設置します。海面近くを泳ぐマグロのような魚を狙う場合は、浮きをつけて海表層近くに餌が来るようにします。タラなどの底に住む魚を狙う場合は、おもりを付けて、海底に沈めます。海底に沈める延縄のことを、**底延縄**(そこはえなわ)と呼びます。

延縄の操業

日本では、江戸時代以前から伝統的に行われている漁法ですが、世界でも同様の漁法が広く存在します。日本では、マグロ延縄漁が盛んです。遠洋延縄船は、長いものだと幹縄が一〇〇km以上もあり、四時間かけて縄を海に入れて、魚がかかるのを待ってから一二時間かけて水揚げをします。

水揚げでは、一針ずつ順番に船に上がってくるので、血抜き、活け締めなどの鮮度処理を施すことができます。群れごとまとめて漁獲する網漁法と比べて、品質面でのアドバンテージがあります。遠洋マグロ船は、獲ったらすぐに血抜き処理をして、そのまま冷凍するので、品質を維持しつつ長期保管ができます。

混獲が問題視される場面も

延縄でしばしば問題視されるのが海鳥や海亀などの**混獲**です。海に餌のついた針を沈めておく延縄漁法は、特定の生物を狙ったり、避けたりすることが苦手です。マグロ延縄であれば、同じ場所に生息しているサメ、カジキ、ウミガメなど多様な生物が混獲されます。

延縄を海に入れるときに、アホウドリなどの稀少な海鳥が餌に食いついて、結果として殺してしまうケースが環境NGOから問題視されました。トリポール＊というトリよけの道具が開発されて、海鳥の混獲を三分の一に低減することに成功しました。

混獲などの環境への影響がしばしば批判される延縄ですが、近年では、対象となる生物以外への影響が比較的少ないことが評価されるようになってきました。底延縄はトロールと比べて生態系に対するインパクトが格段に低いというような研究結果も出ています。

延縄

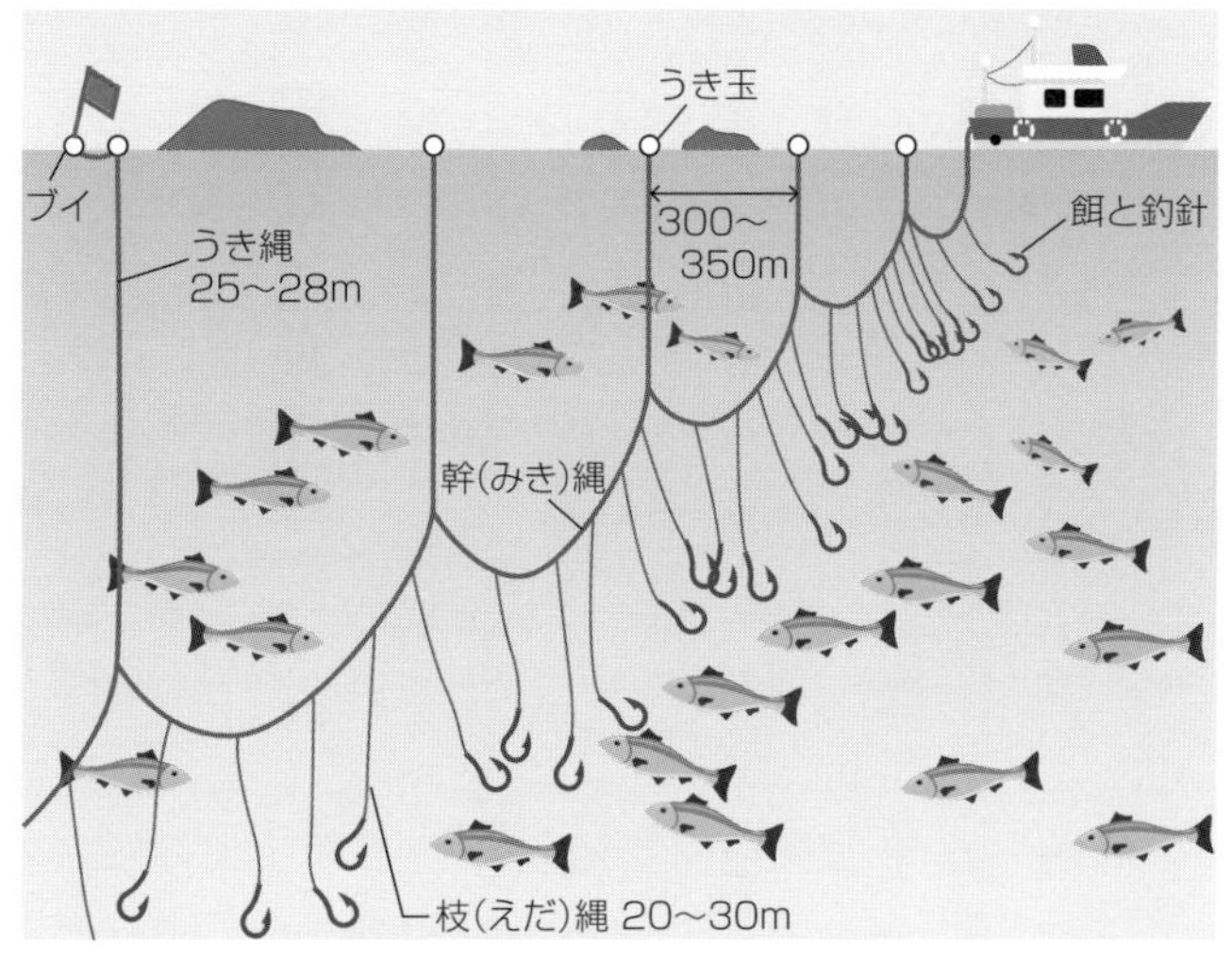

出所：https://www.nature.com/articles/srep04837

＊**トリポール**　トリポール・ストリーマーともいう。竿に紐や吹き流しを点けて船尾に設置して、延縄の上に垂らすこととで、海鳥が延縄に引っかからないようにするための仕掛け。

5　一本釣りで高級ブランド化を目指す

一本の釣り糸に、一つもしくは複数の針を付けて魚を獲るシンプルな漁法です。

一本釣りとは

一本釣りは、一本の糸に針をつけて生物を捕獲するシンプルな漁法です。古来、世界各地で行われてきました。

日本では、一本釣りは許認可の対象ではない自由漁業です。一本釣りの場合は、対象が漁業者に限られていないので、特別な許可を必要とせずに、誰でも一本釣りを行うことができます。

一本釣りにも多くのバリエーションが存在します。一本の針をつかうシングルフックや、複数の針が碇のように束ねられている**トレブルフック**もあります。生餌を使う場合、疑似餌を使う場合、餌を使わない場合など、漁獲対象によって、無限のバリエーションが存在します。

一本釣りの対象魚種

漁業の対象としては、クロマグロ、ヨコワ（クロマグロ幼魚）、カツオ、キンメダイ、マサバ、アジなど。季節や地域によって、多種多様な魚が対象となっています。

おもりの重量と糸の長さを調整することで、自由に水深を選ぶことができるので、浮魚も、底魚も狙うことができます。

船を走らせながら、釣り針を引っ張って、魚を漁獲する**引き縄**という漁法も、日本各地で行われています。

カツオの一本釣りでは、海面に水をまいて、餌となる小魚が暴れているように見せかけて、それを食べに集まってきたカツオを漁獲します。

量よりも質で勝負

プロの漁師が、一本釣りで生計を立てるのは簡単ではありません。漁獲量では勝負できない漁法なので、そのぶん価格の高さが要求されます。

一本釣りは、魚を一尾ずつしっかりと処理することができます。アジやサバなどは、沿岸域で単独行動をする大型の瀬付き*個体を狙うケースもあります。

同じ魚種でも、一本釣りで釣ることで**関アジ・関サバ**や**松輪のサバ**のように高級ブランドとして認知されているものも存在します。中でも**大間のマグロ**は世界に冠たるブランド水産物といえるでしょう。

一本釣りの場合も、水産物の品質を上げるには、漁業者の腕が重要です。クロマグロは暴れると体温が上昇して、身が褐色に変色するヤケという状態になります。腕の良い漁師は、マグロをなるべく暴れさせないで漁獲をして、すぐに血抜きをして氷づけにします。

漁獲規制が厳しい国では、魚を多く獲ることよりも高く売ることの方が重視されるため、魚の価値を引き出すことができる一本釣りが注目をされています。

一本釣り

＊**瀬付き** 回遊魚が、湾内や瀬（天然礁）など餌が豊富な海域にとどまったもの。通常のものに比べて脂がよくのっているため、ブランド化され高価格で取引される。

6 定置網は地域の雇用を支える

多様な魚種を安定的に獲ることができる定置網は、地域の雇用に役立っています。

定置網とは

定置網は、海底に大型の網を固定して、魚が入ってくるのを待つ、受動的な漁法です。魚の通り道を遮って、網の中へと誘導します。網は、魚が迷い込んだら外へは出づらい仕組みになっています。

日本の定置網は、古くから独自に進化してきた漁法です。海外でも同じように海底に固定する定置網のような漁法が各地に存在します。地中海でもマグロの通り道に日本の定置網と同じような網を設置する伝統的な漁業があります。

定置網は、海面を一定期間以上占有する必要があるので、**定置漁業権**が必要になります。

新規参入の有効な手段

定置網漁業では、港から定置網まで運搬船で出かけて、魚を回収した後、港に帰ります。定置網は、沿岸付近にあることが多く、労働時間が短く、定時に始まり、定時に終わる傾向があります。

一般的には、早朝に運搬船に従業員を乗せて、定置網へと向かいます。網を揚げて、魚を船に揚げたら、網を元に戻して港に向かいます。港では、魚種の選別を行い、出荷をします。水揚げの量にもよりますが、昼前には出荷作業が終わります。

定置網の場合は共同作業ですので、新規参入のハードルは低くなります。各地で、定置網が新規参入の受け皿となっています。

エコだけど、環境的な問題もあります

受動的な漁具である定置網は、燃油使用量が少なく、エネルギー消費の面からいうと環境負荷の小さい漁法といえます。また、待ち漁具であるために、少なくなった資源の最後の一押しをしづらいともいえます。一方で、魚種や体サイズを選ぶことが難しいために、商業価値がない小型の未成魚の大量漁獲や絶滅危惧種の混獲などの問題も指摘されています。

クロマグロの漁獲規制においては、定置網の漁獲が問題になっています。国際的な漁獲規制の導入によって、日本でも漁獲枠が設定されているのですが、特定の定置網に、例年では考えられないような大量のクロマグロ未成魚が入ってしまったのです。結果として、一本釣りなど細々と漁業を行ってきた人たちに漁獲枠が配分できなくなってしまいました。

定置網

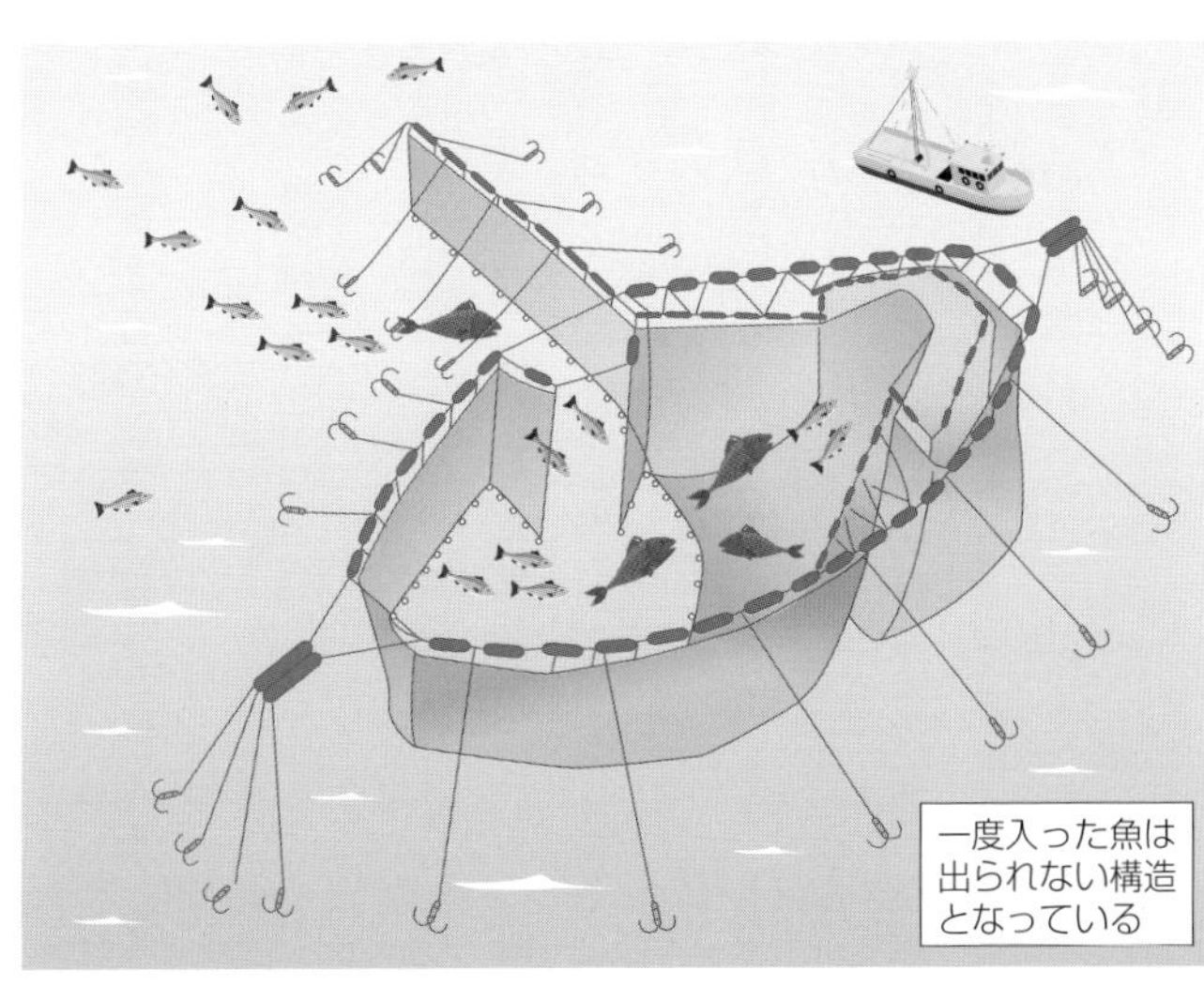

7 刺し網は待ち伏せによる漁獲法

刺し網は、水中に網を広げて、生物が勝手に刺さったり、ひっかかたりするのを待つ受動的な漁法です。

刺し網とは

刺し網は生物の通り道に網を広げておくことで、勝手に引っかかるのを待つ漁法です。エビやカニは、角や足などが網に引っかかります。魚の場合は、頭が網目に引っかかって、抜けだせなくなります。

刺し網では、表層性の魚を狙うこともできるし、底生の生物を狙うこともできます。

水面からカーテンのように網を垂らしておくと、サケやサバなどの表層を泳ぐ魚を漁獲することができます。これを**浮き刺し網**と呼びます。

おもりをつけて網を海底に沈めて、海底から壁のように網を張ることで、カレイ、タラ、イセエビなど底生生物を漁獲できます。これを**底刺し網**と呼びます。

高い漁獲効率

刺し網は、網を広げておいて、魚が通るのを待つ受動的な漁具ではありますが、漁場を知り尽くした漁師が、魚の通り道に設置すると、高い効率で魚を獲ることが可能です。

刺し網は、**目合い**(網目の大きさ)を調整することで、狙った大きさの魚を捕ることができます。目合いに対して、魚体が大きすぎれば頭が網目に入らないし、魚体が小さすぎれば網目から抜けてしまうからです。異なる目合いの網を複数重ねることで、様々な大きさの魚を漁獲することもできます。

刺し網は、底引き網などが操業しづらい、海底の地形が複雑な場所にも設置することができるので、資源に少なからぬインパクトを与えることもあります。

【刺し網の深さ】 底刺し網では、海底に刺し網を下ろして漁を行うが、魚種によっては500m近くの水深まで網を下ろすものもある。

混獲を理由に禁止に追い込まれた公海流し網漁業

浮き刺し網の中でも、おもりなどで網を固定せずに、海流と共に流す刺し網のことを、**流し網**(ながしあみ)と呼びます。日本の遠洋漁業では、公海でサケマスやイカを捕る大規模な流し網漁業が行われていました。

公海の流し網が、イルカや希少な海鳥を混獲するという批判の声があがり、一九八九年の国連で大規模公海流し網禁止決議が採択されました。その結果、一九九二年から公海での流し網が禁止になり、日本の公海サケマス漁業が消滅します。

公海での流し網が禁止になった後も、日本のサケマス流し網漁業はロシア海域での操業を続けました。二〇一六年からロシアのEEZで流し網漁を禁止したことから、ロシア海域で操業を行っていた日本のサケ流し網漁も操業停止を余儀なくされ、国の指導の下、これらの船は公海サンマ漁業へと転換しました。

刺し網

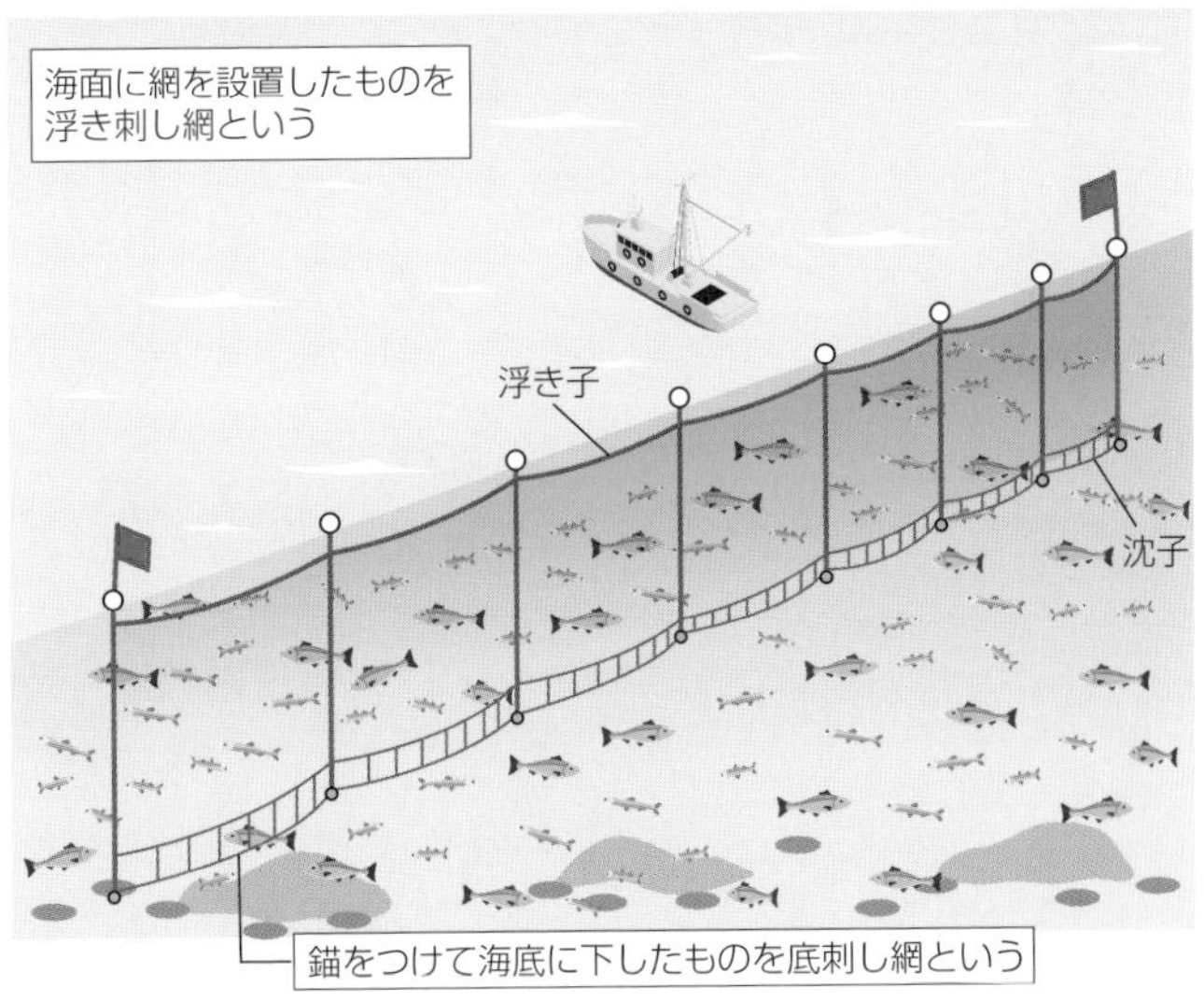

MEMO

日本の養殖業

本章では日本の養殖業の現状について解説していきます。

日本では、ブリ、マダイ、ノリ、カキなど、様々な生物が養殖をされています。生産量は緩やかな減少傾向です。

1 日本の養殖業

現在の日本の養殖業の生産は一〇〇万トン前後で減少傾向にあります。

養殖とは

養殖とは、人工的に有用生物を育てる産業です。我々が食べる食肉や青果などは、ジビエなど一部の例外を除いて、人工環境で生育されたものです。現在も天然環境に大きく依存しているという意味では、水産業は特異な産業と呼べるかもしれません。

日本の養殖の歴史は、魚種によって大きく異なります。例えばノリの養殖は江戸時代から、東京湾を中心に盛んに行われていました。一方、海に浮かべるイケスで魚を養殖するのが一般的になったのは、戦後のことです。一九七〇年代に、二〇〇海里の導入で、海外の漁場を失うことが確実になって以降、国策として推進されました。

養殖生産の内訳

養殖の生産量は、魚類が約二五万トンで、近年はやや減少傾向です。そのうち半分がブリ、四分の一がマダイです。それ以外の魚種としては、ギンザケ、シマアジ、ヒラメ、フグなども生産されていますが、量としては限定的です。

貝類は、三五万トンでホタテとカキがほぼ半々です。海藻類は三九万トンで、そのうち二八万トンがノリで、ワカメが五万トン、昆布三万トンとなっています。それ以外には、車エビやホヤなども生産されていますが、量としては限定的です。

年によって多少の増減はありますが、生産の内訳は安定しています。

【江戸前のノリ】 江戸前として有名なアサクサノリは、江戸時代の17世紀末から18世紀初頭に江戸湾で養殖が始まったとされる。

日本の養殖業の生産量

	単位	2017年	2018年	対前年	増減率(%)
海面養殖業計	100 t	9,861	10,027	166	101.7
魚類計	100 t	2,476	2,488	12	100.5
ギンザケ	100 t	156	180	24	115.4
ブリ類	100 t	1,390	1,389	△1	99.9
マアジ	100 t	8	8	0	100.0
シマアジ	100 t	44	47	3	106.8
マダイ	100 t	629	599	△30	95.2
ヒラメ	100 t	23	22	△1	95.7
フグ類	100 t	39	39	0	100.0
クロマグロ	100 t	159	176	17	110.7
その他の魚類	100 t	29	27	△2	93.1
貝類計	100 t	3,094	3,504	410	113.3
ホタテガイ	100 t	1,351	1,740	389	128.8
カキ類	100 t	1,739	1,760	21	101.2
その他の貝類	100 t	4	4	0	100.0
クルマエビ	100 t	14	15	1	107.1
ホヤ類	100 t	196	120	△76	61.2
その他の水産動物類	100 t	1	2	1	200.0
海藻類計	100 t	4,078	3,899	△179	95.6
コンブ類	100 t	325	333	8	102.5
ワカメ類	100 t	511	498	△13	97.5
ノリ類(生重量)	100 t	3,043	2,842	△201	93.4
うち板ノリ(枚数換算)	100万枚	7,846	7,298	△548	93.0
モズク類	100 t	194	220	26	113.4
その他の海藻類	100 t	6	5	△1	83.3
真珠	100kg	201	206	5	102.5

出所：農水省 漁業・養殖業生産統計

ブリ類は養殖の方が生産量が多い　2

日本で最も養殖生産が多い魚類はブリ類（ブリと近縁種のカンパチ）です。品質も価格も安定しています。

ブリ養殖の現状

ブリ類は日本で養殖が盛んな魚種です。ブリ類には、**ブリ**の他に近縁種のカンパチも含まれます。**カンパチ**はブリと外見はよく似ていますが、より南方に生息していて、一年を通して脂ののりが良いために、冬以外はカンパチの方が高級とされます。

二〇一八年のブリ類の生産量は天然が九万九六〇〇トンに対して、養殖が一三万八九〇〇トンもあり、天然の漁獲よりも養殖生産が多くなっています。

ブリ類の生産の内訳は、ブリが一〇万六〇〇〇トン、かんぱちが三万三八〇〇トンとなっています。ブリ類の養殖が盛んなのは、鹿児島県の四万六五〇〇トンで、大分二万二〇〇〇トン、愛媛一万八九〇〇トンです。

ブリ養殖のサイクル

ブリの養殖は春先に**モジャコ**と呼ばれる稚魚を捕獲するところから始まります。藻について流れている天然の稚魚を地元の漁業者から購入して、池に入れます。飼育している親から卵を産ませる完全養殖の技術自体も確立されているのですが、安価に入手できる天然種苗を利用するケースがほとんどです。近年、カンパチ養殖では、中国産の天然種苗が主流になっています。

天然のモジャコを一年半海面のイケスで飼育して、五kgぐらいの大きさに育てて一〇～一二月に出荷します。五kgを超えると、産卵をして、身が痩せてしまい余計なコストがかかるので、産卵前のサイズでの出荷が一般的です。

餌に工夫がみられます

　ブリの生産量は一九七〇年代に飛躍的に増えました。養殖技術が確立されたことに加えて、餌となるマイワシが一九七〇年代から豊漁になり、安価に入手できたからです。当時は、イワシを餌として大量に与えていたために、「養殖魚はイワシ臭い」という印象をもつ消費者も少なくありませんでした。

　現在は配合飼料＊に切り替わったことや、出荷前に餌を減らすなどの工夫をすることで、臭みのないブリが生産されています。

　一部の産地では、出荷前にオリーブや柑橘類を食べさせることによって、身を柔らかくしたり、香りを付けたりして、ブランド化を進めています。

　最近は養殖ブリの評価が上がり、天然よりも高い価格で推移をしています。養殖ブリは寿司ネタとして米国などへの輸出が増加傾向です。

ブリの生産量と価格

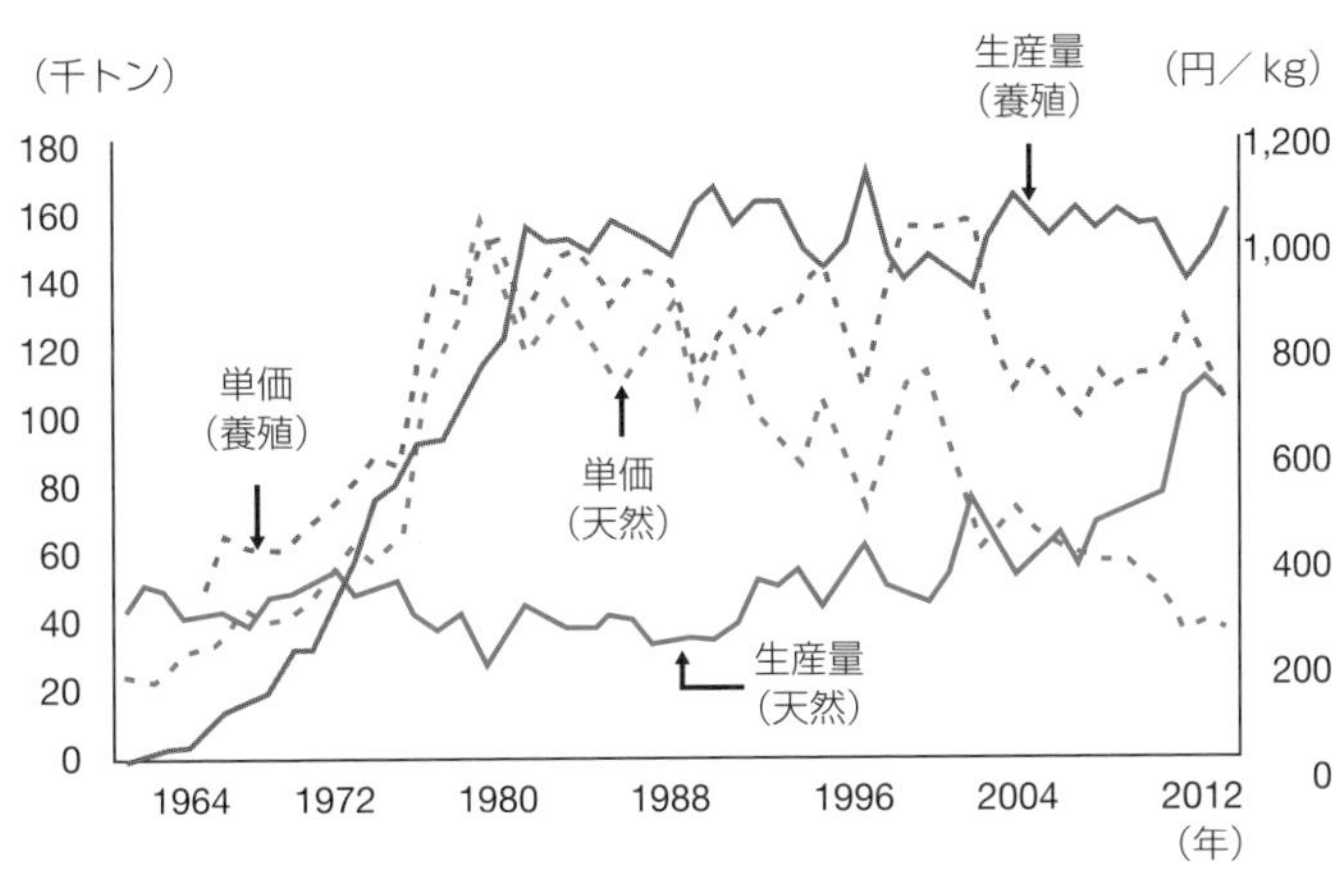

出所：http://www.jfa.maff.go.jp/j/kikaku/wpaper/h25/attach/pdf/25suisan1-1-2.pdf

＊**配合飼料**　アジやイワシに小麦粉などを混ぜて成分調整したもの。栄養価が高く、魚の味がよくなるほか、食べ残しが減って環境にもよい。

3 マダイは養殖が盛ん

マダイも養殖が盛んな魚種で、作り育てる漁業の優良事例と言われています。

完全養殖などの技術が確立されている

マダイは人工種苗の技術が確立し、成長が早い種苗が大量に生産されています。マダイの種苗は四～七月に、何回かに分けて、養殖生け簀に導入されます。配合餌料を餌として与えて、二年間育てて、一～一・五kg程度の大きさまで育てて、出荷をします。

かつての養殖マダイは、日焼けをして黒ずんでいたので一目でわかりました。養殖生け簀が水面にある関係で、どうしても日光を浴びやすかったのです。最近は、出荷の数ヶ月前から、遮光シートをかぶせた生け簀に移して、日焼けを防いだり、マダイの赤い色のもととなるアスタキサンチンを含んだ甲殻類を餌に混ぜるなどの工夫によって、天然魚と遜色がない鮮やかな赤色の養殖魚も増えてきました。

マダイ養殖の現状

マダイの養殖生産は一九七〇年代から増加し、一九九九年にピークの八万七〇〇〇トンに達した後に減少に転じ、現在は約六万トンです。

生産量が増えた一九九〇年代には、過剰生産による値崩れが問題視されていたのですが、近年は価格が安定的に推移して、生産金額は五〇〇億円程度で安定的に推移しています。漁業支出に占める餌代の割合が約七割を占めていて、利益が出しづらくなっています。

マダイの養殖生産が盛んなのは愛媛県で、国内のシェアの半分以上を占めています。愛媛県では、二位は熊本県、三位は高知県と温暖な気候の県で養殖が盛んです。

【餌と成長】 本文で紹介したように、餌に赤いものを混ぜることでタイの色を変えることができる。このほか、養殖のフグのように毒をもつ貝を与えずに育てることで肝に毒のないフグとなったりする。

出所：農水省海面漁業生産統計調査

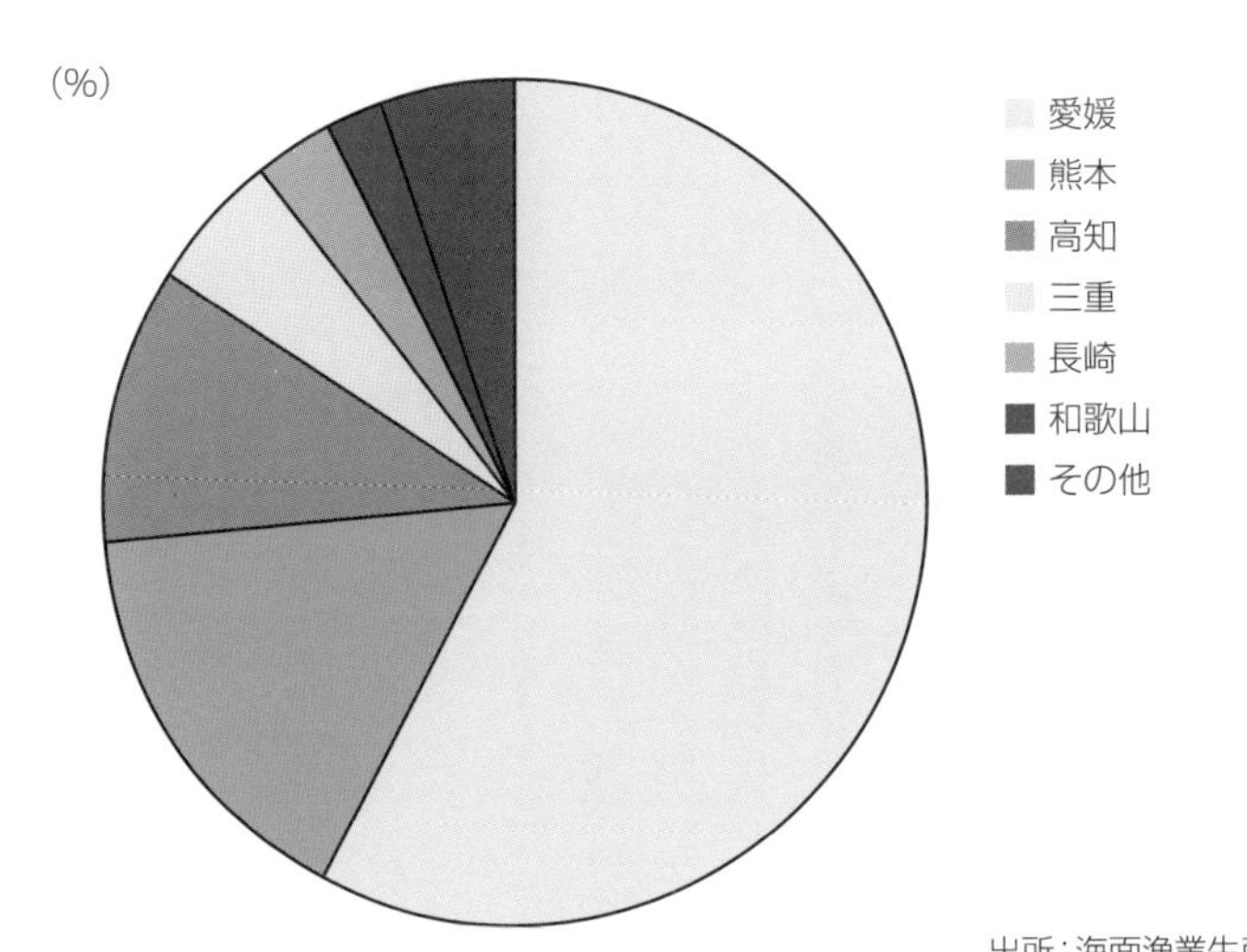

出所：海面漁業生産統計調査

4 クロマグロの養殖

クロマグロ養殖は、多くの企業が参入し、急激に増加しました。話題が多く、注目をされている産業ですが、人工種苗の生残率などの課題が残されています。

急成長したクロマグロ養殖

クロマグロの養殖は、比較的新しい産業で、統計が取られているのは二〇一一年からです。出荷数量(尾数)は右肩上がりで増加して、二〇一八年には一万七六四一トンに増加しました。

クロマグロの養殖生産量が最も多いのは長崎県です。対馬や五島列島などでクロマグロの養殖が盛んです。二位は鹿児島県で、奄美大島がクロマグロ養殖の一大拠点となっています。

ブリやマダイなど従来の養殖業だと、えさ代が魚の価格の七割程度を占めるようになり、利益を出すのが難しくなっています。そこで、より単価が高いクロマグロの養殖に企業の参入が相次いでいます。

企業が養殖の主体

常に游泳しているクロマグロを飼育するには、巨大な円形の生け簀が必要になります。また、食用旺盛なクロマグロを飼育するには、大量の餌も必要になります。産業として新しいので、細かい技術が確立されておらず現場レベルでの試行錯誤や研究開発が必要になります。クロマグロの養殖を行うには、それなりの資本が必要になるため、資本力のある大企業が行っているケースが多くなります。

企業が規模を持って、経営をするために、クロマグロ養殖が地元の雇用にも貢献しています。クロマグロの養殖が企業による養殖業参入の新しいモデルになるかもしれません。

6-4　クロマグロの養殖

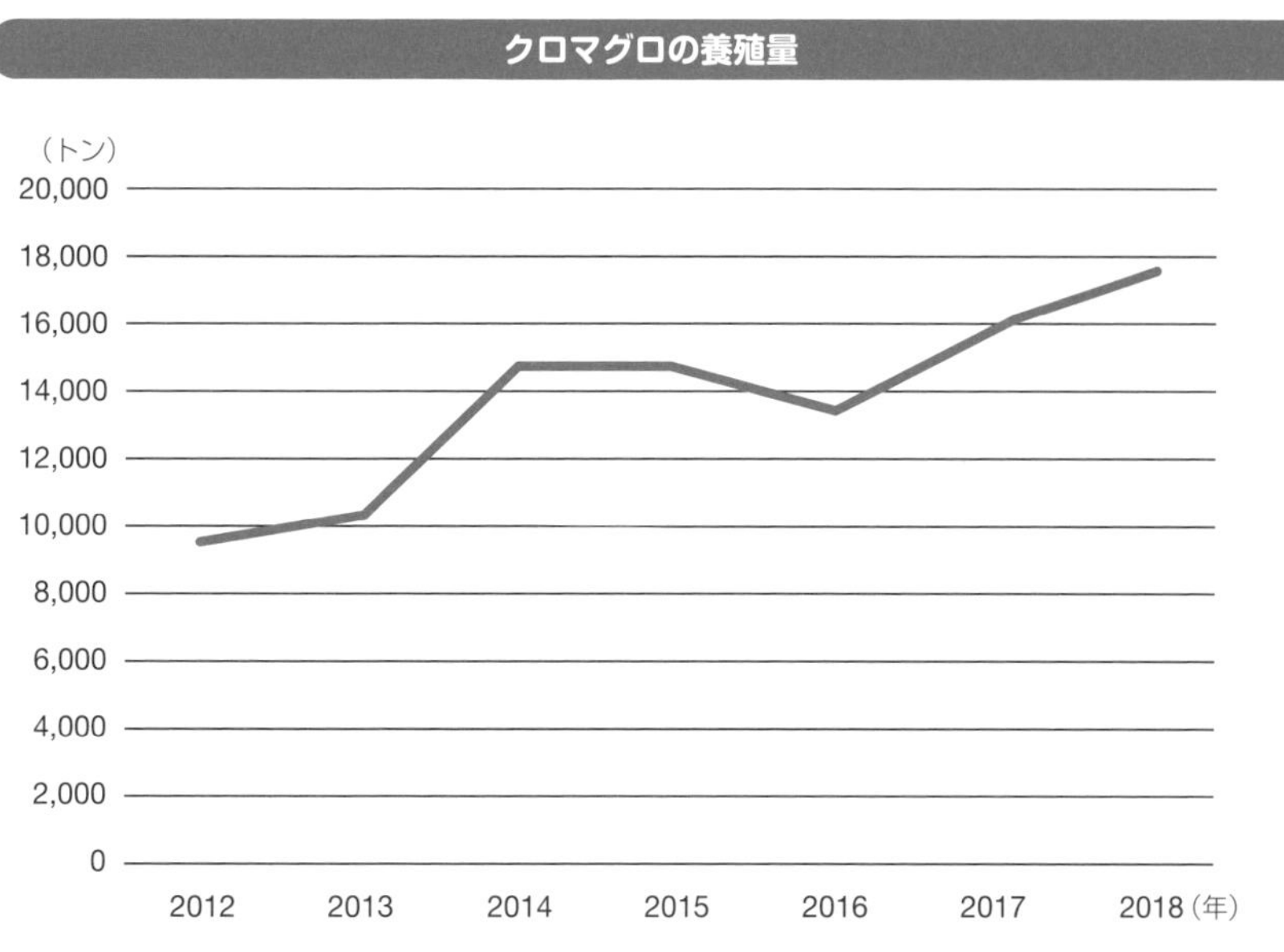

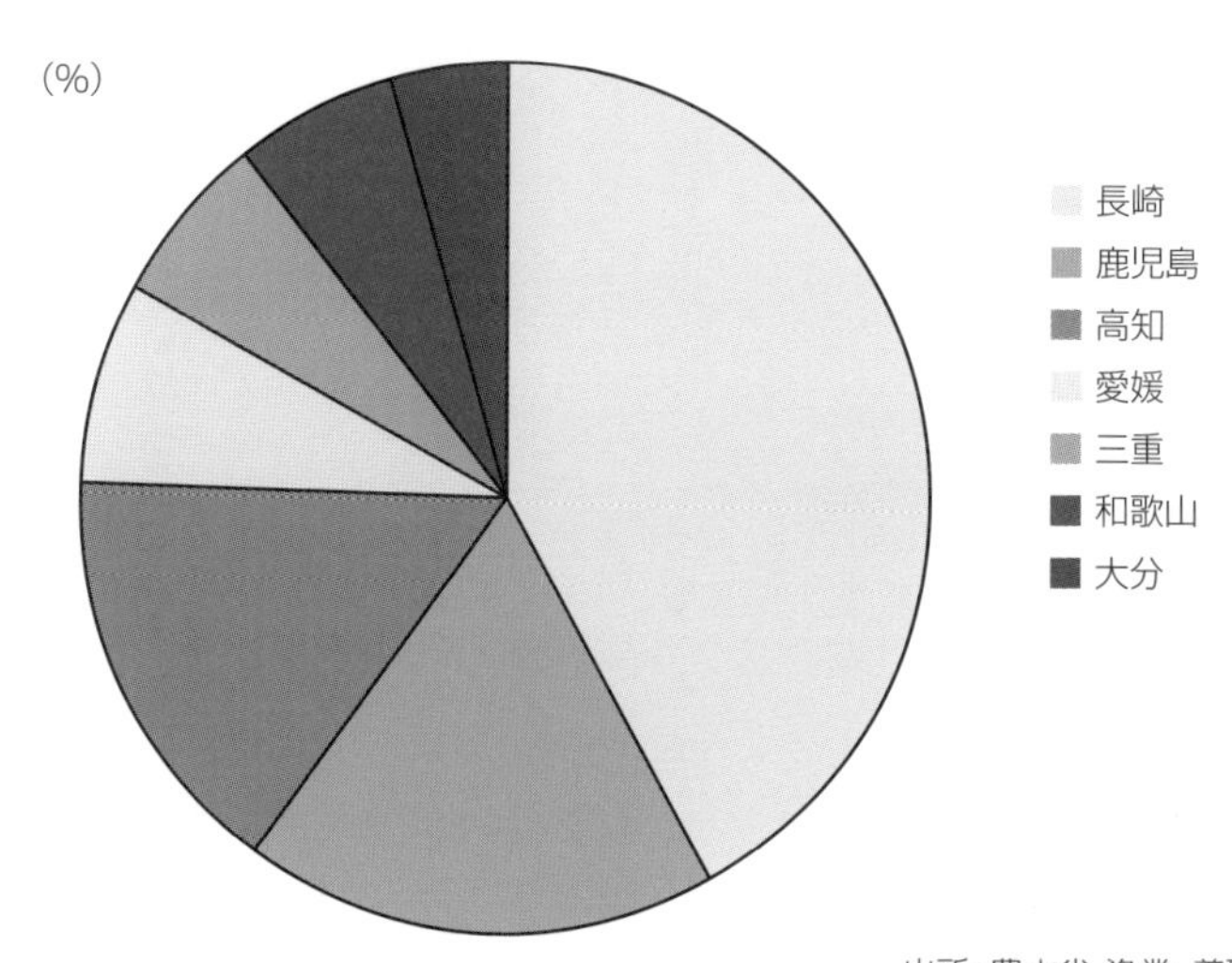

出所：農水省 漁業・養殖業生産統計

第6章　日本の養殖業

5 クロマグロの完全養殖

天然資源に依存しないクロマグロの完全養殖に対して、社会的な関心が寄せられています。生残率などの課題も残されています。

天然資源に依存しない完全養殖

日本国内で行われているクロマグロ養殖には、海で捕獲してきた**天然種苗**に餌を与えて成長させる養殖と、飼育環境下のクロマグロからとった卵を孵化させた人工種苗を育てる完全養殖が存在します。

クロマグロの資源状態が懸念されることから、資源を回復させるために国際的な漁獲規制が行われています。養殖生産が無秩序に拡大していけば、天然種苗の争奪戦や、過剰供給による値崩れ・採算割れなどの事態を引き起こす可能性があります。そこで、日本政府は天然種苗を利用するクロマグロの養殖は新規の許可を出さない方針です。そういった背景から、人工種苗の利用が増えています。

クロマグロの人工種苗生産の現状

近畿大学、マルハニチロ、ニッスイなどが、完全養殖のためのクロマグロ種苗を生産しています。養殖イケスに入れられた個体数で見ると、天然種苗と人工種苗はほぼ半々となっています。

出荷重量ベースで見ると、人工種苗のシェアは、現在も低い水準にとどまっています。人工種苗は死亡率が高く、成長が遅いために、出荷サイズまで生き残らないのです。

日本政府が、人工種苗を用いるケースに限り、クロマグロ養殖場の新規申請を承認したため**歩留まり**が悪い人工種苗のシェアが高くなっています。人工種苗生産技術のさらなる発展が期待されています。

【近大マグロ】 養殖マグロとして有名な近大マグロは、近畿大学水産研究所が2002年に完全養殖に成功した。稚魚を獲ってきて育てる通常の養殖と異なり、専門の養殖施設で卵から人工ふ化させている。豊田通商と協力して産業化が進められている。

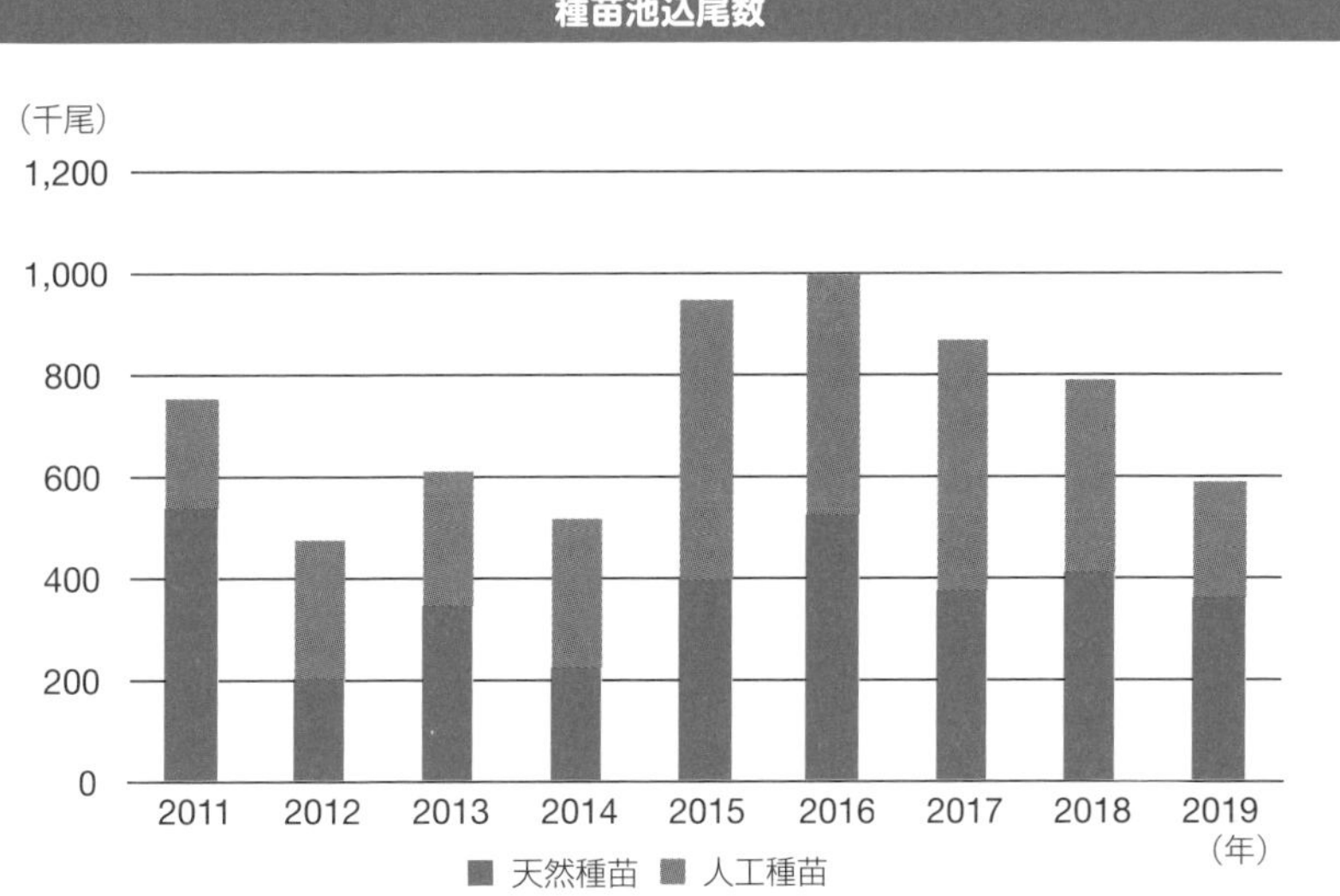

出所：水産庁「令和元年における国内のクロマグロ養殖実績について」より

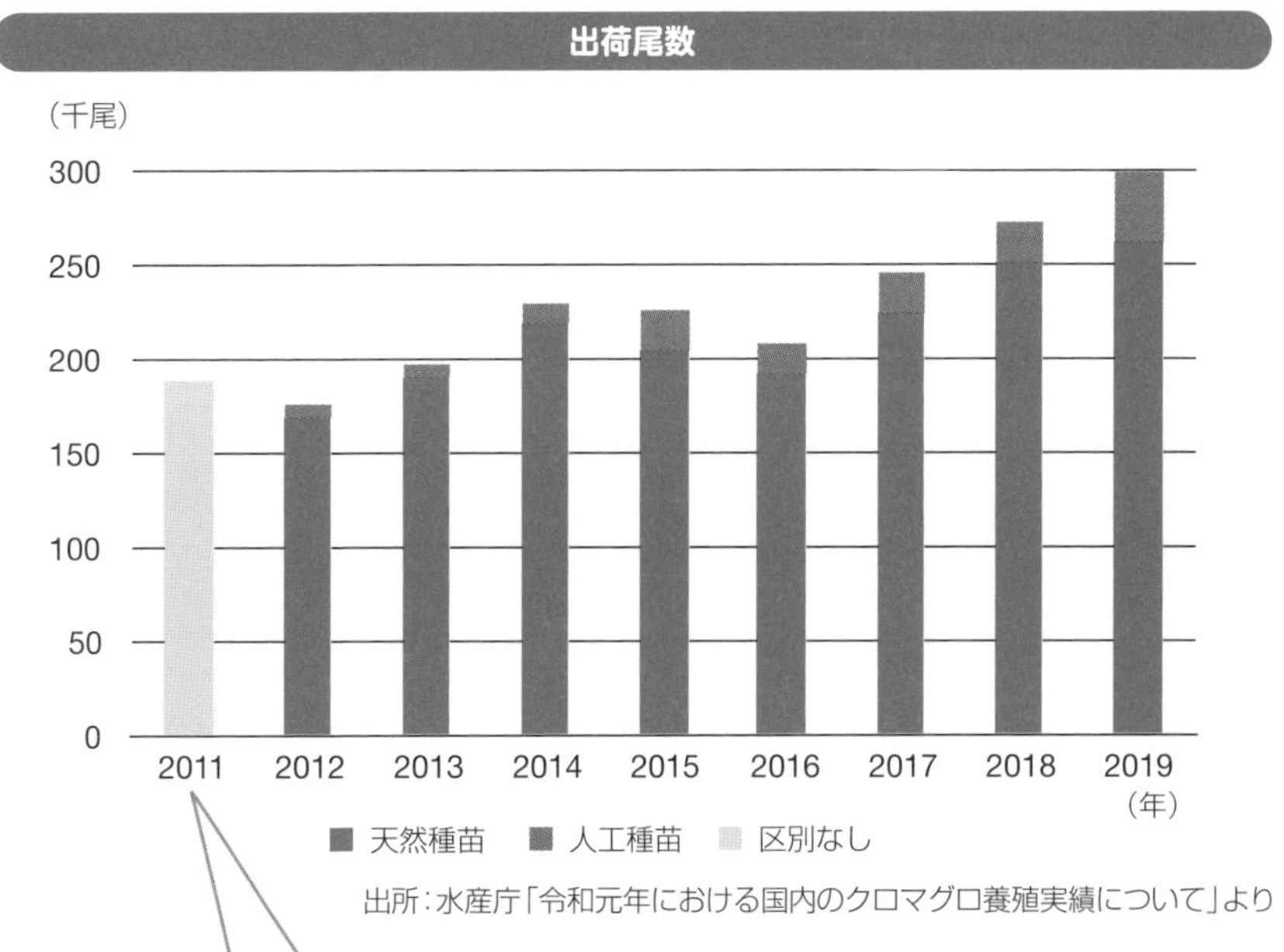

出所：水産庁「令和元年における国内のクロマグロ養殖実績について」より

6 カキ（牡蠣）は参入ハードルが低い

海のミルクともいわれるカキは、北海道から九州まで幅広いエリアで生産されています。

生産量は減少傾向

カキ（牡蠣）の生産量のピークは一九八八年の二七万一〇〇〇トンでした。二〇一八年には、一七万八〇〇〇トンまで減少しています。都道府県別に見ると、広島県が国内生産のシェアの六割を占めて、ダントツの一位です。二位の宮城県では、養殖に適したリアス式海岸が広がっており、至る所でカキ養殖が行われています。

カキは、海水中のプランクトンをこしとって食べるので、人間が餌をやる必要がありません。えさ代がかからないし、餌の食べ残しで環境を汚染する心配もありません。また、魚類養殖と比べると、初期投資が少ないために、個人でも参入し、利益を出しやすい養殖業といえるでしょう。

進むブランド化

カキの生産は天然資源に依存しています。夏に卵からかえったカキの幼生は、海の中を浮遊しながら、着底する場所を探します。この時期にホタテの貝殻を海中に沈めて、そこに付着したカキの幼生を種カキとして成長させます。種カキの生産量は宮城県が国内のシェアの八割を占めています。

種が同じ宮城県産でも、育てる環境によって、品質には違いが出ます。カキの場合は、生育環境や生育方法によって、味や大きさに明瞭な差が出ることから、ブランド化が進んでいます。日本では殻を剥いて出荷するのが一般的ですが、殻つきのまま出荷するための**シングルシード**という技術も広まりつつあります。

【フランスのカキを救った三陸カキ】 1963年にフランスでは寒波と疫病により80%のカキが亡くなった。その際には、日本の三陸地方の養殖業者がカキを贈りフランスのカキ養殖が救われた。2011年の東日本大震災で三陸の養殖業者が大打撃を受けた際には、フランスから支援が行われている。

出所：農水省 漁業・養殖業生産統計

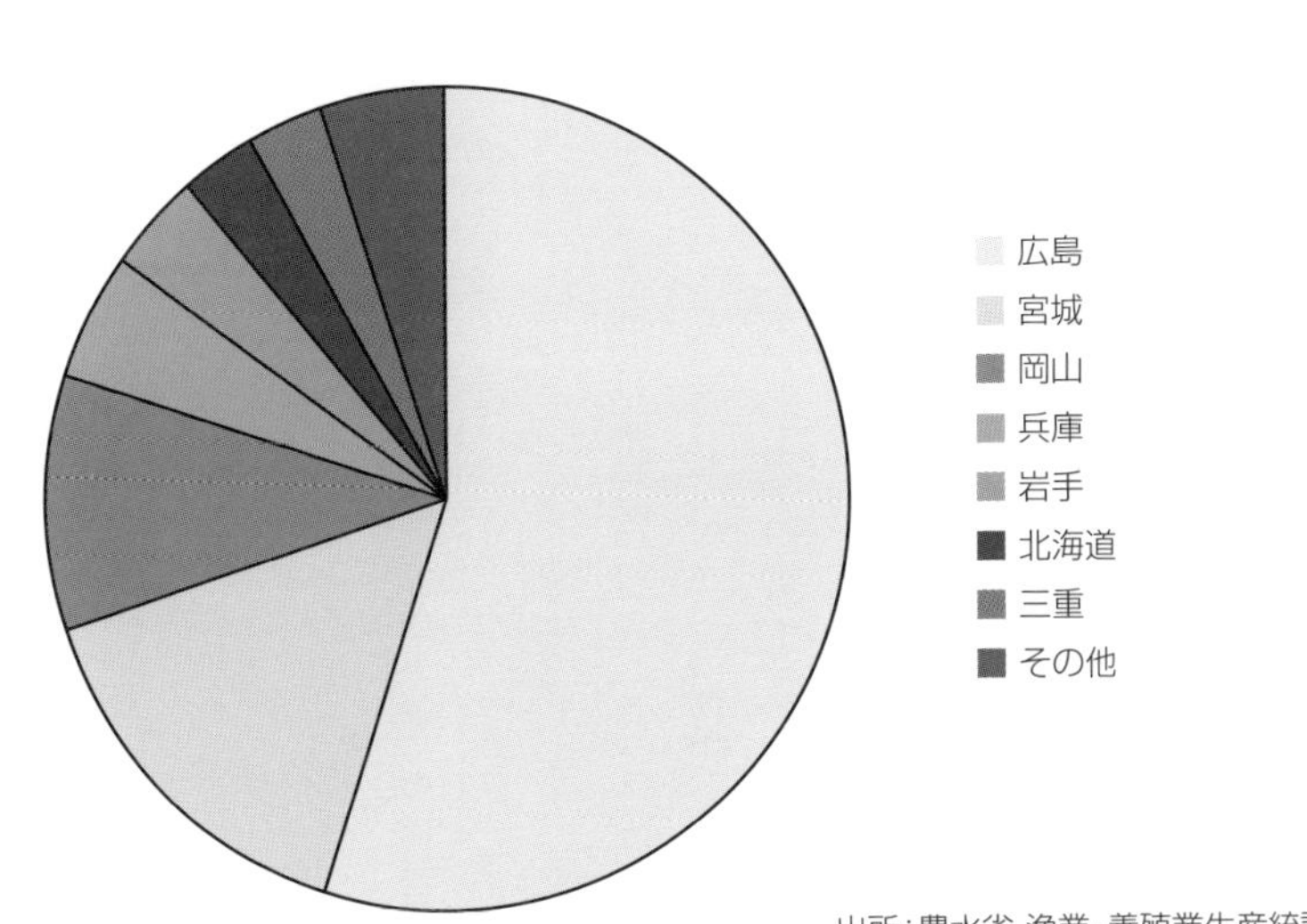

出所：農水省 漁業・養殖業生産統計

7 ホタテは海外輸出が盛ん

ホタテも養殖が盛んな魚種です。日本産のホタテは海外でも人気で、輸出が順調に成長しています。

ホタテは水産物輸出の大黒柱

日本のホタテ貝は世界的に評価されていて、高値で輸出されています。二〇一八（平成三〇）年の輸出実績は四七六・七億円で、水産物の中で一位です。

ホタテは養殖技術が確立した一九七〇年代から生産量が増加し、二五万トン程度の生産量で安定的に推移してきましたが、近年は稚貝の斃死が増えて、生産が不安定になりつつあります。

ホタテの主な産地は北海道と青森県で、それぞれがシェアの五〇％近くを占めています。例年は北海道の方が、生産量が多いのですが、二〇一七年は北海道を直撃した爆弾低気圧の影響で、青森の方がシェアが多くなっています。宮城県や岩手県でも若干量の養殖が行われています。

垂下式と地撒き式

ホタテの養殖には**垂下**（すいか）**式**と**地撒き**（じまき）**式**の二つの方法があります。

垂下式は、貝をロープでつるして生育します。垂下式は、北海道の噴火湾、日本海側、青森県などで広く行われています。垂下式の場合、ホタテは移動できないので、その場所のプランクトンの量がホタテの成長の早さや身入りの良さに直結します。

地撒き式は、1年ほど生育した稚貝を海に撒いて、自然に成長するのを待ってから生育します。地撒き式はオホーツク海で広く行われています。ホタテ養殖が盛んな稚内市の猿払村は、一人当たりの所得が港区、千代田区に次ぐ第三位となっています*。

*…**となっています**　https://premium.toyokeizai.net/articles/-/19990

ホタテの生産量

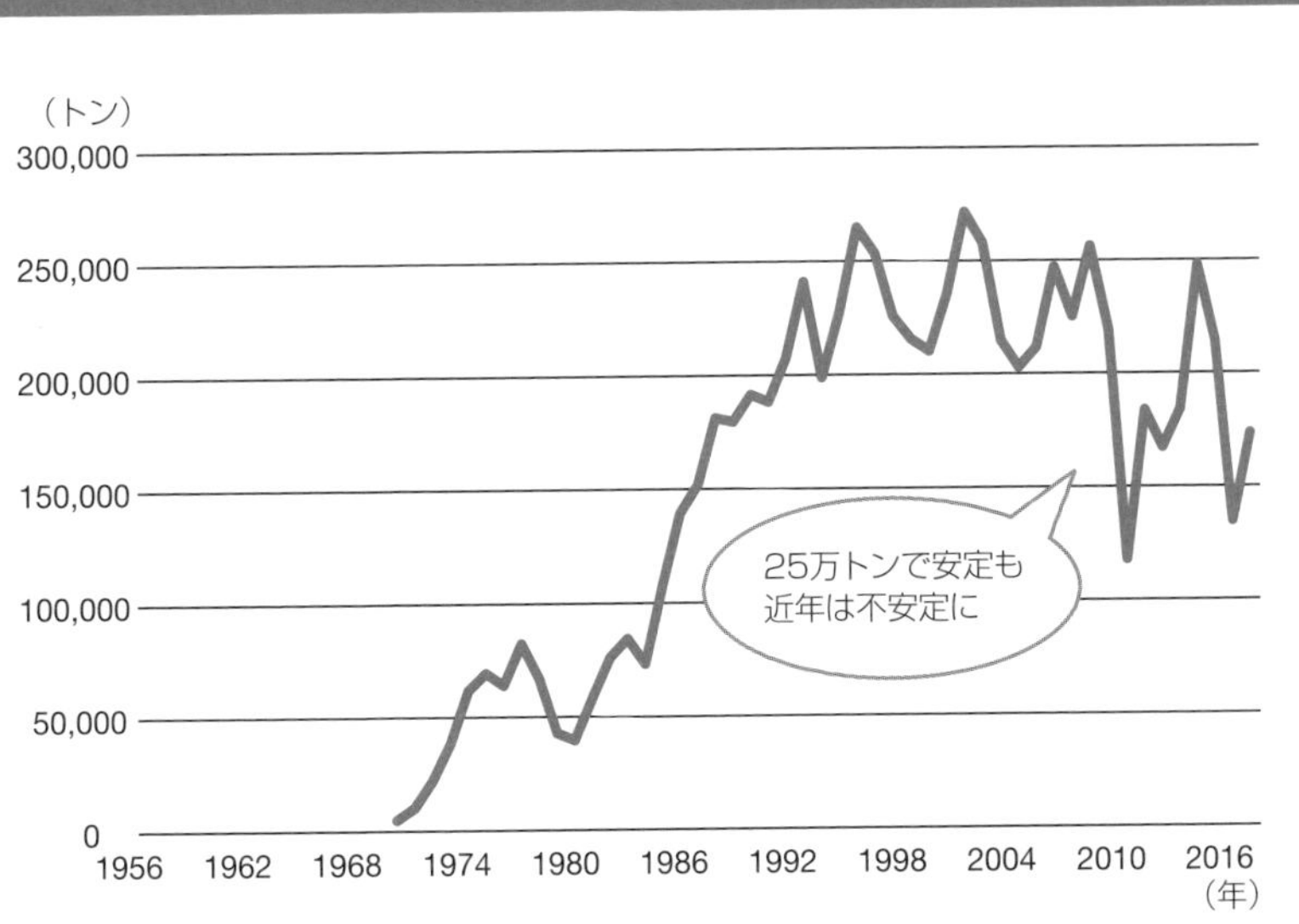

出所：農水省 漁業・養殖業生産統計

2017年のホタテ養殖生産量

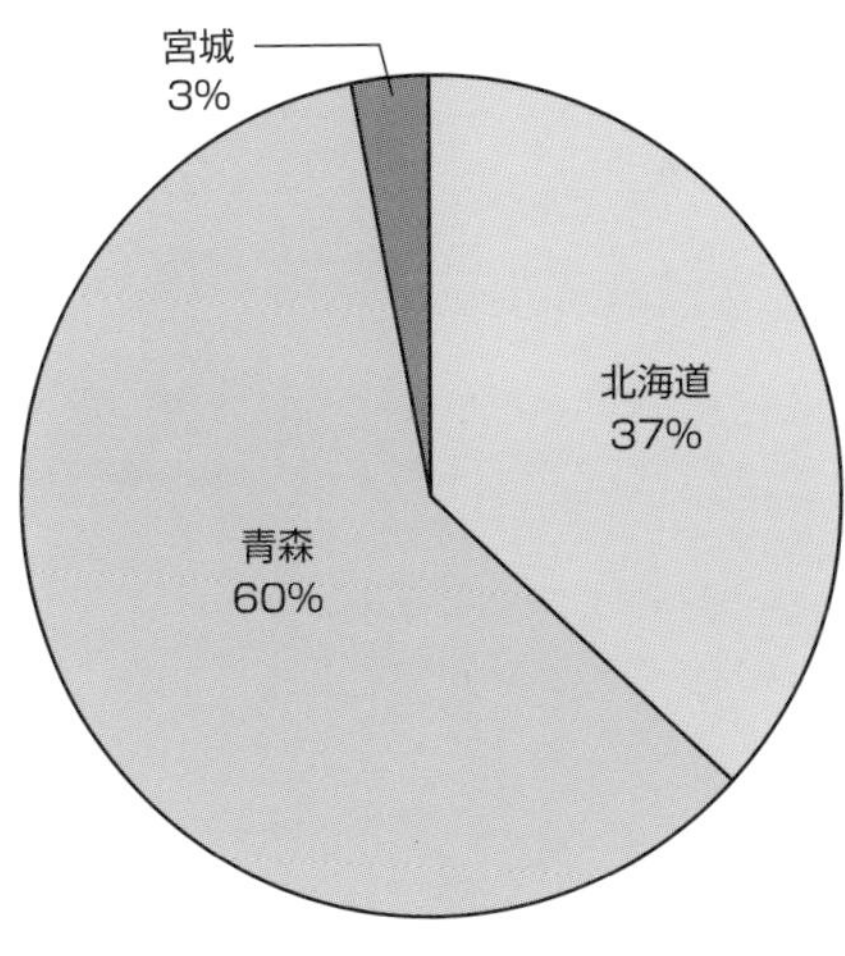

出所：農水省 漁業・養殖業生産統計

8 ワカメは三陸がメイン

ワカメの主要な産地は三陸です。東日本大震災で甚大な被害を受けましたが現在は回復しつつあります。

生産量は年間五万トン程度

ワカメの生産量は一九八〇年代後半から減少傾向で、近年は五万トン程度で推移しています。ワカメは北海道から九州まで広く生産されていますが、岩手県・宮城県の三陸ワカメと、徳島県の鳴門ワカメが特に有名です。

生産量で見ると三陸産が七七％と圧倒的に多く、東日本大震災の津波によって、三陸のワカメの多くが流されたために、二〇一一年は生産が激減しました。

ワカメ養殖は、比較的設備投資が少なく、小規模経営体でもやりやすいために、翌年から生産量が回復に向かっています。

ワカメの生産方法

ワカメは夏に胞子を放出します。それを糸に付着させて生育します。胞子がついた糸を**種糸**と呼びます。一一月から一二月に種糸を太い縄に巻き付けて海に入れます。冬場に水温が下がってくるとワカメはぐんぐん成長します。密度が高くなると成長が遅くなるので、成長が遅い個体を間引きます。三月末から四月の初めに二〜三mに成長したワカメを収穫します。

ワカメは芯など非食部を取り除いて、ボイルをした後に、塩蔵します。ワカメの生産量の減少の背景には、人手不足があります。芯取り作業は人海戦術で行っていたのですが、漁村の限界集落化が進み、人を集めるのが年々難しくなっています。

【ワカメの胞子】 胞子葉（めかぶ）から放出された遊走子と呼ばれる胞子は、雌雄別々の配偶体に発達し，卵と精子を作って受精する。

ワカメの生産量

出所：農水省 漁業・養殖業生産統計

ワカメの生産地シェア

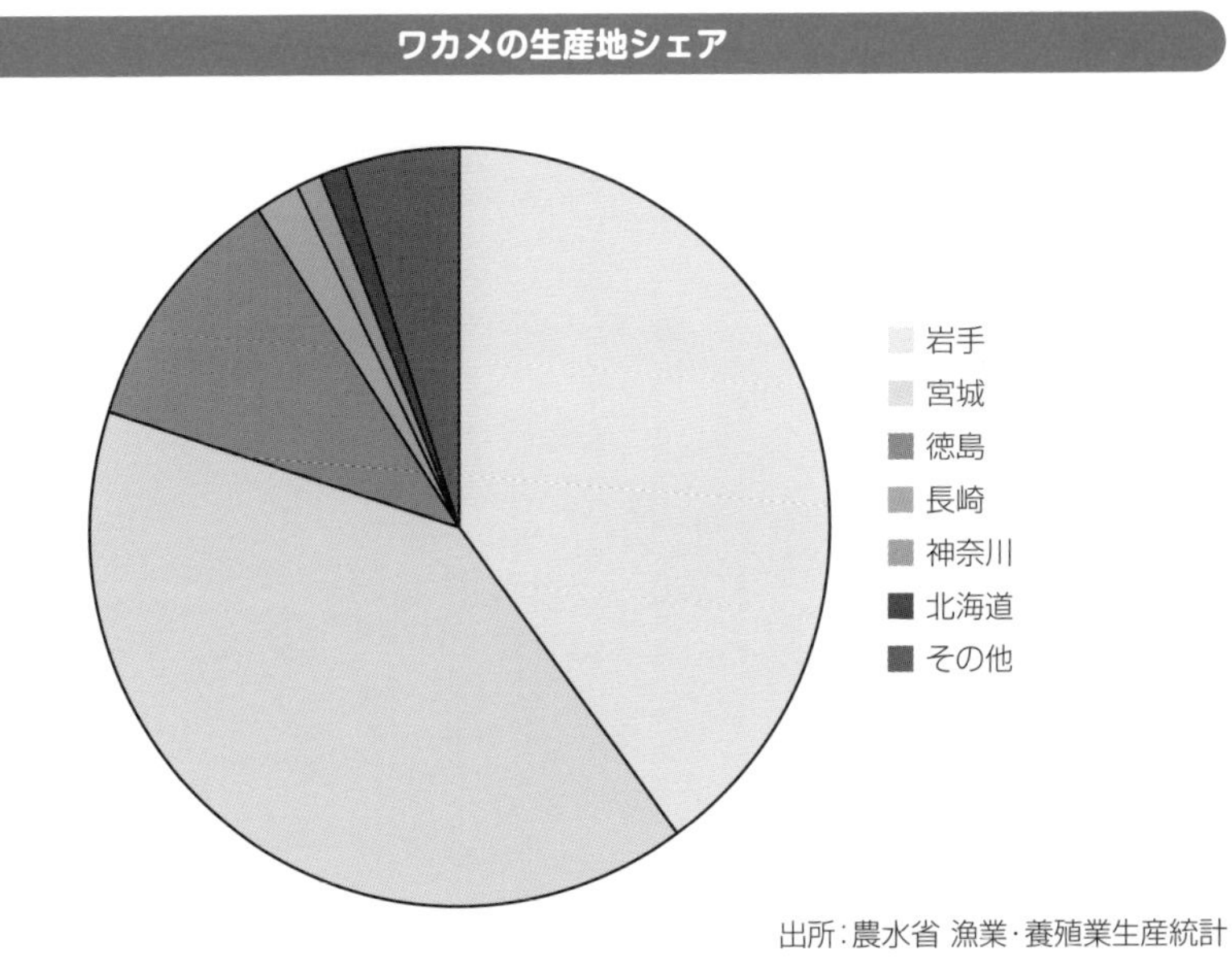

出所：農水省 漁業・養殖業生産統計

9 ノリの漁場と生産者が減少傾向

我々の身近な海苔の生産も減少傾向です。

生産の中心は有明海

ノリ(海苔)の生産は一九九〇年代から、減少傾向で推移をしています。ピーク時には五〇万トン近くあった生産量も現在は三〇万トンまで減少しています。生産量が減少する背景には、開発による沿岸漁場の喪失に加えて、経営体の減少も一つの要因です。

かつてはノリといえば東京湾でしたが、埋め立てや漁業権放棄によって、ノリ漁場のほとんどが失われました。しかし現在も船橋や木更津などでノリの生産が行われています。現在のノリ生産の中心は有明海です。有明海は佐賀県、福岡県、熊本県などにまたがっているので、都道府県単独で見ると兵庫県がトップになります。

ノリの生産

自然界のノリは、春に胞子を放出します。ノリの胞子は夏の間は、貝殻の中に潜伏し、秋に水温が下がると再び胞子が放出します。

ノリ養殖では、春に、カキ殻を海中に沈めて、ノリの胞子を付着させます。胞子が付着したカキ殻を保存しておくと、秋に胞子を再び放出します。その胞子を網に付着させたのがノリ網です。

ノリ網を、秋から冬にかけて、海に入れると、ノリがぐんぐん生長します。ノリが二〇cm前後まで育つと収穫をします。一度、収穫をした後も、ノリが再び成長をするので、一つの網から何回もノリを収穫することができます。

出所：農水省 漁業・養殖業生産統計

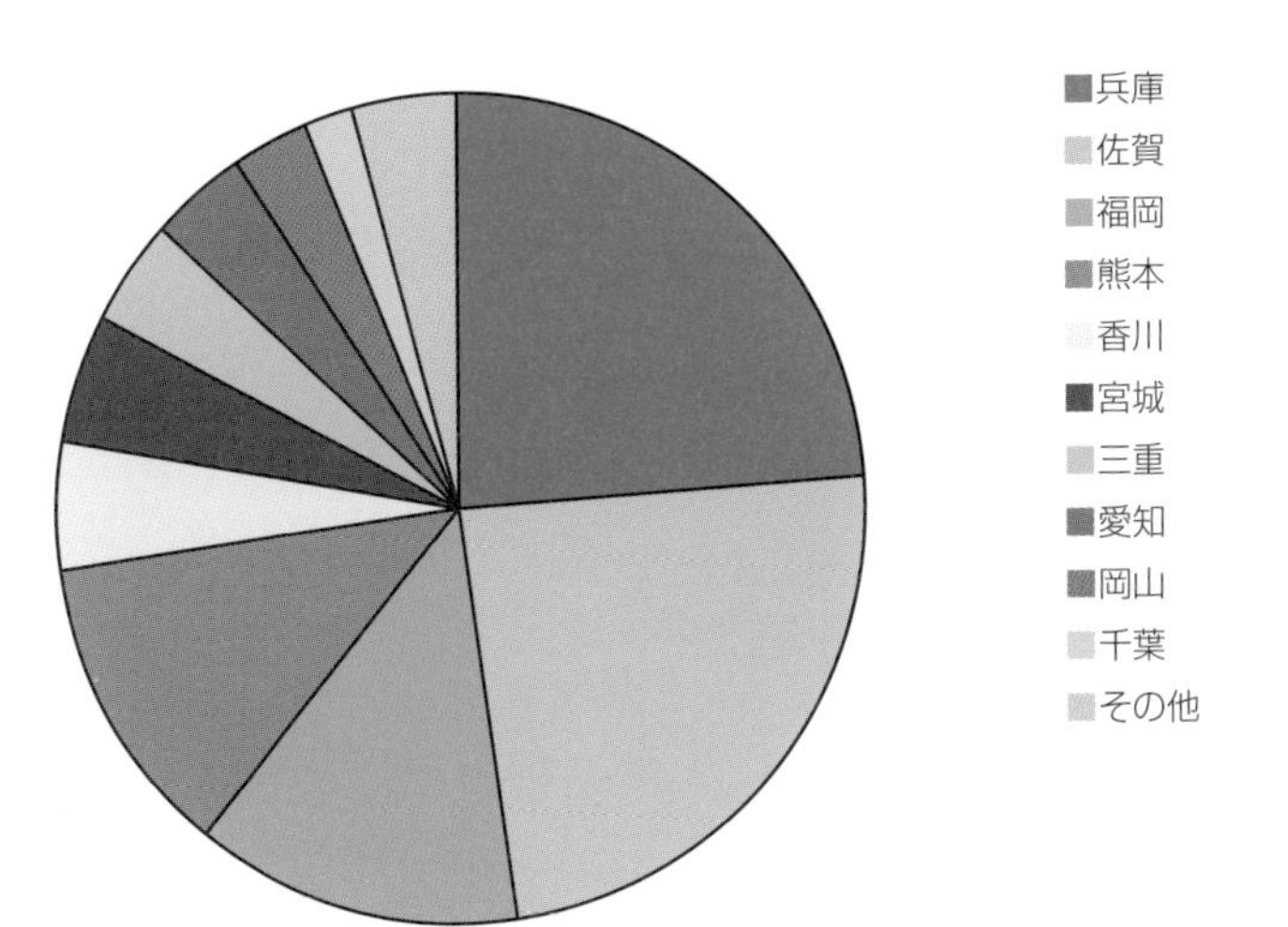

出所：農水省 漁業・養殖業生産統計

10 陸上養殖

陸上の水槽で養殖をすることを陸上養殖と呼びます。近年、陸上養殖に対する期待が世界的に高まっています。

陸上養殖への期待

世界的な水産物の需要の高まりを受けて、世界の養殖生産が増加しています。それに伴い養殖による海洋環境の汚染が社会問題になりつつあります。外界から隔離された、陸上の水槽で養殖を行うことで、環境汚染を制御できます。また、気候変動や台風、赤潮などの自然環境の影響を受けにくいというメリットもあります。

日本の海で養殖をするには、漁協が管理している区画漁業権が必要ですが、現状では企業が参入するハードルは高くなっています。そのため養殖に関心がある企業の間では、漁業権がなくとも参入できる**陸上養殖**への関心が高まっています。

陸上養殖の方式

陸上養殖には、①**かけ流し式**、②**半循環式**、③**閉鎖循環式**の三種類があります。

①かけ流し式

地下水などを水槽に汲み入れて、そのまま排水する方式です。設備投資は抑えられますが、生物の生育に適した水温の豊富な水源が必要な上に、大量の排水を出すことになり、環境負荷が大きくなります。

②半循環式

半循環式では、水槽の水を浄化処理して、再利用することで、水の消費量と排水を抑えます。浄化処理としては、UV照射による殺菌、生物濾過による有機物の除去、アンモニアを害が少ない亜硝酸塩に変化させる等が一般的です。

③閉鎖循環式

閉鎖循環式は、水の完全なリサイクルを行うので、排水は生じません。蒸発などロスが生じた分だけ水を足せば良いので、特別な水源も不要です。排水がないために、環境負荷は低くなります。

閉鎖循環式では、アンモニアを亜硝酸塩にするだけでは不十分で、これを取り除く必要があります。そのための処理を脱窒（だっちつ）と呼びます。

脱窒菌と呼ばれる特殊な細菌は、酸素がない環境では亜硝酸を分解して、エネルギーを得ます。脱窒菌を利用して、水中の硝酸塩を窒素に変換して空気中に放出することができるのですが、そのためには酸素がない環境を人工的に作る必要があります。

脱窒は、技術的・コスト的なハードルが高く、設備も大きくなりがちです。現在も研究開発が進められていますが、簡便な脱窒方法が確立されれば、場所を選ばずに魚を養殖できる時代が来るかもしれません。

陸上養殖の３つの方法別

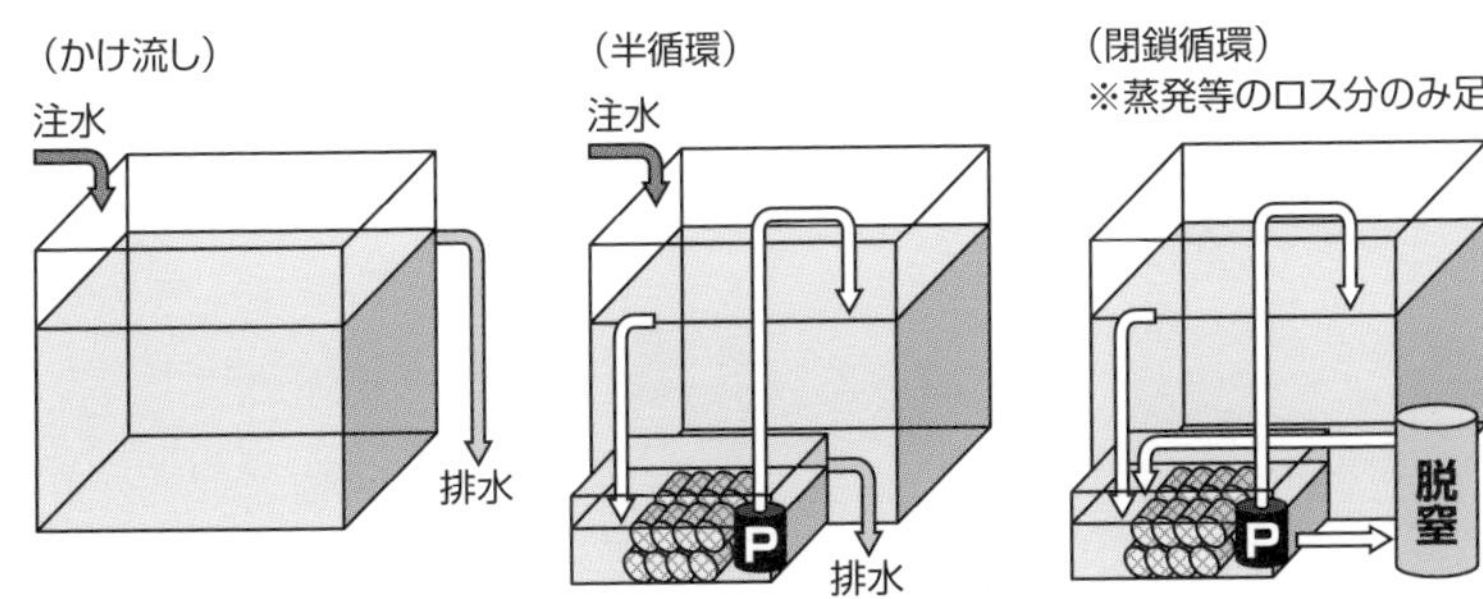

出所：https://www.fra.affrc.go.jp/cooperation/knowledge_platform/salmon_sub/1st_session/files/4.pdf

【水族館も閉鎖循環式】　一部の水族館は、脱窒装置を整備して、閉鎖循環式で魚の飼育を行っている。

11 国内の陸上養殖の課題

高い注目を浴びている陸上養殖ですが、技術的には生産が可能でも、ビジネスとして採算ベースに載せるのは容易ではありません。その一つの理由が電気代です。

コストの問題

魚類は生育に適した水温が決まっています。適正水温から離れると、歩留まりが悪くなったり、餌を食べなくなって、成長が悪くなったりします。水の入れ替えが前提の掛け流し式や半循環式の場合は、水温調整のためのエネルギーが必要になります。また、水を循環させるポンプや浄化槽でも動力が必要になります。陸上養殖を行う上で、日本の高い電気代は不利な条件です。

陸上養殖では、海面の養殖と比べて、桁違いに設備投資費がかかります。また、地震が多い日本では、耐震構造の設備を建造する必要があり、どうしても、費用が高くなる傾向があります。

ご当地サーモン養殖

日本全国でサーモンの陸上養殖が行われています。これらは**ご当地サーモン**と呼ばれています。北海道から九州まで、海なし県の長野県などでも当地サーモンが生産されています。

ご当地サーモン養殖のほとんどはかけ流し式、もしくは、簡易な循環式です。水源が必要なために、規模を増やすには限界があり、コストがどうしても割高になります。

これらのサーモン養殖は、大量生産に向かず、地元の特産品のような形で、付加価値をつけて少量を売るようなビジネスモデルにはなじむのですが、日常の食を支えるような方向性の発展は期待できません。

国内の大規模陸上養殖の事例

国内でも大規模陸上養殖を目指す動きがいくつかあります。**林養魚場**（愛知県）は、地下海水を利用した海水ニジマスの養殖を行っています。鳥取林養魚場（鳥取県）は淡水地下水をつかった銀鮭の養殖が行われています。これらの事業では、脱窒は行わない半閉鎖型を採用しています。魚の生育に適した地下水が豊富に得られる立地を選ぶことで、収益性を改善しています。

FRDジャパン（埼玉県・千葉県）は脱窒を行って、水をリサイクルする閉鎖循環式のサーモントラウト養殖を行っています。現在は、実証フェーズですが、すでに製品が出荷されています。大規模化に向けて技術的な課題を克服できれば、水道水を利用して、排水を出さないことから、場所を選ばない養殖が可能になります。

トラフグ陸上養殖における生産コストの試算と国内の大規模な陸上養殖の事例

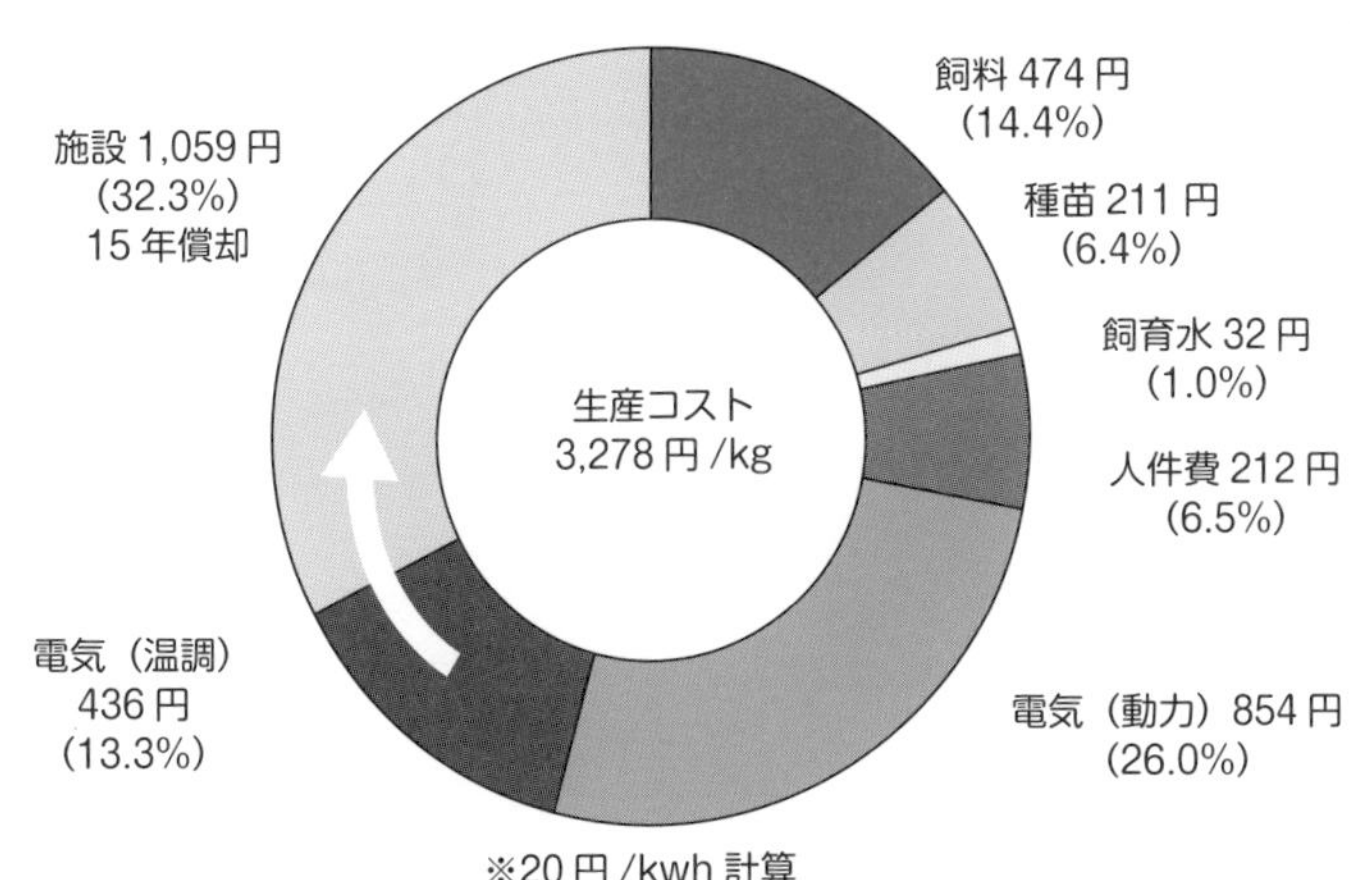

出所：https://www.fra.affrc.go.jp/cooperation/knowledge_platform/salmon_sub/1st_session/files/4.pdfより引用

12

アクアポニックス

水産養殖の排水を利用して植物を生育することをアクアポニックスと呼びます。

アクアポニックス＝養殖＋水耕栽培

陸上養殖では、アンモニアの処理が技術的なハードルになっています。陸上養殖では厄介者のアンモニアや硝酸などの窒素化合物は、植物を生育する上で必要な栄養素でもあります。

魚類養殖で排出された窒素化合物を肥料にして、有用植物を栽培すれば、水の浄化にも繋がり、一石二鳥です。このように養殖（アクアカルチャー）と水耕栽培（ハイドロポニックス）を同時に行うことを**アクアポニックス**と呼びます。

東アジアでは昔から、田んぼでコイやドジョウを飼ったりしていました。これらは、粗放的なアクアポニックスといえるかもしれません。

環境面から、注目が高まっている

アクアポニックスは、水消費が少ないことが利点とされてきましたが、最近は環境負荷が小さい、閉鎖循環型の食糧生産手段として注目されています。

閉鎖型陸上養殖と植物工場を組み合わせることで、外界から切り離された環境で、循環型の生産システムを構築することが可能です。温暖化など環境変動などの影響を受けずに場所を選ばずに食糧を生産することが期待されています。

アクアポニックスの研究は世界中で進められていますが、育てやすくて、採算が取りやすいティラピアやナマズの養殖と、アンモニアを直接利用できるレタスの組み合わせがポピュラーです。

アクアポニックスの概要

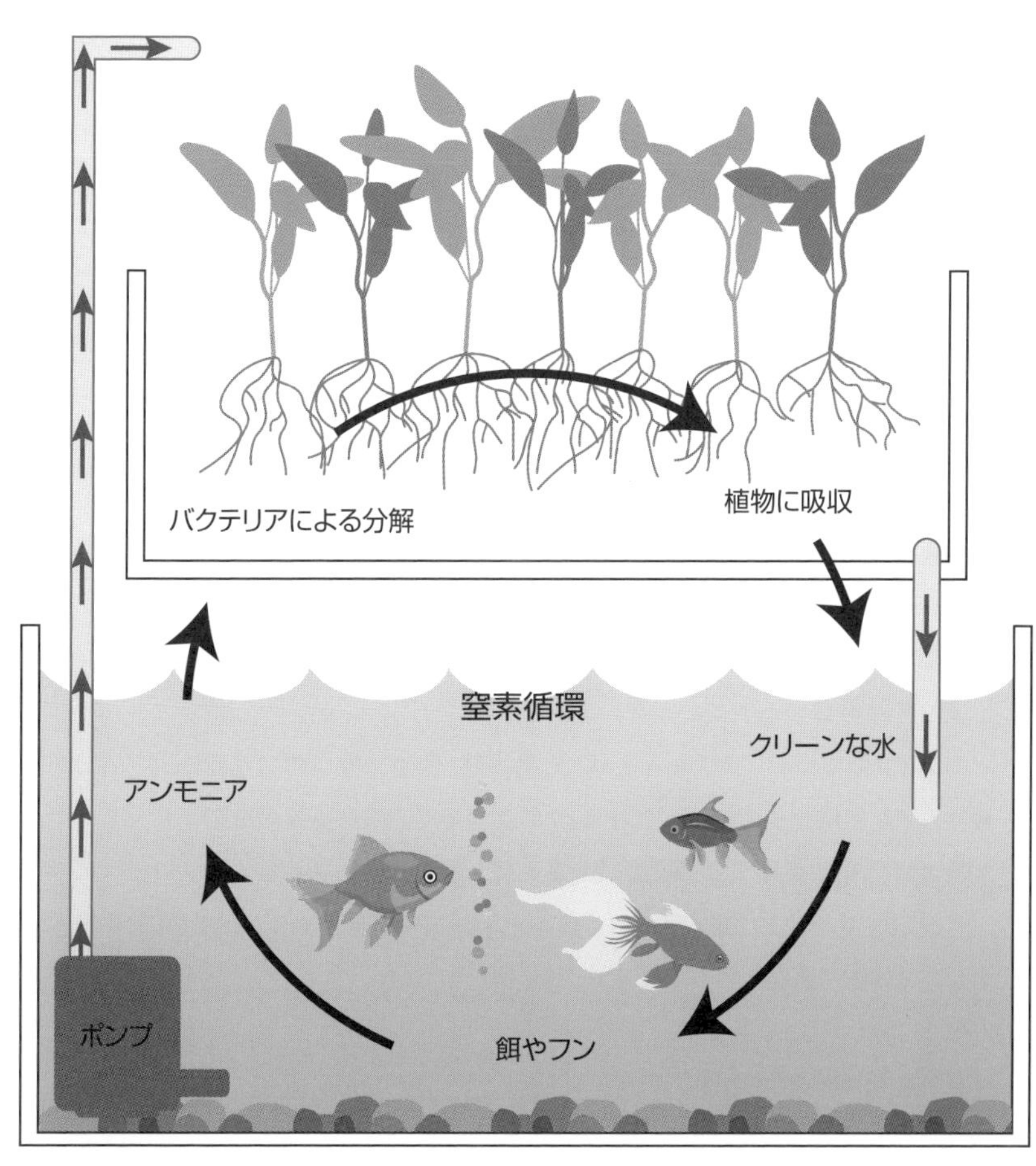

いろいろな養殖

・摂餌養殖、無摂餌養殖

養殖は、餌をやる**給餌養殖**(きゅうじようしょく)と、餌をやらない**無給餌養殖**(むきゅうじようしょく)に分けることができます。

魚類や甲殻類は、人間が餌を与える必要があります。餌代がかかる上に、食べ残したエサが海底に沈殿して、環境負荷がかかります。

海藻や貝類は、餌をやる必要がありません。海藻は光合成によって栄養を生産することができるし、貝類は海中に存在するプランクトンをこしとって食べます。適切な環境においておけば、人間が餌をやる必要はありません。コストや労働力の要求が低いため、小規模漁村の重要な産業となっています。

・完全養殖と非完全養殖

卵から育てた生物に卵を産ませて、人工環境下で世代交代を行っていく養殖を、**完全養殖**(かんぜんようしょく)と呼びます。マダイ、ギンザケ、ヒラメなどは、完全養殖によって生産が行われています。

一方、クロマグロ、ブリなどでは、**天然種苗**(養殖に使う稚魚を種苗と呼びます)を漁獲して、食用サイズまで飼育するのが主流です。完全養殖の技術が存在しても、天然種苗に価格や歩留まりの優位性があれば、天然種苗を利用します。

マグロやサバなどでは、漁獲してきた魚を短期的に飼育してから出荷するケースがあり、これらは**畜養**と呼ばれています。

・世界と日本の魚類養殖の違い

世界と日本では、養殖魚種の選び方に大きな違いがあります。

世界で伸びているのは、淡水の白身魚の養殖です。ティラピア、ナマズ、コイなどです。これらの魚種は、食物栄養段階が低く、雑食性で餌代を抑えることができます。

日本の水産流通

食材を購入する方は、「最近、魚が高くなった」という実感をお持ちかもしれません。魚介類の価格は、近年、急上昇しています。

1 日本の水産流通

日本の水産流通は独自の長所を持っている一方で、時代の変化に応じて、変えなければならない点も多々あります。

二段階流通の意義

日本の水産流通では、産地と消費地で二回競りを行い、価格を決定します。この仕組みによって、日本人は安全な鮮魚を食べることができていたのです。

コールドチェーンがないと、消費地に着くまでに鮮度の劣化や腐敗が起こる可能性があります。消費地に品物が届いた時点で、品質を再確認する必要がありました。消費地市場で仲買が鮮度を評価することで、食の安全を支えていたのです。流通業者が水産物の品質や鮮度を評価することを**目利き**（めきき）と呼びます。

日本の水産流通システムは、世界に例を見ない効率的な仕組みです。日本で鮮魚文化が花開いたのも、職人の目利きが食のインフラを支えてきたからです。

水産流通の概説

日本の**水産流通**の仕組みは、世界の中で見てもユニークなものです。現在の水産流通は、戦前からの流れをくみながら、第二次世界大戦後に現在の基本的な仕組みが構築されました。

冷蔵庫が普及したのは、昭和の高度経済成長期です。現在は冷凍冷蔵設備があるトラックでの物流が基本ですが、昭和の時代には、冷凍冷蔵設備のない貨物列車で、産地から消費地へと水産物を輸送していました。

コールドチェーン*がないことを前提に、鮮度の劣化の早い水産物を安全に流通させるための仕組みが構築されました。

＊**コールドチェーン**　2-4節参照。

コールドチェーン時代の流通の在り方

現在は、コールドチェーンが発達し、輸送中の温度管理が徹底されています。消費地で品質が維持されるため、消費地で再評価をする必然性が薄れてきました。結果として、消費地市場でのセリが廃止されたり、市場を通らない市場外流通が増加したりしています。量販店では産地から直接仕入れるようなケースも増えています。

図のCに示した産地市場と消費地市場を経由するのが、伝統的な日本の水産流通の形態です。消費地市場をとばして、飲食小売りに直接販売をするDや、インターネットなどを利用して、漁業者が直接消費者に販売するAなど、ここに書かれていないものも含めて、多くの形態が存在します。近年は、海外から商社経由で入ってくる水産物の割合が大きくなっています。

多様化が進む日本の水産流通

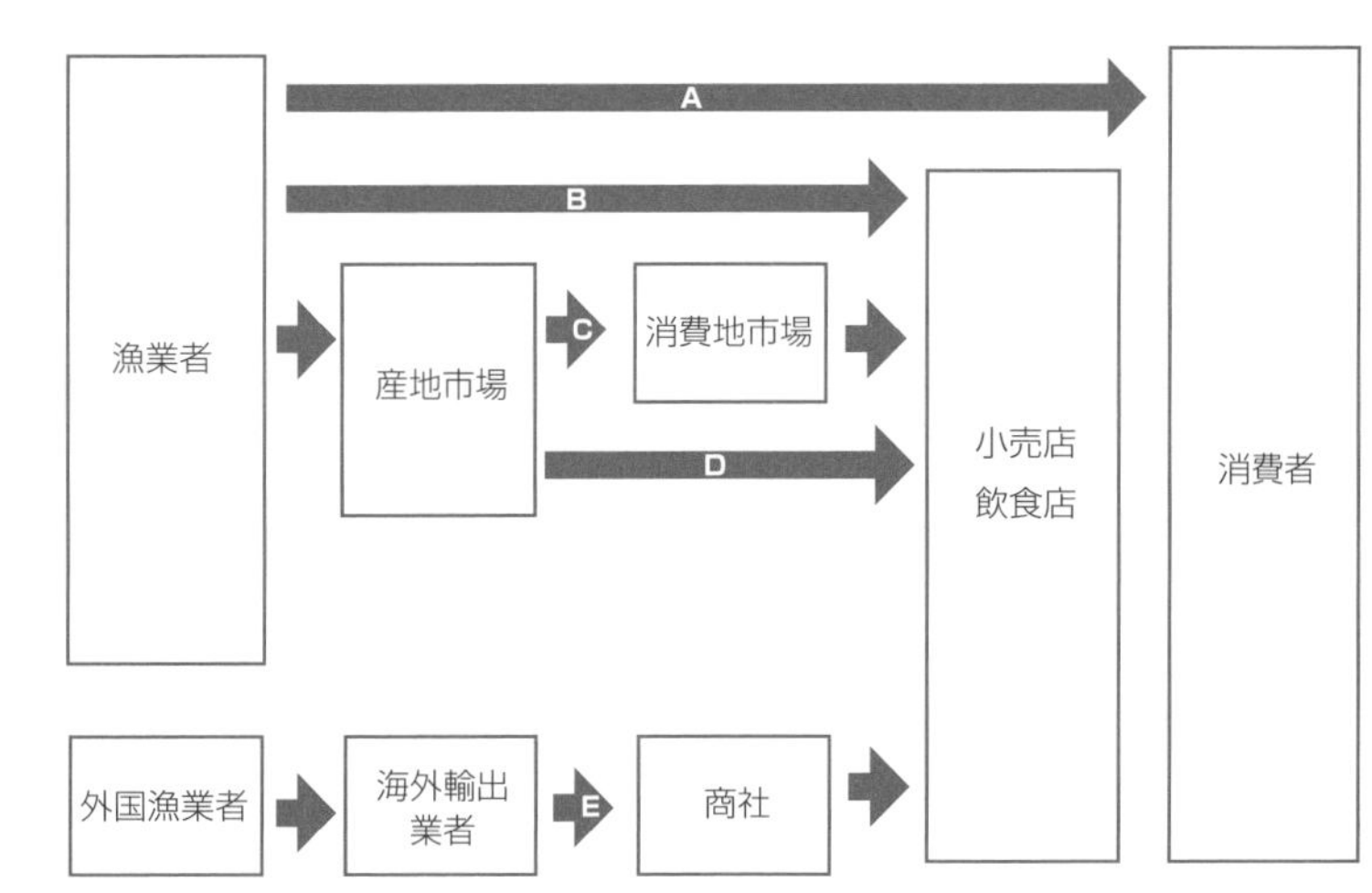

2

産地市場の仕組み

漁港に設置されている市場のことを、産地市場と呼びます。

減少しつつある産地市場

漁師が海で獲った魚が、漁港に水揚げされます。全国の主要な漁港には市場が併設されており、毎朝、決まった時間に**セリ**が行われます。このように漁港に設置されている市場のことを、**産地市場**と呼びます。

産地市場でのセリに参加して魚を買うのは、地元の流通業者（産地仲買）や加工業者です。セリに参加をする権利をもった人を、**買受人**（かいうけにん）もしくは**買参人**（ばいさんにん）と呼びます。競りを運営するのは産地市場の開設者で、多くの場合は地元の漁協です。漁協は販売手数料を漁業者と買受人の双方から徴収します。

一九九三年には全国に一〇六九存在した産地市場は二〇一三年には八五九まで減少をしました。

産地市場のセリの仕組み

漁師はセリの時間に間に合うように、港に戻ってきて、獲った魚をセリ場に並べます。獲った魚を市場に並べるところまでが漁業者の仕事です。魚を並び追えた漁師は、セリが始まる前に帰宅し、価格形成には関わらないのが一般的です。

買受人は、水揚げされた魚をチェックし、利益が出るような価格で魚を競り落とします。それぞれの買受人が購入希望金額を提示して、一番高い人間が購入するのが通常ですが、やり方は市場によって異なります。手のサインで価格を提示する上げゼリや、紙に書いて提出した価格が一番高かった業者が落札する入札が広く利用されています。

買受人の減少が問題に

魚をセリ落とした産地仲買は、相場を見ながら最も魚が高く売れそうな消費地に魚を送ります。地元での評価が高い魚なら、地元の取引先の飲食店に卸すかもしれません。送った先の市場でセリが行われる場合、魚を送った時点では値段が決まっていません。産地仲卸は、港での価格を決める役割と、魚を必要とされているところに送るという機能を果たしています。

買受人になるには、**買参権**（ばいさんけん）と呼ばれる権利が必要になります。一定の資格（実績、保証金）などを有することによって、市場開設者から取得することができます。

地方では、廃業による買受人の減少が問題になっています。買受人の数が減りすぎると、公正な競争による価格形成が阻害されたり、扱える魚種の数が減ったりするといった支障をきたすとの指摘もあります。

産地市場の開設者

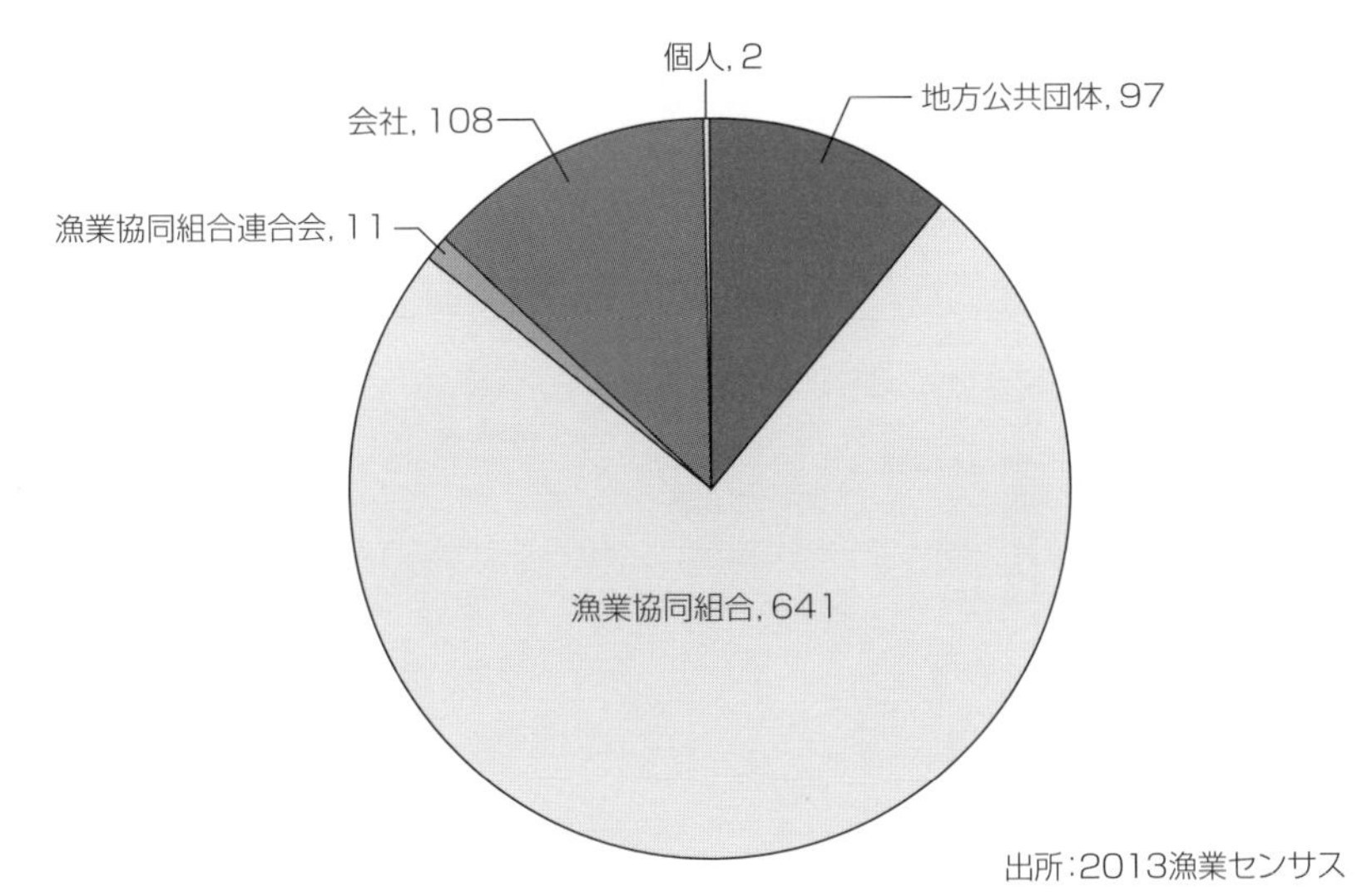

出所：2013漁業センサス

【市場直送】　魚料理を提供する飲食店などでは、買参権を取得することで直接市場から魚を買い付け顧客に提供することで、他店と差別化を図っている店もある。

3 消費地市場（卸売市場）

消費地市場は、世界中から水産物を集荷して、小売店や飲食店に供給するのが役割です。

消費地市場とは

消費地市場（正式名称は**卸売市場**）は、東京や大阪など大きな都市に設置されていて、地域の食の安定供給に貢献しています。日本国内はもとより世界各国から、食品を集めて、適切な価格を付けて、飲食店や小売店などの事業者に販売をします。市場では、個人客に対する小売りは、基本的に行いません。

消費地市場では、セリや入札などの公正な売買取引によって、適正に価格が決められます。日々の取引結果（数量や価格など）を公開するので、全国の相場を知ることが出来ます。公正で、透明性の高い価格が形成されることは、生産者にとっても消費者にとってもメリットがあります。

様々な消費地市場

消費地市場は、次の三種類が存在します。

①中央卸売市場
②地方卸売市場
③その他卸売市場

①中央卸売市場は、都道府県もしくは人口二〇万人以上の市が農林水産大臣の許可を受けて開設することができます。最近移転をした**豊洲市場**は、東京都が開設する中央卸売市場です。東京には、豊洲市場以外にも、足立市場や大田市場など、水産物を扱う複数の中央卸売市場があります。水産物を扱う中央卸売市場数は、二〇〇八（平成二〇）年の四九から、二〇一八（平成三〇）年度には三四まで減少しています。

②地方卸売市場は、都道府県から許可を得て開設できます。地方市場の開設者は、市町村や民間企業など様々です。中央卸売市場は行政サービスとして、安定供給や安全性などが重視されますが、地方卸売市場では、地域の特産品を豊富にそろえたり、地元の飲食店向けに夕方にセリをやったりと、地域に密着して、特色を出すようなケースもあります。

その他卸売市場は、開設者、市場面積などに法的な規定がなく、価格形成や決済に関する既定もなく、運営は地域によってまちまちです。

消費地市場の仕組み

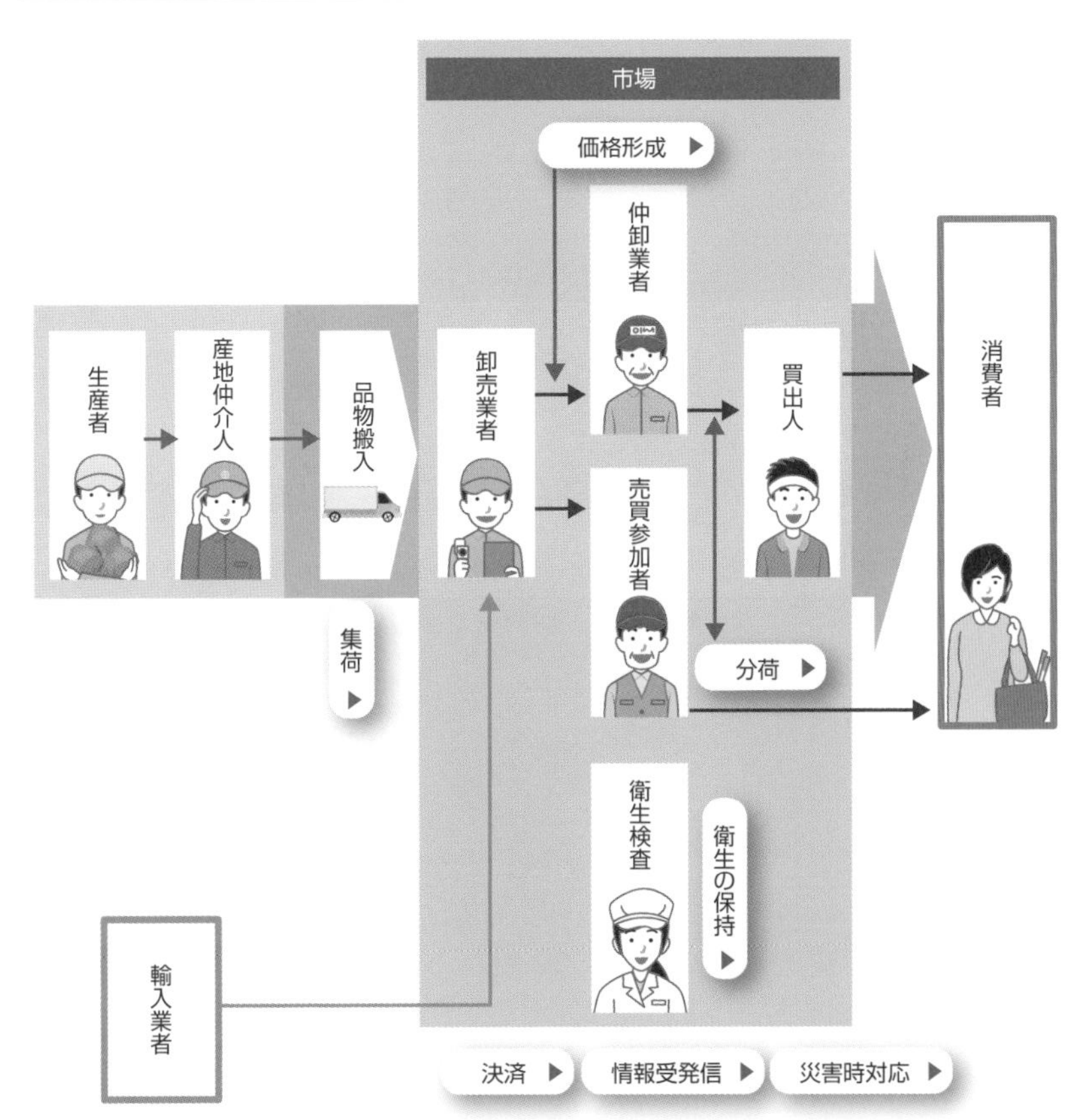

4 卸売市場経由率は減少傾向

現在は、産直取引やネット販売など流通の多様化によって、卸売市場を経由する生鮮食料品の割合は、年々、減少傾向です。

市場経由率の減少

農水省の統計「卸売市場データ集」には、食材ごとの**卸売市場経由率**の推移が示されています。一九八〇（昭和五五）年には水産物の八五・五％が卸売市場を経由していました。一九八九（平成元）年には七四・六％、二〇一六（平成二八）年には五二・〇％まで減少しています。漁獲量が減少している上に、市場を通る割合が減っているので、取扱量は大幅に減少することになり、市場の数も卸売業者も減少しています。

市場経由率が減少しているのは水産に限った話ではありません。青果や食肉も同様に市場を通らない割合が年々増えています。流通の大規模化によって、市場を通さない形態の流通が増えているのです。

ライフスタイルの変化

個人経営の町の魚屋さんは、全国的に減少しています。それに代わって、スーパーやコンビニなど量販店が水産物購入の場となっています。これらの大企業は、強い購買力を持っており、産地の流通加工業者や県漁協などと直接売買をするケースが増えています。

市場経由率の低下に関しては、自給率の低下の影響を指摘する声もあります。商社をへて買い付けられる輸入品は卸売市場を経由しない事が多いからです。水産の場合は、近年は、輸入は減少傾向です。水産物の自給率（カロリーベース）は、二〇〇〇（平成一二）年の五三％から二〇一八（平成三〇）年には五九％へと上昇したけれど、卸売市場経由率は減少を続けています。

価値を伝える

　産地で水揚げされた魚の価値を評価する機能は今後も必要とされ続けるでしょう。一方で、消費地で、安全性を再確認する必要性は薄れてきました。目利きのニーズの減少から、セリが行われないケースが増えています。消費地の仲買人は、今後は水産物に対する高度な知識を活かして、商品価値を高めるような方向性を目指すべきでしょう。

　これまでの流通では、予測不可能な漁獲を迅速にさばくことが求められました。今後は、限られた水揚げから利益を出せるような流通が求められています。

　日本の水産流通は、必要な場所に魚を送る機能はあります。また、鮮度を評価する機能もあります。しかし、産地から消費地へと、魚の価値を伝える機能がありません。これは多段階流通の構造的な問題点といえます。魚の価値を高める機能を高めなければ、卸売市場の空洞化はさらに進むでしょう。

卸売市場経由率の推移

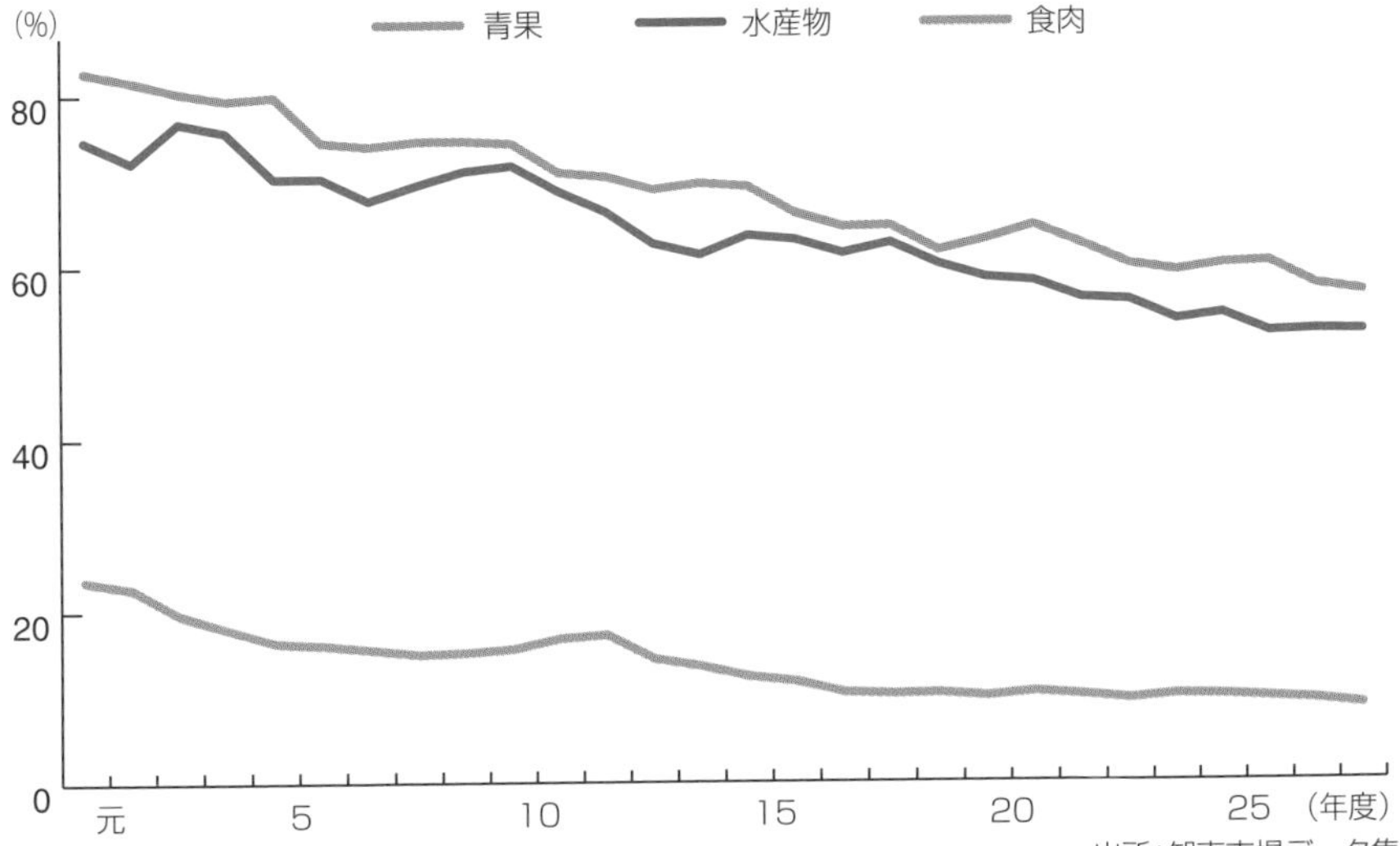

出所：卸売市場データ集

5

流通段階ごとの水産物の価格

多段階流通では、中間流通のコストがしばしば問題視されます。流通段階を経るにしたがって、水産物の価格がどのように変わっていくのでしょうか。

産地出荷業者経費と小売り経費

流通経費の中で大きいのが、**産地出荷業者経費**と**小売り経費**です。産地出荷業者は水産物を発泡スチロールの箱に氷と一緒に梱包して、消費地市場に発送します。そのための経費が必然的にかかります。

産地出荷業者も経営が厳しく減少傾向にあります。産地出荷業者が減りすぎると、産地での競争が失われていき、価格が硬直化するという弊害もあります。

また、小売りの場合は土地代や人件費などが必要になります。さらに、最近は魚をまるごと並べておいても売れ行きが悪いので、三枚に下ろしたり、フィレにしたりするための人手も必要になり、コストがかさむ傾向があります。

生産者が受け取るのは魚の値段の約三割

食品流通段階別価格形成調査報告という統計に、流通段階別の価格の変化がまとめられています。二〇一七(平成二九)年度の統計によると、小売価格のうち、生産者が受け取る金額は三一・六%で、流通にかかる経費が六八・四%を占めていました。消費者が小売店で一〇〇〇円の水産物を買うと、約三〇〇円が生産者のとり分になる計算です。

複数の市場を経由する日本の流通システムだと、どうしても経費は必要になるのですが、漁業者の多くは、危険を伴う重労働の対価としては、少なすぎると不満を感じています。

【小売り経費】 個人の魚屋やスーパーの鮮魚コーナーなどでリクエストに応じて捌いてくれるサービスの人件費も小売り経費に含まれる。

川上から川下まで全部赤字

近年は品物不足から原価が上がっているにもかかわらず、売値に転嫁しづらいために、小売り段階でも利益が出しづらくなっています。大手量販店でも水産で利益を出すのは難しく、鮮魚コーナーが赤字のケースが大半です。

漁業者の中には、自分たちが苦労して獲ってきた魚の利益を流通／小売りに独り占めされていると感じている人も少なくないのですが、実際は流通も小売りも利益を出せていないのです。

流通段階の誰かが利益を独り占めしているなら、その利益が公平に配分されるように、利益配分の仕組みを変えれば良いのですが、水産流通の場合は誰も利益を出していないという深刻な問題があります。業界全体として利益が出せるように体質改善をしなければ、体力がない、小規模な経営体から淘汰されてしまいます。

流通段階別の経費

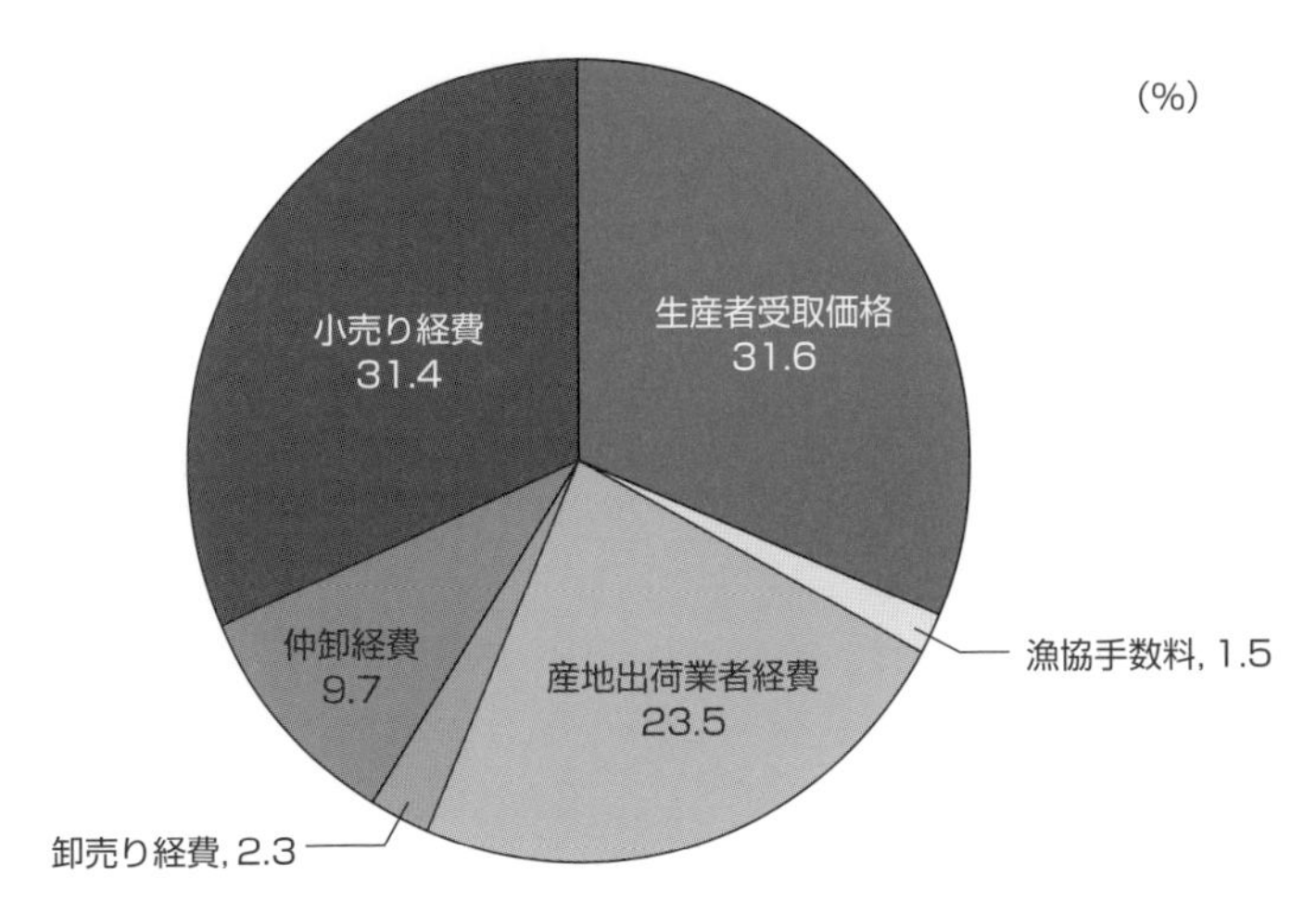

出所：食品流通段階別価格形成調査報告

6 小売店や消費者への直接販売

多段階流通の問題点に対する一つの解決策として、消費者や小売店への直接販売が注目されています。

直接販売（中抜き）は解決策なのか？

生産者が既存の流通を経由せず、小売りや消費者に**直接販売**する動きが注目されています。農水省の食品流通段階別価格形成調査報告によると、漁業者が小売店に直接販売する場合には、生産者受取価格は六六・八％で、小売経費が三三・二％になります。漁業者が消費者に直接販売する場合は、生産者受取価格は九〇・九％で販売経費は九・一％でした。

中間コストを削減すると、消費者は新鮮な魚を安く購入できて、生産者の所得も増加し、良いこと尽くめに見えるのですが、必ずしもそうではありません。販売・流通を小規模で独自に行うと、手間がかかった上に、割高になるケースもあります。

思いのほか広まらない直接販売

消費者に直接販売をする場合には、一度に販売できる水産物の量は少なくなります。そこにクール便の送料が上乗せされると、かなり割高になります。消費者からすると、「魚は安いのだけど、送料を考えると、むしろ高くついた」ということになりかねません。

また、直接販売だと、漁業者が魚を発泡スチールに氷詰めして、発送の手続きをします。市場流通ではこれらの仕事は産地仲買が行っています。

さらには直接販売をするには、営業のためのウェブサイトを作り、注文、発送、クレーム処理をしなければなりません。お客さんが確実に受け取れるようにクール便を送るタイミングにも気配りが必要になります。

供給の不安定さもネックに

農業と比較すると、漁業の場合は個々の生産者の水揚げは不安定です。例えば、台風が来たり、海が時化たりしたら、数日間漁に出られないこともあります。また、出漁できたとしても、消費者が望む魚種を、求められた数量だけ、確実に獲れる保障はありません。

消費地市場では、日本全国、世界各国から、必要な水産物を集めてくる仕組みがあります。また、時化の前日には、翌日以降に販売するための水産物をストックしておくといった工夫もされています。スーパーに行けば、天候にかかわらず、一定の品揃えが確保できているのは、市場流通が安定供給のための機能を果たしているからなのです。

実際に直接販売を行っている漁業者の話を聞くと、数字から受けるバラ色の印象とはほど遠い、厳しい現実があります。しかし、全国各地にファンを獲得して、鮮魚詰め合わせの定期便などで、利益を出している漁業者も存在します。市場流通の代替にはならないとしても、やり方次第では成長する余地があります。

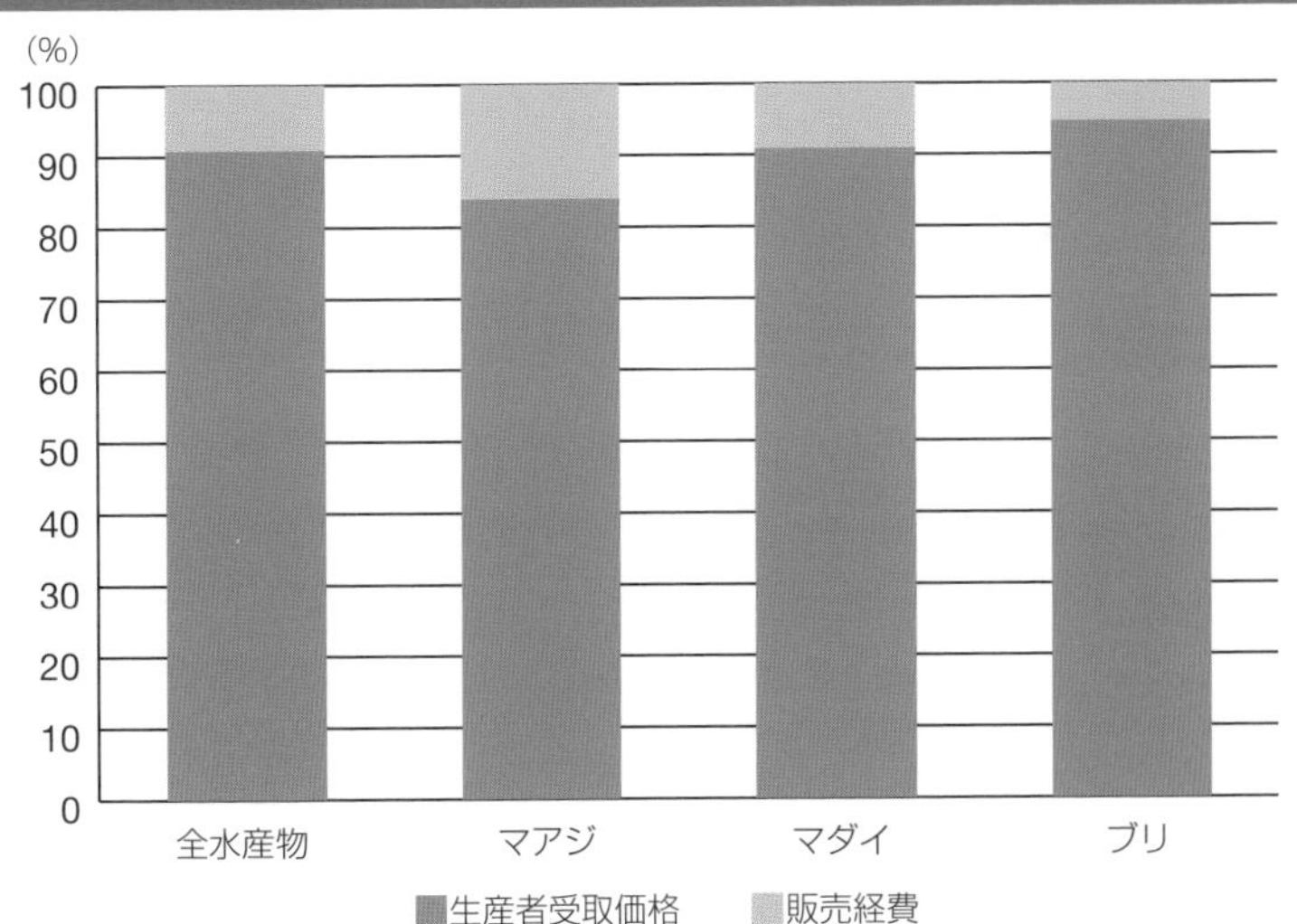

出所：食品流通段階別価格形成調査報告

【時化】「しけ」と読む。気象庁では波の高さが4mを超えた状態のことをいう。ちなみに波の高さが6mを超えると大しけ、9mを超えると猛烈なしけという。

7 新しい流通の仕組み（羽田市場）

羽田市場は、全国の生産者から水産物を直接買い付けて、飲食店などの直接販売しています。

羽田市場とは

羽田市場株式会社は、羽田空港を拠点に空輸を中心とした新たな鮮魚流通を構築し、一次産業でのイノベーションを目指すベンチャー企業です。羽田市場では、北海道から沖縄まで、日本全国の生産者から直接水産物を集荷して、販売を行っています。

契約した生産者は、羽田行きの飛行機が出発する時間に合わせて、水産物を近くの空港に運びます。空輸された水産物は、羽田空港内の集荷センターで検品、仕分けをして、首都圏の飲食店に卸したり、他の空港へ出荷をしたりします。羽田空港内に拠点があるので、海外に輸出をすることも容易です。

産地と消費地を直接つなぐメリット

第一のメリットは、スピードです。朝の航空便に載せれば、昼には羽田空港につきます。夕方には、飲食店や小売店に並ぶことになります。

既存流通では、産地での競りのために長時間水産物が展示されます。産地市場のセリをへて、消費地市場につくのは、早くてもその日の夕方。消費地市場のセリや相対を通して、小売店につくのは早くても翌日です。場合によっては、複数の消費地市場をたらいまわしにされるケースもあります。

トレーサビリティについても強みがあります。羽田市場を介して、生産者と飲食店が直接連絡を取り合うこともでき、品質改善やブランド化につながります。

羽田市場のビジネスモデル

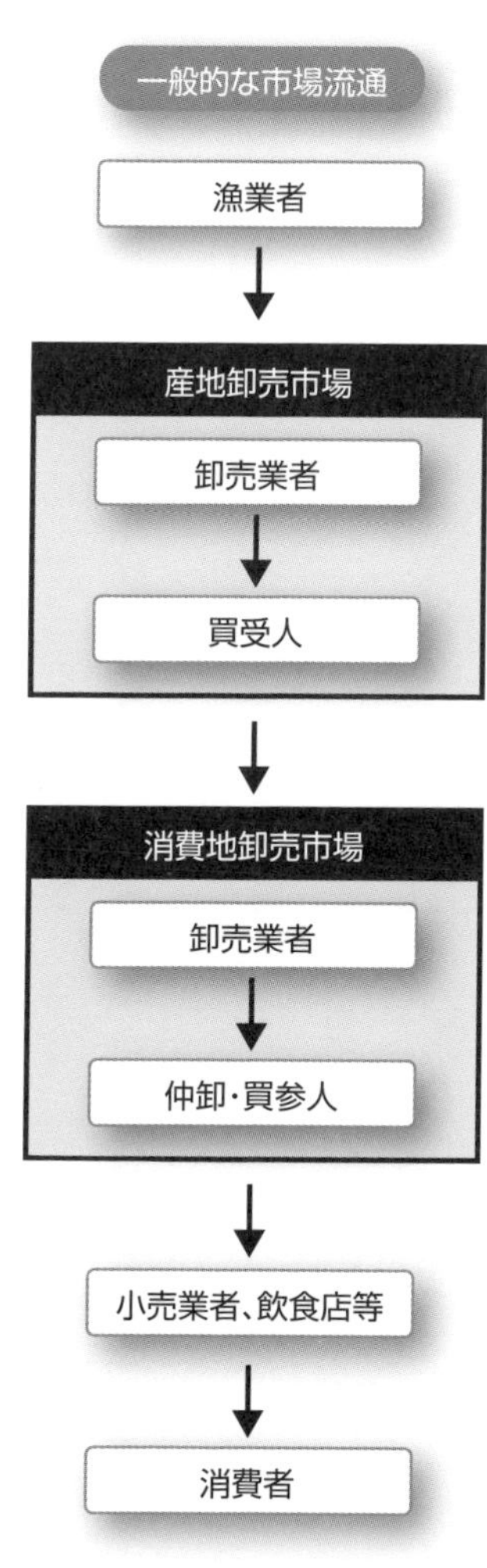

※エリアによって翌日以降

8 トレーサビリティ

日本の水産流通ではトレーサビリティがありません。結果として、水産物の差別化やブランド化が難しくなっています。

トレーサビリティの現状

多段階流通のデメリットは、情報が川上に伝わらないことです。多段階流通の中間業者は、常に中抜きのリスクに直面しています。自分の川上と川下が親密になれば、自分を飛ばして直接取引をするかもしれません。それを避けるために、水産物の詳細な情報を川下には流さないのが基本です。

例えば、漁業者が「○○丸の魚」という販売促進シールを魚に貼ったとします。その魚を買った産地流通業者は、川下の人間が生産者と直接取引をするリスクを減らすために、シールを剥いでしまうケースが多々あります。中間流通業者は「自分の眼鏡に適った魚」というブランドで水産物を川下に売りたがります。

安心安全・品質の向上

中間流通業者の自己防衛の結果として、水産物は情報が剥ぎ取られた単なる食材として、ベルトコンベアのような多段階流通を経て、消費者のもとに届きます。消費者には産地がどこの県かという情報しか与えられないし、その情報が正しいことを確認するすべはありません。

トレーサビリティがないということは、食の安全安心を確保するインフラがないといえます。平常時には、性善説で問題が無いのですが、何か問題があったときに、思わぬ弊害が生じます。例えば、福島県で原発事故があった後に、トレーサビリティがないことを理由に国産の水産物をすべて避ける消費者も存在しました。

ブランド化の障害

　また、水産物のブランド化を進める上でも、川上の情報が川下に届かない現状は、大きな弊害になります。鮮魚販売の売り文句は、どこに行っても、「安い、美味し、新鮮」の三点セットです。これは水産物の販売において、産地や生産者による差別化ができておらず、コモディティとして流通していることを意味します。

　生産現場の情報が消費の現場まで届かない。すべての水産物が、同じ売り言葉で売られている。そういう状況では、水産物のブランドが育たないのも、当然といえるでしょう。

　水産の多段階流通においても、ＩｏＴを使うことで、トレーサビリティを確立することは技術的にはそれほど難しくありません。水産物の価値を消費の現場まで伝えられるような情報の流通の仕組みを再構築していく必要があるでしょう。

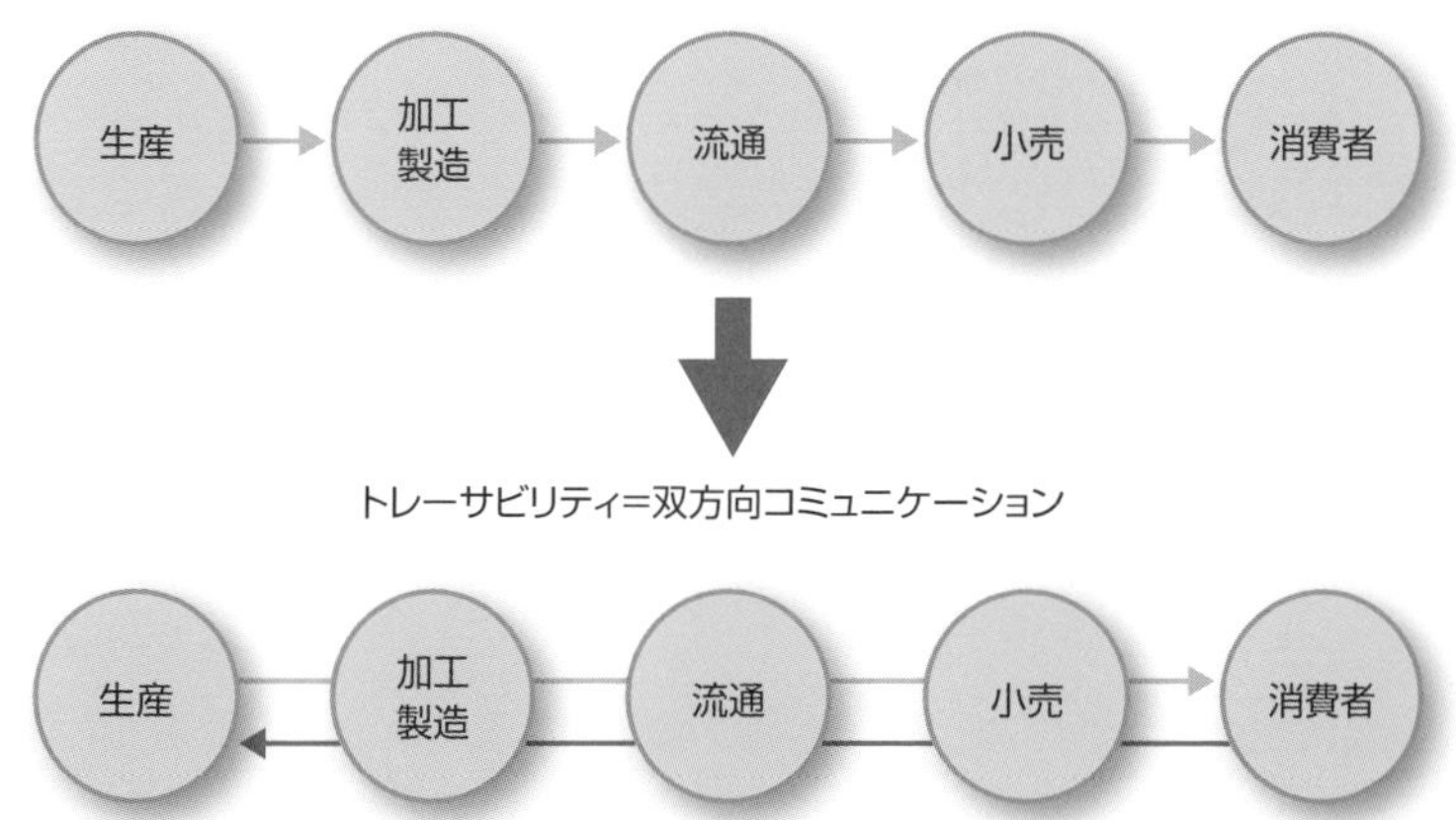

【IoTの活用】　箱詰めや加工の段階でICタグを付けることで、流通状況を把握することができる。

MEMO

漁業の成長産業化と漁業法改正のねらい

本章では漁業を成長産業とするための各種の取り組みと漁業法改正の狙いについて解説していきます。

1 現在の海洋秩序が構築された経緯

海の憲法と呼ばれる国連海洋法条約は日本国内の漁業にも大きな影響を与えました。

国連海洋法条約前と後

ほんの四〇年前までは、国家の主権が及ぶのは沿岸から数ｋｍの狭い海域でした。その外側は、**公海自由の原則**があり、どこの国でも自由に利用することができました。外国の船が、陸から見えるような場所まで入り込んで、好きなだけ魚を獲ることができたのです。現在の日本の漁業の仕組みは、他国の漁場を自由に利用できることを前提としています。

一九八二年の**国連海洋法条約**の採択によって、漁業を取り巻く環境が変わりました。他国の漁業は法改正をして、漁業の仕組みを変更しました。海外の漁場を利用していた日本は、国際的な枠組みの変化に反対をして、法改正をせず拒み続けました。

国連海洋法条約が変えた世界の漁業の枠組み

国連海洋法条約ができる前は、日本が最強の遠洋漁業国だったので、日本漁場に進出する他国の船は皆無でした。現在は日本の相対的な地位は低下しており、国連海洋法条約がなければ、日本の漁場は、中国など他国の漁船に実効支配されかねません。

国連海洋法条約によって、沿岸国は二〇〇マイルのＥＥＺの排他的利用権を得ました。それと同時に、最善の科学的な情報を活用して、乱獲を防止するために適切な管理措置を執ることが義務づけられました。新しい枠組みの元で、各国は自国の水産資源を管理して、持続的に利益を引き出す漁業の構築に励みました。

国連海洋法時代の漁業のあるべき姿

国連海洋法条約は、漁業のあり方を大きく変えました。その結果、漁業の目指すべき方向性も大きく変わりました。

公海自由の原則の時代には、国際的な早獲り競争に勝つための漁獲能力や漁場拡大能力が重要でした。日本は海外の未利用資源を積極的に開発し、世界一の漁業国に成長しました。

国連海洋法条約によっては、限られた自国のEEZから、持続的に利益を出すことが求められるようになりました。そこで重要なのが、乱獲をさけて、水産資源の生産性を維持するための漁獲規制（水産資源管理）です。規制をすると必然的に漁獲量は制限されることになるので、利益を出すには魚の価値を高めるためのマーケティングが必要になります。限られたEEZでの生産を高めるには養殖も有効な選択肢です。

国連海洋法が変えた漁業のあり方

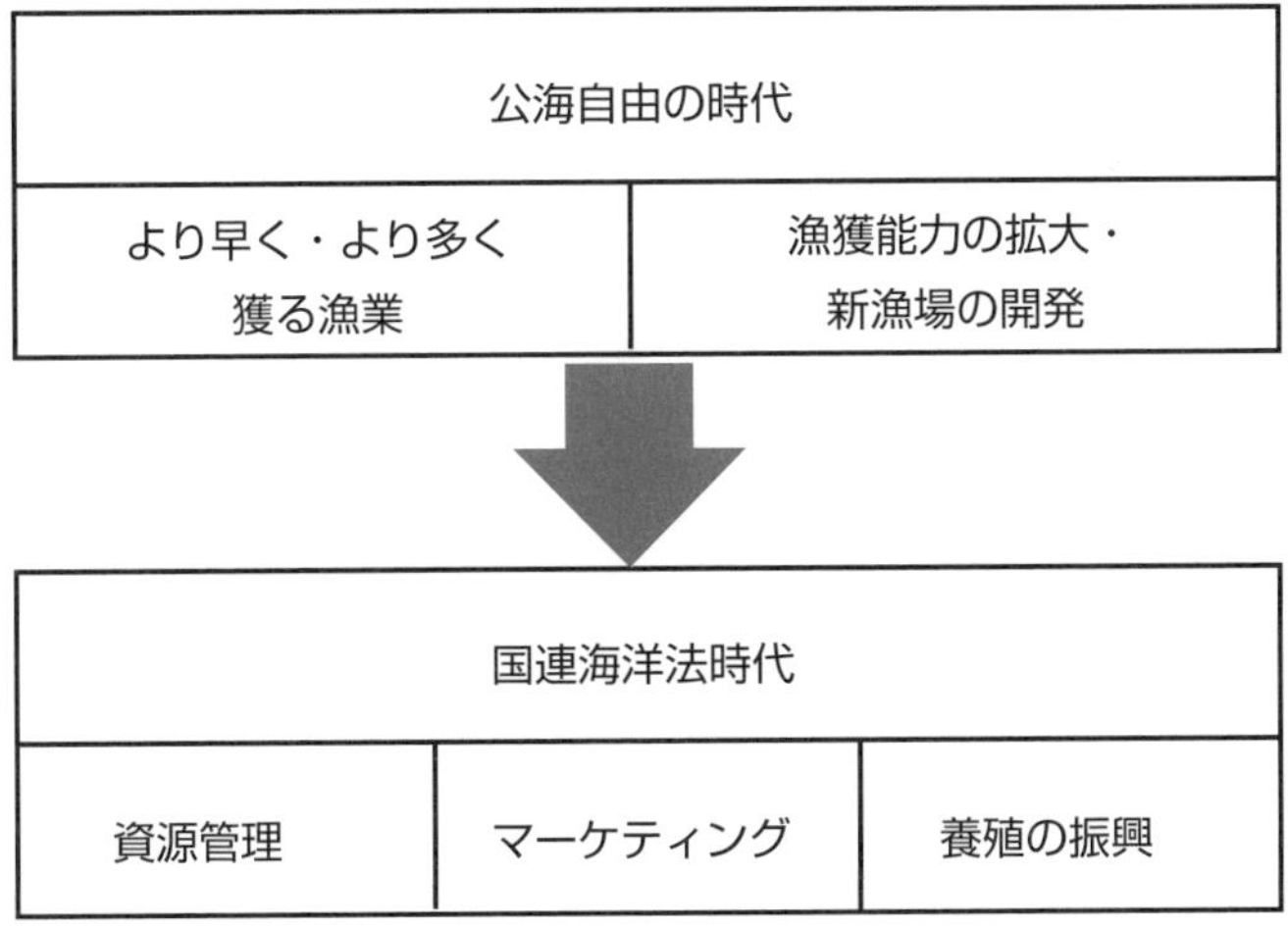

2 MSY（最大持続生産量）

国連海洋法条約では、水産資源を持続的に最大の漁獲を引き出せるような状態に維持することが義務づけられています。

漁業国の義務について

生物資源は、子供を産んだり、体を成長させたりすることで、自然に増加をします。そこが、鉱物資源のようにとったら無くなってしまう資源との違いです。生物の自然増加と釣り合ったペースで漁獲すれば、半永久的に獲り続けることができます。

生物資源が自然に増加する量を余剰生産と呼びます。生物資源から、持続的に最大の収穫を得るには、余剰生産が最大となる水準に資源量を固定して、増えた分だけ獲ればよいことになります。このような考え方を**最大持続漁獲量**（MSY*）と呼びます。

MSY（最大持続漁獲量）

左の図は、生物資源の余剰生産を模式的に表したものです。漁獲がない場合の初期資源量がB0です。B0はこれ以上資源が自然増加できない状態なので、余剰生産がゼロになります。未開発の状態から、漁獲によって資源を間引いていくと、餌や生息場所に余裕ができて、余剰生産が発生します。

ある程度の資源水準までは、資源が減るほど、それだけ環境に空が増えるので、余剰生産が増えます。しかし、あまりにも資源が減りすぎると、今度は十分な産卵親魚が確保できなくなり、余剰生産が減少していきます。そして、資源が絶滅をすると、余剰生産はゼロになります。

＊MSY　Maximum Sustainable Yieldの略。

MSY水準

資源量がゼロとB0のときに、余剰生産はゼロになり、その中間では正の値を取り、どこかで最大値になります。余剰生産の最大値をMSY、余剰生産が最大になる資源量を**MSY水準**（BMSY）と呼んでいます。

資源量がMSY水準を下回ると、生物の生産力が損なわれるので、**乱獲状態**と呼びます。資源量がMSY水準を下回らないように漁獲規制をすることが沿岸漁業国には求められています。その背景には、水産資源の持続可能性を維持しつつ、長期的な漁業生産を最大にしようという考えがあるのです。

MSY水準は、資源によって異なるのですが、一般的にはB0の二〇～六〇％程度といわれています。

MSYの概念図

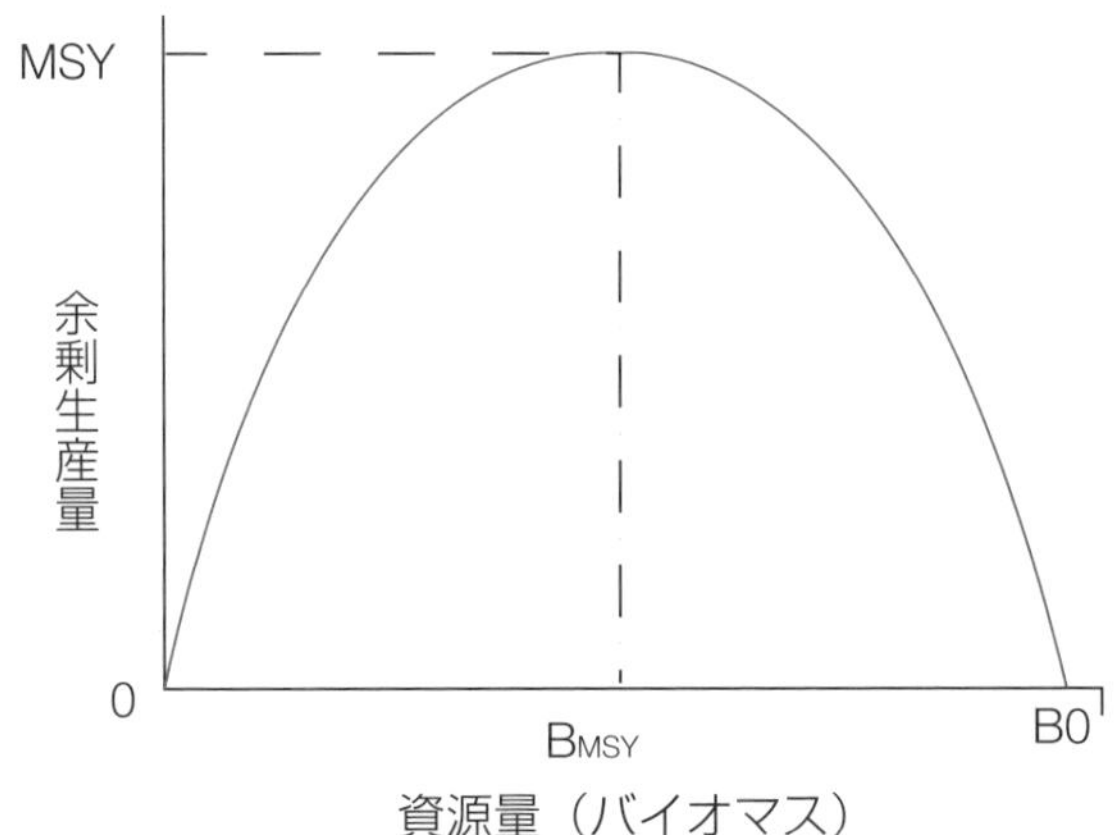

3 MSY管理の実例

アイスランドでは、漁獲規制によって漁業が高い利益を生む産業に生まれ変わりました。

アイスランドのカペリン漁業

ＭＳＹで管理されている資源の一例として、**アイスランド**のカペリン漁業を紹介します。**カペリン**は、キュウリウオ科の魚で、北太平洋及び北大西洋の寒い海に広く分布する回遊魚です。和名はカラフトシシャモで、漁獲が低迷している日本のシシャモの代替品として、日本国内でも流通しています。

アイスランドでは自国周辺のカペリン資源の漁獲規制を行っています。研究者は、この資源のＭＳＹ水準を四〇万トンと推定しています。漁期前にモニタリング調査を行い資源量を把握します。そして、四〇万トンの親魚が残るように、漁獲枠を設定します。漁期前の資源評価の精度が高いことから、目標水準に近い親魚量が維持できていることがわかります。

二〇〇八年には禁漁も

毎年、ほぼ一定の親魚を残しているにもかかわらず、漁獲量は大きく変動しています。親の量が一定でも卵の生残率が年によって変動するからです。

二〇〇七年までは、目標水準の親魚を残せていたのですが、二〇〇八年は卵の生き残りが悪かったことから、禁漁にしても目標となる親魚量が確保できない状況になってしまいました。この年には、アイスランド政府は漁獲枠を設定せず、禁漁にしました。迅速に親魚を保護したことから、すぐに資源量が回復し、漁業も再開しています。

もし、アイスランド政府が二〇〇八年以降も漁獲枠を設定し続けていたら、資源は減少して、結果として、漁業者が長期的に苦しむことになったでしょう。

カペリン

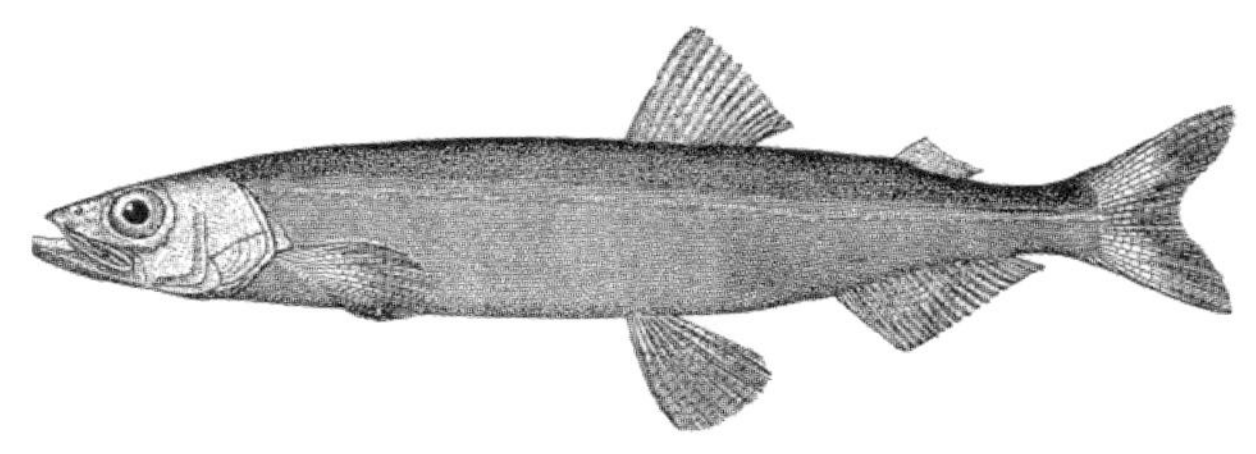

カラフトシシャモの名前で日本では親しまれている。

カペリンの漁獲量と産卵親魚量

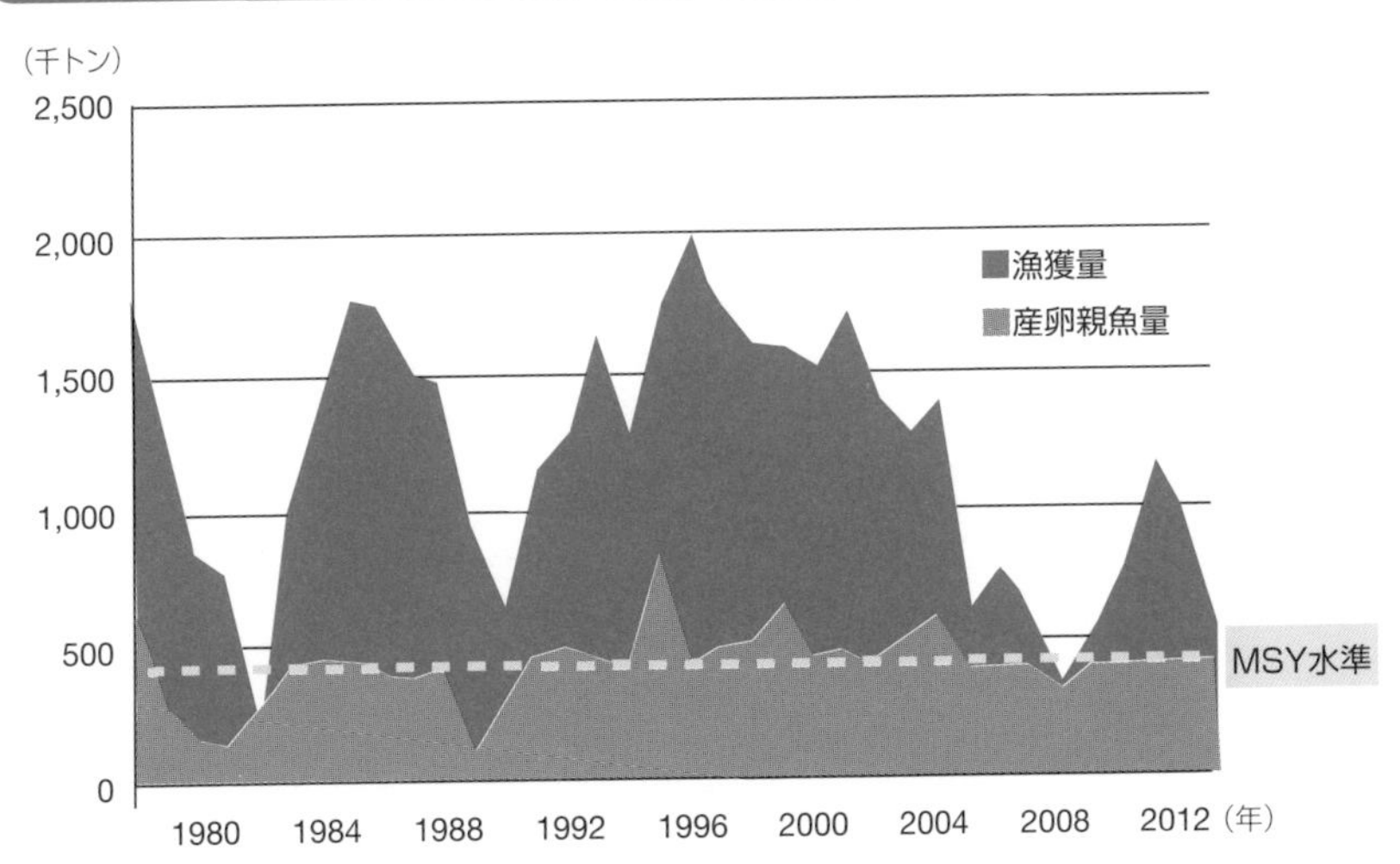

出所：ICES 資源評価のデータを元に著者作成

4 資源管理の基本的な考え方（入口規制と出口規制）

漁獲規制には、入口規制と出口規制という二つのアプローチがあります。

漁獲規制の二つのアプローチ

入口規制とは漁場に入る漁獲能力を制限するアプローチです。漁船の数は大きさ、出漁時間、漁具の仕様などを規制して、魚を捕りすぎないようにします。

出口規制は、水揚げされる漁獲量に上限を設定して、直接的に漁獲量を規制します。漁獲上限のことを漁獲枠とも呼びます。出口規制では、全体の漁獲量の上限（総許容漁獲量：TAC*）を設定します。

入口規制と出口規制は、それぞれ長所短所が異なるので、両者を組み合わせるのが通常です。

入口規制の長所・短所

入口規制は、資源の生産力に対して、適正な漁獲能力を維持する上で不可欠です。入口規制が不十分で、漁獲能力が過剰になると、漁業者には常に我慢を強いることになります。また、過剰な設備投資は漁業の収益を悪化させます。

一方で、入口規制には、不確実性が大きく、短期的な変動に適応しづらいという弱点もあります。先ほど紹介したアイスランドのカペリン資源のように、卵の生残率が変化して、水産資源が増えたり減ったりするのはよくある話です。そのたびに漁船の量や漁具を変更するのは現実的ではありません。

***総許容漁獲枠**　Total Allowable Catch. **TAC**と略される。

出口規制の長所・短所

予期せぬ資源減少に対応するには、いつでも漁獲にブレーキをかけられるように、出口規制を導入しておくことが必須です。

また、漁船や漁具の性能は日進月歩ですから、これまでと同じ船の数や出量日数でも、漁獲できる量は増えていきます。出口規制なら、こういった不確実性に影響されずに漁獲を規制できます。

出口規制の問題点としては、**混獲・投棄**があります。お金にならない魚が意図せずに獲れてしまった場合、漁獲枠を消化するのがもったいないので、海で捨ててくるのです。欧米では、混獲物の投棄を原則禁止にしたり、記録を義務づけたりしています。監視員を船に乗せて、混獲の記録をつけているケースもあります。

次のページで詳しく説明しますが、不適切な形で漁獲枠を設定すると、漁獲枠を巡る漁業者間の競争が発生して、漁業の生産性が下がることも知られています。

入口規制と出口規制

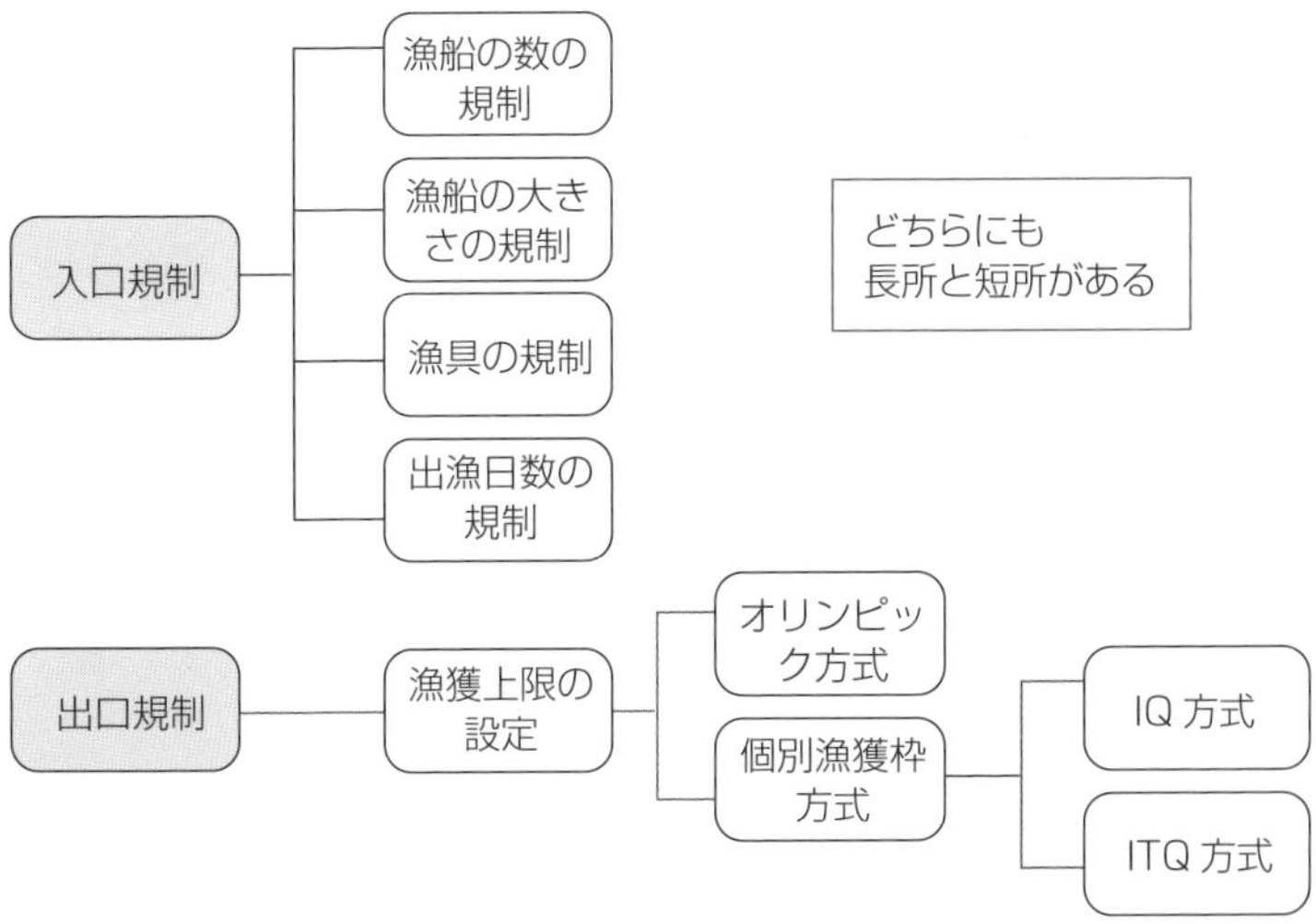

- 入口規制
  - 漁船の数の規制
  - 漁船の大きさの規制
  - 漁具の規制
  - 出漁日数の規制
- 出口規制
  - 漁獲上限の設定
    - オリンピック方式
    - 個別漁獲枠方式
      - IQ 方式
      - ITQ 方式

どちらにも長所と短所がある

5 漁獲枠の個別割当方式

一九九〇年代から、個別漁獲枠方式という出口規制の手法が急速に広まっています。

個別漁獲枠方式

あらかじめ漁獲枠を個々の漁業者に個別配分して、早獲り競争を防ぐ「**個別漁獲枠方式（IQ方式＊）**」が、多くの国で導入されています

一〇〇トンのTACを一〇人の漁業者で利用する場合に、漁獲枠をそれぞれの漁業者に一〇トンずつあらかじめ個別配分したとします。どれだけ急いで魚を獲っても、自分の漁獲枠一〇トンを消化した時点で、終漁となります。他の漁業者よりも早くとる必要がないので、非効率な早獲り競争のコストが不要になります。

漁業者は、多く獲ることよりも、重量あたりの単価を上げるような獲り方をするようになります。結果として、魚の品質が上がる傾向があります。

早獲り競争の弊害

一九八〇年代までの出口規制では、すべての漁業者が、漁獲枠を共有するのが一般的でした。全体の漁獲量をカウントして、漁獲量が漁獲枠に達したら、漁期が終わりになりました。この場合、限られた漁期の間により多くの漁獲をすることが重要になります。

魚が少なくなれば、漁獲枠もそれだけ少なくなり、早獲り競争が熾烈になっていきます。少なくなった魚の奪い合いに勝つために、漁業者はエンジンを強化したり、網を拡大したりして、漁獲効率を高めるための投資をします。皆で競争して獲っても、漁獲量は増えずに、漁期が短くなるだけで、漁業全体の生産性は上がらないので、漁業は利益を生まなくなります。

＊**IQ方式**　Individual Quota方式の略。

譲渡可能個別漁獲枠方式

個別漁獲枠方式が普及したのは、EEZが設定された後のことです。一九八〇年代に、ニュージーランド、ノルウェー、アイスランドなどが、独自にIQ方式を導入しました。そして、一九九〇年代に入ると、これらの漁業が収益性を高めて、経済成長していきます。この成功体験が後押しをして、世界中に広まっています。

アイスランドやニュージーランドなどいくつかの国では、個人に配分された漁獲枠の売買を容認しています。これを**譲渡可能個別漁獲枠方式（ITQ方式）**と呼びます。漁獲枠の売買が可能だと、利益が出せない経営体は、利益が出せる経営体に漁獲枠を販売して退出します。二酸化炭素の排出権取引と同様の考え方です。

限られた漁獲枠から大きな利益を生み出すことができるので、経済的な合理性はあるのですが、一部の資本に漁獲枠が集中する寡占化の問題も指摘されています。

世界の出口管理の方式

国名	主要魚種に対する漁獲枠管理方式［一］		
	個別割り当て方式（IQ/ITQ）	早い者勝ち方式	漁獲枠無し
アイスランド	○		
ノルウェー	○		
デンマーク	○		
ニュージーランド	○		
オーストラリア	○		
米国	○	○	
韓国	○		○
日本	△	○	○

日本は漁業法改正で2020年12月からIQ方式を導入予定。

6 日本の漁獲規制

日本の漁獲規制について見ていきます。

不十分な公的機関による規制

現行の日本の漁獲規制は、漁業者の自主規制が中心になっています。日本の法制度において、資源を守るという発想があまりありません。必然的に、公的機関による規制は他国と比べてゆるくなります。

入口規制は、漁船のトン数制限や漁場、魚種の許認可など最低限のものしかありません。漁獲可能な最小サイズなどきめ細やかな規制を行われていません。

また、行政が漁獲枠を設定しているのはたった八魚種にすぎません。しかも、頑張っても取りきれない過剰な漁獲枠が設定されているために、実質的な規制をしていないのと大差がありません。入口規制、出口規制ともに不十分な状態です。

漁業者の自主規制の長所と短所

日本でも、漁業権漁業については、漁協の組合員で話し合って、ルールを決めています。漁業者が自ら決めるために、当事者にとって理不尽な規則になりません。また、話し合いで決めた皆のルールは、守られる傾向があります。

日本の漁業者の自主管理は、共同漁業権で利用する小規模資源の管理には適しているのですが、大規模な資源の場合、漁業者が全員で話し合いをする場が存在しないので、自主管理はそもそも不可能なのです。

自主管理では、自分たちがどこまで我慢をできるかが、判断基準になり、科学的な視点を欠きがちで、管理効果が検証されないという問題があります。

自主管理の事例（秋田県のハタハタ漁業）

秋田県では、減少したハタハタ資源を守るために、漁業者が自主的に三年間の禁漁を行いました。禁漁後に一時的に資源が増えて、漁獲量も増加をしたことから、自主管理の成功事例として、取り上げられることも多かった事例です。残念ながら、漁獲量は十分に回復する前に、再び減少しています。

秋田県のハタハタの漁獲規制が十分な成果を上げられなかった要因の一つは、ハタハタが広域分布資源であることです。ハタハタの漁獲の中心は秋田県ですが、ハタハタ資源は日本海の広範囲に分布していて、西は鳥取県まで漁獲があります。他県で規制がない中で秋田県だけの自主的な取り組みができたというのは、素晴らしいことですが、秋田県単独の規制では限界があります。国がハタハタ資源にとって適切な漁獲枠を設定した上で、各県に漁獲枠を配分するような仕組みがあれば、違う展開になっていたでしょう。

秋田県におけるハタハタ漁獲量の推移

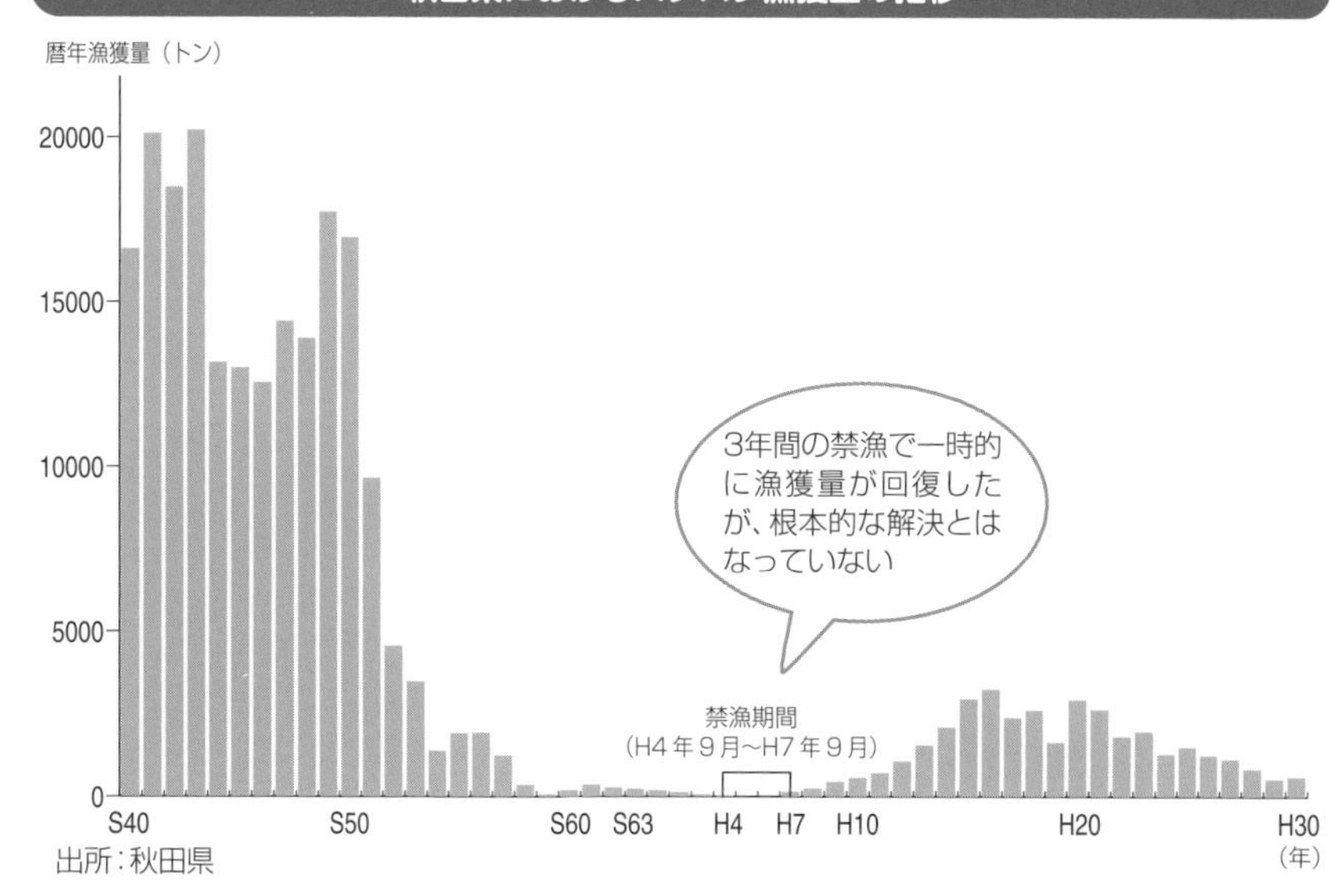

出所：秋田県

7

日本のTAC制度

日本政府は、八つの魚種に漁獲枠を設定しています。しかし、資源管理として機能しているとは言いがたい状況です。

日本における出口管理

日本は、一九九六年六月に国連海洋法条約に批准し、同年七月二〇日(国民の祝日「海の日」)に発効しました。日本でも国連海洋法条約の管理義務を果たすために、海洋生物資源の保存及び管理に関する法律(通称**TAC**＊**法**)という新しい法律を付け加えて、出口規制を始めました。

TAC法が成立してから二〇年以上が経過しましたが、現在でも八魚種にしか漁獲枠が設定されていません。日本よりも漁獲量も少ない米国が約五〇〇魚種に、ニュージーランドは約一〇〇魚種に漁獲枠を設定しているのと比較すると、その少なさがわかります。

日本のTAC制度の問題点

魚種の少なさ以上に問題なのが、多く獲りたい漁業者の意向に従って、過剰な漁獲枠が慢性的に設定されている点です。

左ページの上の図は、サンマの漁獲枠と漁獲量を示します。常に漁獲量よりも多くの漁獲枠が設定されています。サンマ資源は、近年減少が顕著で、漁獲量二〇一九年には三・九万トンまで減少しました。にもかかわらず、漁獲枠は二六・四万トンに固定されたままです。これでは資源を守る効果は期待できません。

過剰な漁獲枠設定は、サンマだけではありません。すべての魚種の漁獲枠の消化率を計算すると、平均四割の枠が余っています。

＊**TAC**　Total Allowable Catchの略。総漁獲可能量という。

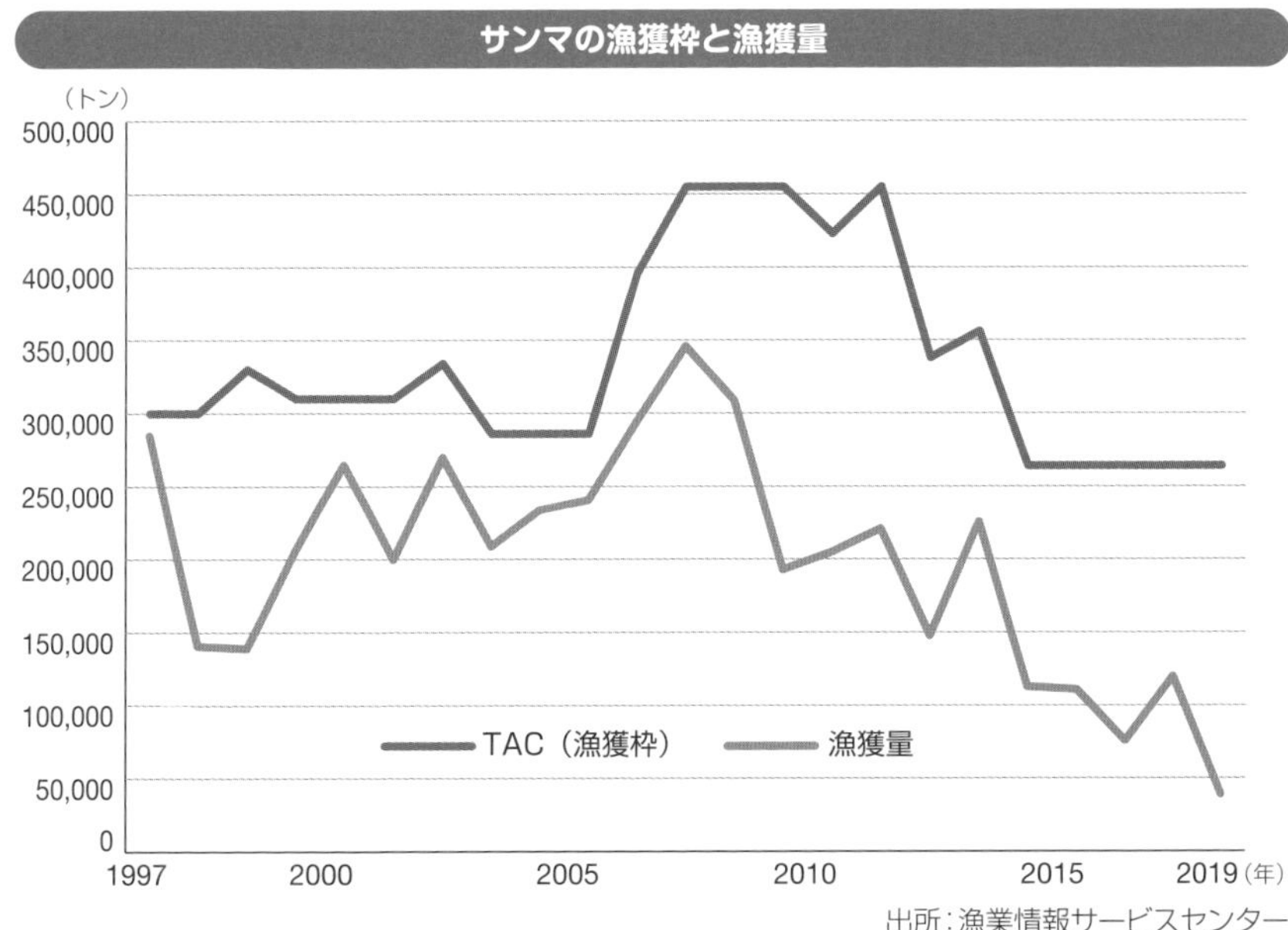

出所：漁業情報サービスセンター

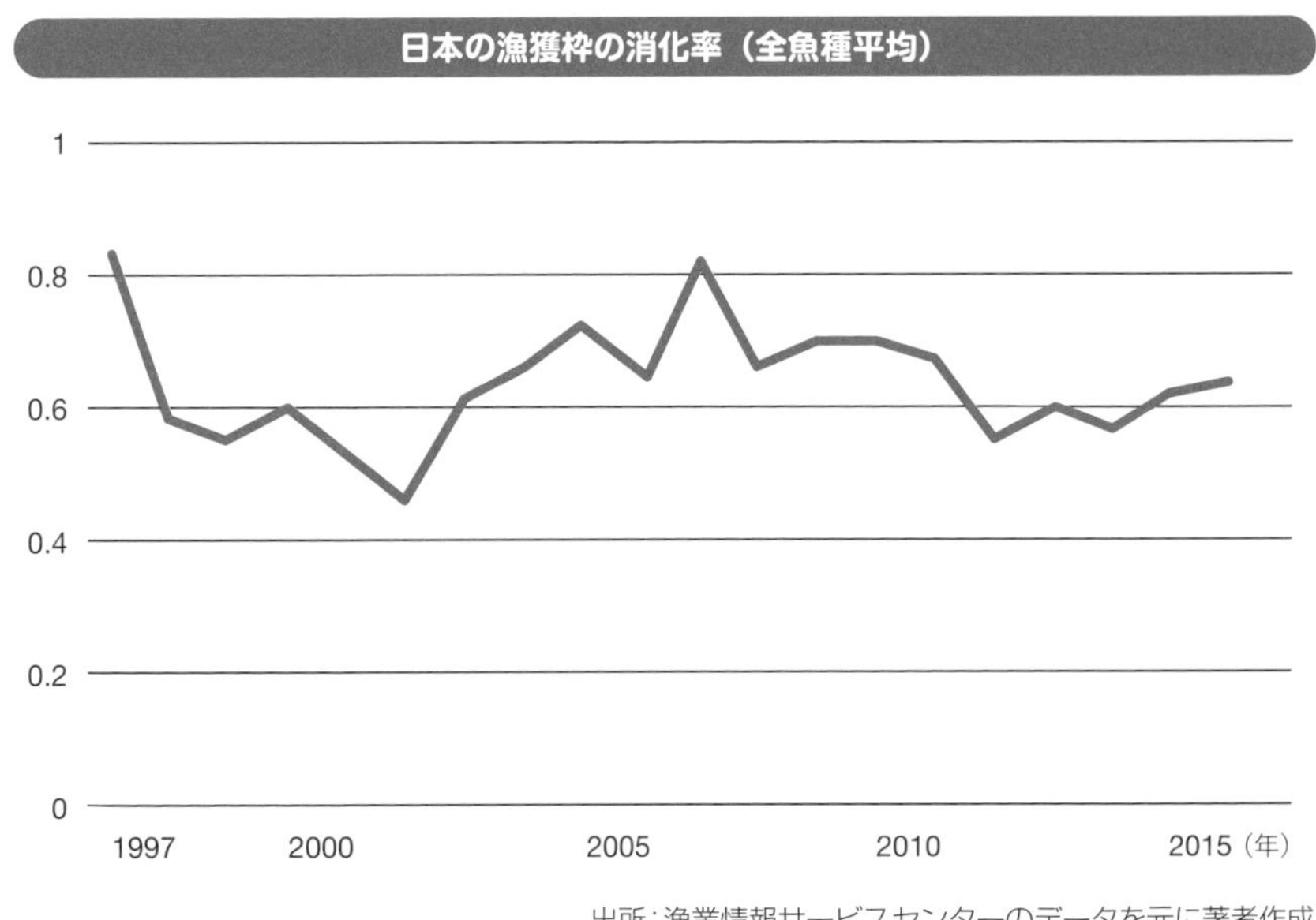

出所：漁業情報サービスセンターのデータを元に著者作成

8

改正漁業法

二〇一八(平成三〇)年一二月一四日、「漁業法等の一部を改正する等の法律」が公布されました。七〇年ぶりに漁業法が改正されたのです。これまでの漁業法とどこが違うのでしょうか。

漁業法改正の概要

実に七〇年ぶりの漁業法の改正ですが、その目的は次のように書かれています。

漁業は、国民に対し水産物を供給する使命を有しているが、水産資源の減少等により生産量や漁業者数は長期的に減少傾向。他方、我が国周辺には世界有数の広大な漁場が広がっており、漁業の潜在力は大きい。適切な資源管理と水産業の成長産業化を両立させるため、資源管理措置並びに漁業許可及び免許制度等の漁業生産に関する基本的制度を一体的に見直す。

七〇年ぶりの改正なので、細かい修正は多岐に渡りますが、最も大きな変更が加えられたのは、資源管理です。

国による資源管理

昭和の漁業法は、食糧難という時代背景から、水産資源の持続可能性についての配慮が不十分でした。改正漁業法では、国が責任を持って水産資源を持続的に管理する枠組みになっています。国連海洋法条約の沿岸国の義務を果たそうとしていうことです。

【資源管理の基本原則】

・資源管理は、資源評価に基づき、漁獲可能量（TAC）による管理を行い、持続可能な資源水準に維持・回復させることが基本（第八条）

・TAC管理は、個別の漁獲割当て（IQ）による管理が基本（IQの準備が整っていない場合、管理区分における漁獲量の合計で管理）（第8条）

その他の変更点

養殖についても、利用されていない漁場に新規参入を促すための修正を行いました。日本では企業が養殖に参入する障壁が高くなっています。漁場が空いていても、漁協が企業に特定区画漁業権を与えなかったり、企業が養殖に参入すると高額の漁業権公使量を要求されたりといった事例もありました。そこで次のような改変が加えられました。

【漁業権を付与する者の決定】

既存の漁業権者が漁場を適切かつ有効に活用している場合は、その者に免許。既存の漁業権がない等の場合は、地域水産業の発展に最も寄与する者に免許(法定の優先 順位は廃止)(第73条)

空いている漁場は、企業による養殖の参入を認めると同時に、すでに参入している企業は組合員と同等の権利を得ることになりました。

特定区画漁業権の見直し

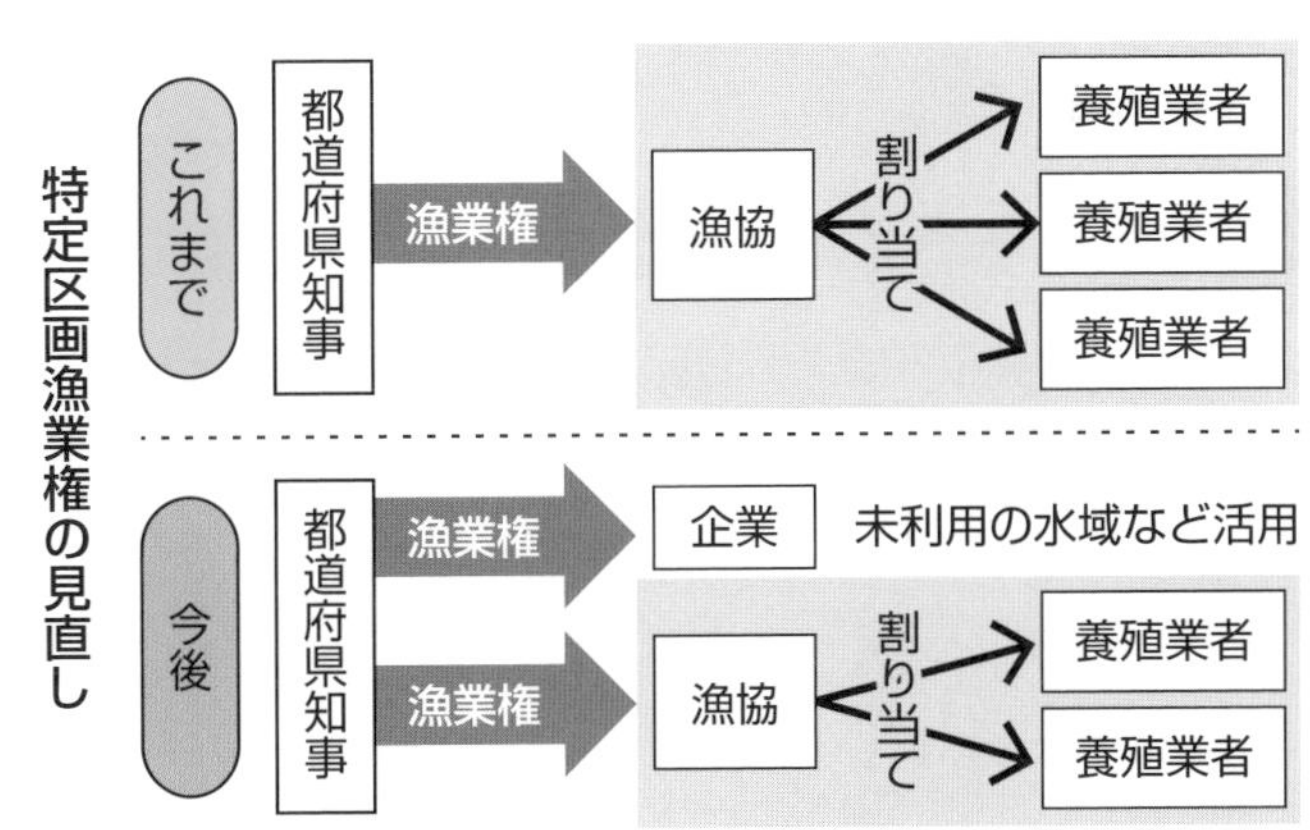

9

新しい資源管理の仕組み

改正漁業法の資源管理の仕組みについて見ていきましょう。

漁獲規制の流れ

国が主導の個別漁獲枠方式の出口規制を導入します。漁獲量全体の八割をカバーできるように管理対象魚種を設定する予定なので、大規模な資源はほとんどが対象になるでしょう。

それぞれの管理対象種について、国が全体の漁獲枠を設定します。次に全体の漁獲枠を大臣許可漁業と知事許可漁業に配分します。大臣許可漁業については、国が直接漁獲枠を配分します。船ごとに配分するのではなく、漁業種類・海域ごとに配分して、内部で調整・運用をするようです。

知事許可については、都道府県ごとに枠を配分し、そこから先は知事の権限で調整をすることになります。

MSY水準が管理目標

個別割当方式を導入したとしても、これまで通り過剰な漁獲枠が設定されていたら意味がありません。これまでのTAC法では資源管理の目標が設定されていなかったので、持続可能性を無視した過剰な漁獲枠設定が可能でした。改正漁業法では、国連海洋法条約に準拠して、MSYを実現する水準以上に資源を維持・回復することが目的になりました。国際水準のMSYが管理目標として設定されたことから、以前のような恣意的な漁獲枠運用がやりづらくなるはずです。

二〇二〇年一二月から、改正漁業法が発効します。漁獲枠が適正に設定されているか、注意深く見守る必要があるでしょう。

都道府県の役割が重要

　魚業法の改正で、大きな役割が期待されているのが都道府県です。沿岸の小規模漁業は地域によって、千差万別です。漁獲枠の配分に当たっては、その資源に対する依存度や、その資源を利用できない場合の代替漁業の有無、加工流通業への影響など、様々な要素を考慮する必要があります。

　北海道から沖縄まで全ての小規模漁業の実情にあった漁獲枠配分を国が行うのは困難です。そこで、より現場に近い都道府県が、地元の声を反映させながら、その地域の実情にあった配分を行うことになりました。沿岸漁業の許認可権限は都道府県知事なので、知事の裁量で県内の調整をするのは、法的にも整合性があります。

　都道府県には、これまで以上に資源管理・漁業調整に関与することが期待されています。

日本の漁獲枠配分の仕組み

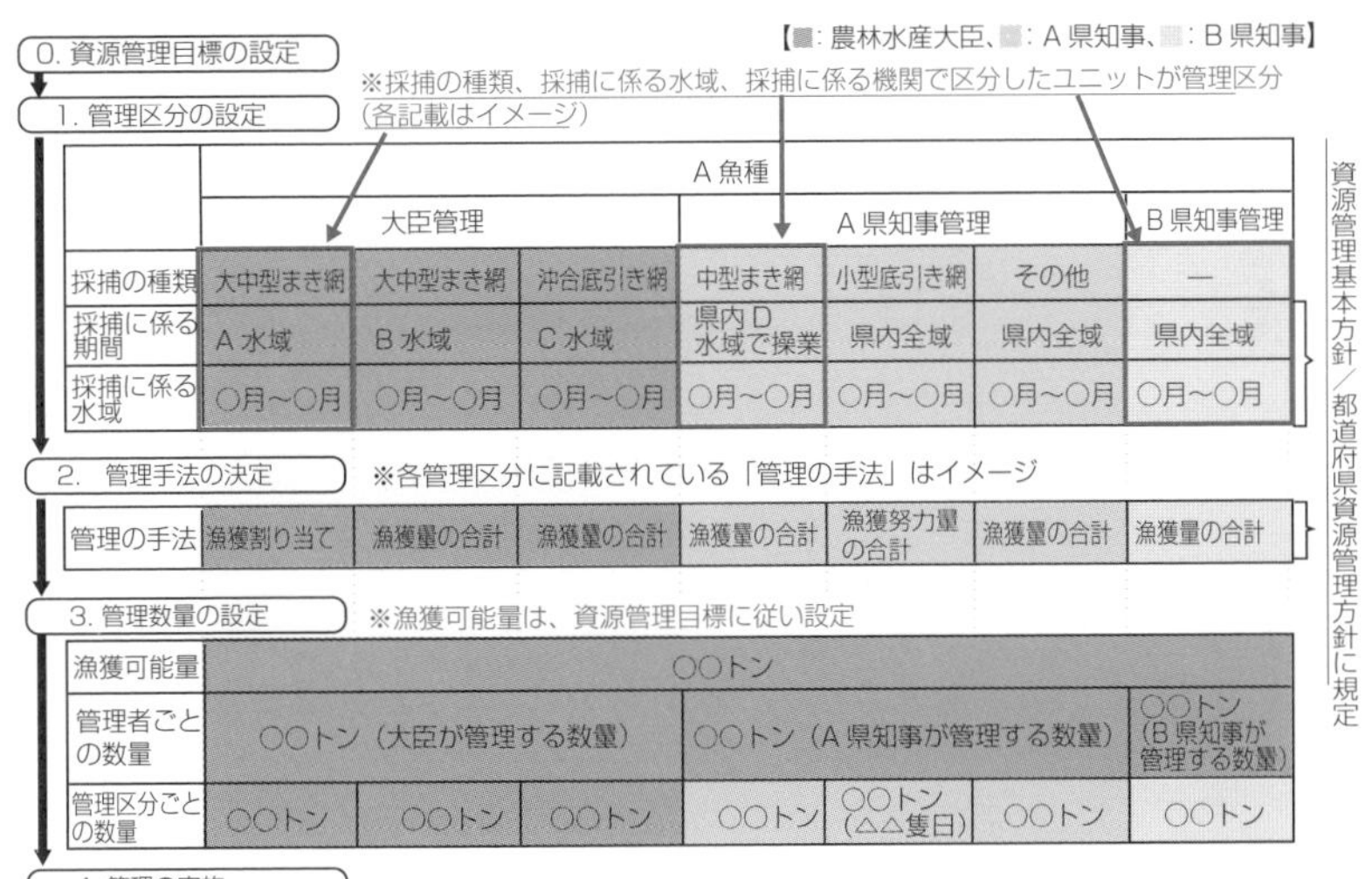

出所：水産庁資料

【沿岸漁業の許認可権限】 詳細は3-8節、3-9節を参照。

MEMO

持続可能な水産業への取り組み

世界では、水産業の持続可能性への関心が高まっています。

この章では、持続可能性に関連する情報を整理してきます。

1 持続可能な漁業の概念

持続可能な漁業というのは、比較的新しい概念であり、その定義は現在も発展中です。

持続可能な漁業の概念

貝塚などの遺跡が示すように有史以来、人類は水産物を利用してきましたが、漁業の持続可能性という概念が登場したのは最近のことです。過去三〇年の間に、持続可能な漁業への要求は急速に広まっています。

持続可能性が重要であることに異論がある人はいないと思いますが、何をもって持続可能な漁業とみなすかは、難しい問題です。

日本を始めとする多くの国で、過度な漁獲によって水産資源が減少しているのですが、「自分は乱獲をしている」と主張する漁業者はほぼ皆無です、漁業者の自己申告だとほとんどの漁業が持続可能になってしまうのです。第三者が客観的に漁業の持続可能性を判断する必要があります。

カナダのタラ資源の崩壊

カナダの東海岸、ニューファンドランド沖に広がる大陸棚は、**グランドバンクス**と呼ばれる世界屈指の**タラ**の好漁場でした。

大西洋タラは欧州では伝統的に価値が高い魚で、タラの漁場を巡って、アイスランドとイギリスが国際紛争(**タラ戦争**)を起こすような事態に発展したこともあります。グランドバンクはタラの宝庫で、「タラの上を歩けるぐらい」資源が豊富だったそうです。

一九九一年に乱獲によって資源が崩壊し、四万人もの漁業関係者が失業しました。カナダ政府は禁漁に近い措置を続けているのですが、現在までタラ資源は回復しません。

責任ある漁業に関する議論

　グランドバンクスのタラ資源は、カナダ政府の規制によって、資源は回復に向かっていると思われていました。にもかかわらず、突如として崩壊したことは、世界の水産関係者に大きな衝撃を与えました。漁業関係者のみならず、タラを多く扱っていた、量販店や飲食店、さらには、消費者にも大きな影響が出ました。

　国連海洋法条約で沿岸国にMSY状態を維持する義務が規定されました。しかし、実際に適切な規制が行われているかどうかを誰もチェックしておらず、沿岸国の自主性に任されている状態です。

　カナダのタラ資源の崩壊をきっかけに、漁業の持続可能性への関心が世界的に高まり、次世代に水産資源を残すために漁業が果たすべき責任について、活発な議論が巻き起こりました。

　国連のFAOを中心に議論がすすみ、責任ある漁業の行動規範が採択されました。この行動規範をベースに水産エコラベルやSDGsなど様々な取り組みが、行われています。

漁業の持続可能性に関する年表

1982	国連海洋法条約が採択される
1991	ニューファンドランドのタラ資源の崩壊
1997	FAO持続可能な漁業の行動規範 水産エコラベルの発達
2000	MSCが初認証
2015	SDGsが採択される

FAOの責任ある漁業の行動規範　2

国連のFAOが中心になって、漁業が果たすべき責任について議論を行いました。

責任ある漁業の行動規範の内容

FAOは一九九五年に**責任ある漁業の行動規範**＊を採択しました。全一二条の条文からなる行動規範は、漁業、養殖業、途上国への配慮、水産研究など、多岐にわたる内容がカバーされています。

この行動規範は、法的拘束力を持たない自主的な規範と位置づけられています。漁業に関する全ての国々や人々が自ら責任をもって行動規範を実現していることが求められています。なくても罰則等はありません。なので、行動規範に準じていなくても罰則等はありません。それどころか、FAOでは個々の漁業が行動規範に合致しているかどうかの判断をしません。すべては漁業国の自主性に任されています。

責任ある漁業とは

一九九〇年前後は、世界の漁業は悲観的な状況にありました。一九八〇年代に導入されたIQ方式による資源管理は成果が十分に出ておらず、多くの資源の状態が悪化していました。このまま漁業を続けていたら、水産物がなくなってしまうのではないかという強い懸念があったのです。

水産物は、今現在生きている人間だけのものではありません。未来の世代も我々と同じように豊かな海の幸の恵みを享受する権利があります。海洋生態系のサービスは地球にとって不可欠なものです。漁業をする上で、環境や次世代に配慮をする責任があり、その責任を明文化したものが責任ある漁業の行動規範です。

＊**責任ある漁業の行動規範**　Code of Conduct for Responsible Fisheries。

責任ある漁業の行動規範の内容

第１条：規範の性質と範囲(Nature and Scope of the Code)

第２条：規範の目的(Objectives of the Code)

第３条：他の国際文書との関係(Relationship with Other International Instruments)

第４条：実施、モニタリングおよびアップデート(Implementation, Monitoring and Updating)

第５条：発展途上国の特別な要求(Special Requirements of Developing Countries)

第６条：一般原則(General Principles)

第７条：漁業管理(Fisheries Management)

第８条：漁業操業(Fishing Operations)

第９条：養殖開発(Aquaculture Development)

第10条：漁業の沿岸域管理への統合(Integration of Fisheries into Coastal Area Management)

第11条：漁獲後の扱いと貿易(Post-harvest Practices and Trade)

第12条：水産に関する研究(Fisheries Research)

3 水産エコラベル

責任ある漁業の行動規範が遵守されているかどうかを判断するための、水産エコラベルが欧米では浸透しています。

エコラベルとは？

水産物を購入する際に、一般消費者は品物を見ただけでは、持続可能な漁業に由来する水産物とそうでない水産物の区別がつきません。価格だけを判断基準にすると、環境配慮のためのコストを払っていない無責任漁業の方が安くなるケースが多くなります。

消費者が環境に配慮した製品を購入する目印が**エコラベル**です。エコラベルはドイツが起源で、日本では**エコマーク**とも呼ばれています。

水産エコラベルの場合は、その漁業が責任ある漁業の行動規範を遵守しているかを審査して、持続可能な水産物にはラベルを表示します。そのラベルを目印にすると、消費者は持続可能な水産物を応援できます。

混乱を招いたエコラベルの乱立

ＦＡＯが行動規範を採択したけれども、個々の漁業が行動規範を満たしているかどうかは判断しませんでした。そこで、環境ＮＧＯが中心になって、個々の漁業が行動規範に準拠しているかどうかを判断するエコラベルを作りました。

一九九〇年代後半に、多くの団体が独自の水産エコラベルを開発しました。しかし、団体によって、着目部分が違ったことから、あるエコラベルで推奨された漁業が、他のエコラベルだと逆の結果になるようなことも起こり、市場の混乱と業界からの批判を招くことになりました。現在は淘汰が進みつつあり、**MSC**が世界のデファクトスタンダードとなっています。

様々な水産エコラベル

MARINE STEWARDSHIP COUNCIL

AIDCP - APICD
Dolphin Safe

Australian
Southern Rocklobster
clean. green.

KRAV

RESPONSIBLE
FISHING SCHEME

FRIEND OF THE SEA

fair-fish

HENRY & LISA'S
NATURAL SEAFOOD
Nurture Your Health

PECHE RESPONSABLE

Naturland
WILDFISH

ICELAND
RESPONSIBLE FISHERIES

SAFE

FISH
WISE

ALASKA SEAFOOD

4

水産エコラベルMSC

乱立する水産エコラベルの世界標準となったのはMSCのエコラベルです。

MSCの起源

カナダのタラの資源崩壊に危機感を抱いた大手小売りユニリーバ社は、自然保護団体WWFと協力をして、持続可能な水産業を応援するための仕組みづくりを開始しました。これが**MSC**＊の発端です。一九九九年にMSCはこれらの組織から独立した非営利団体となりました。

MSCは、漁業の持続可能性を審査し、厳しい基準をクリアした漁業のみがMSCのエコラベルを貼ることが許されます。

MSCは、流通・小売り業者にも、認証水産物がその他の水産物と混ざらないような対策ができていることを示す管理認証（**CoC認証**）の取得を義務づけています。

MSCの世界的な広がり

二〇〇〇年にオーストラリアの伊勢エビ漁業やアラスカのサケ漁業が認証を取得し、最初のMSC認証製品が誕生しました。

それ以来、MSC認証水産物の生産量は右肩上がりで増加し、二〇一九年の認証水産物の量は、一一八〇万トンに達しました。これは世界の漁業生産の一五％に相当します。

現在までに、世界四一カ国の三六一の漁業が認証を取得しており、現在も一〇九の漁業が審査中です。

サケ、エビ、カレイ、白身魚など、欧州で人気が高い水産物では認証が進んでおり、これらの魚種では、天然漁獲量の四〇～七〇％が認証されています。

用語解説

＊**MSC**　Marine Stewardship Councilの略。

日本におけるＭＳＣ

二〇〇八年に京都府機船底曳網漁業連合会のズワイガニとアカガレイ漁業がＭＳＣの認証を取得しました。日本およびアジアで初のＭＳＣ認証漁業となります。その後も、北海道のホタテ漁業や一本釣りカツオ漁業などがＭＳＣを取得しています。

永らくエコラベル不毛であった日本でも徐々にエコラベル審査に取り組む漁業者が増えてきました。今後の発展に期待をしたいところです。

残念ながら、日本ではＭＳＣはあまり普及しておらず、漁獲量に占める認証漁業の割合は世界水準よりも低くなっています。

その理由の一つは消費者の認知度の低さです。日本では、水産物を買うときに、エコラベルを気にする消費者は少数派です。エコラベルが差別化要因にならないので、プレミアムが発生しません。

また、国が漁獲規制に消極的で、資源状態が総じて悪いために、現状では認証を取れる漁業は限られています。

MSC 認証水産物の増加

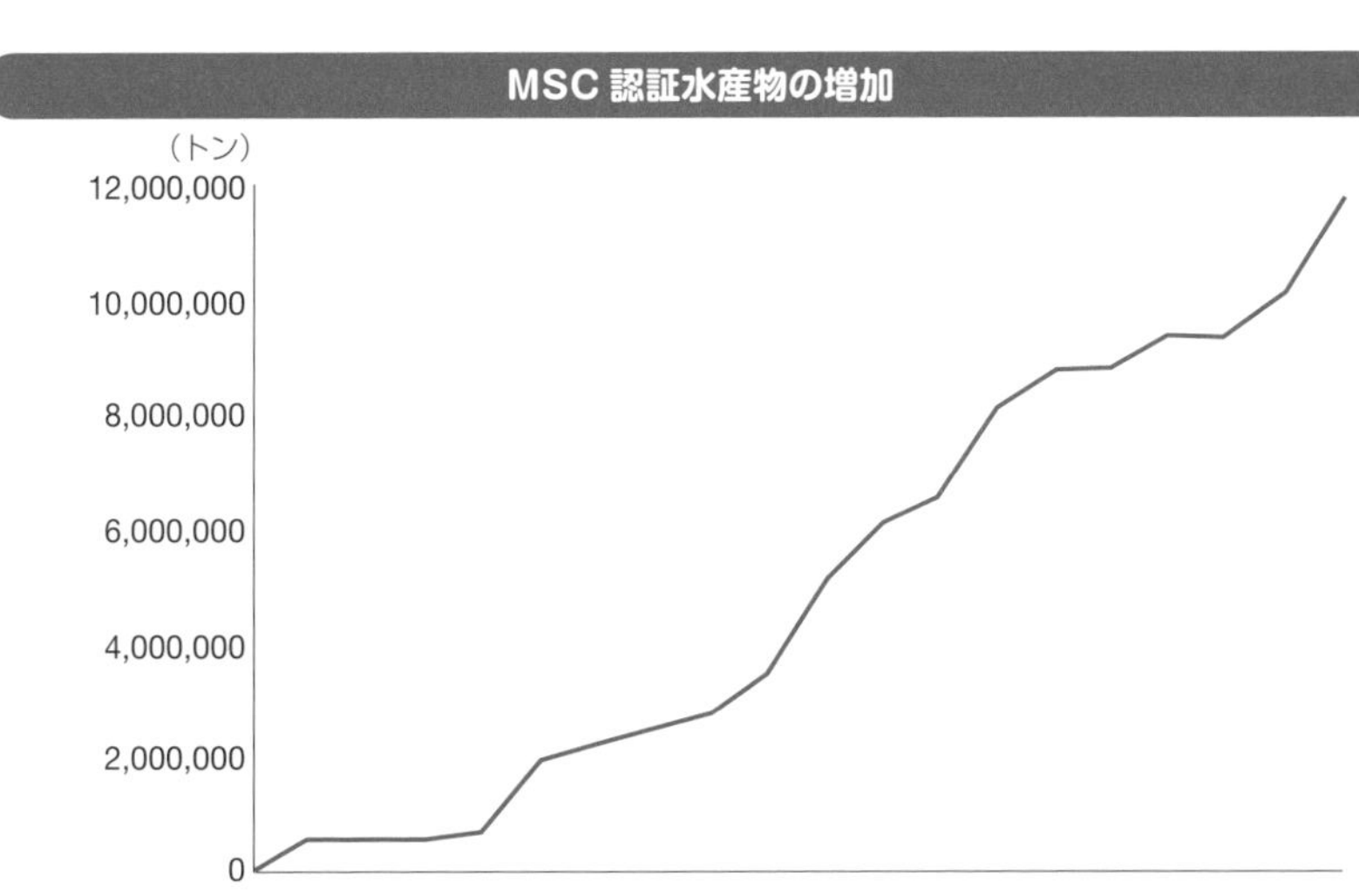

出所：The MSC Annual Report　2018-19
https://www.msc.org/docs/default-source/default-document-library/about-the-msc/msc-annual-report-2018-2019.pdf?sfvrsn=e37c6f59_7

5 日本の消費者意識

日本では、乱獲が社会問題にならないし、エコラベルの認知度も低い状態が続いています。その背景には、日本の消費者の持続可能性に対する意識の低さがあります。

調査の概要

調査会社Ｉｐｓｏｓが世界経済フォーラムのために、世界各国の水産物の持続可能性に関する意識調査を行いました。こちらのレポートはインターネットでも公開されており、誰でも見ることができます。

この調査は、二八の主要な水産物消費国で、月に一度は魚を買う一六歳から七四歳を対象に持続可能性に関する意識調査を行ったものです。このレポートは、インターネット上に公開されているので、誰でもダウンロード*することができます。

持続可能性への意識の低さ

調査の結果、絶滅危惧種を避ける意識や、持続可能な水産物を選ぶ意識が、日本の消費者だけ極端に低いことがわかりました。

日本では絶滅危惧種の購入を避ける消費者は全体の三八％で、二八カ国中最下位でした。日本の次に低かったロシアは七〇％ですから、日本のみが突出して低いことがわかります。持続可能な水産物を選ぶ意識も日本は四〇％で最下位。同じく下から二番目のロシアは七三％でした。地元産の水産物を選ぶ意識についても日本は五二％と最低でした。内陸国のハンガリー（六三％）よりも低いというのは考えさせられるものがあります。

規制に対しても否定的

消費者が漁獲規制を支持するかどうかについての調

＊**誰でもダウンロード**　https://www.ipsos.com/sites/default/files/ct/news/documents/2020-01/report-sustainable-fishing-global-advisor-20191202.pdf?fbclid=IwAR25ePQjZtSNbO_cZR8Q-9_9i9MrhYrkZ2nLwhaJZ_vibOPCVa0gJCTUPlQ

査もなされています。こちらの調査でも日本が突出して意識が低いという結果が得られています。

日本で、絶滅危惧種の禁漁を支持するのは四七％に過ぎませんでした。小売りや飲食での絶滅危惧種の販売禁止、乱獲や過剰設備、違法漁業に繋がる漁業の補助金の禁止（四八％）、飲食小売りに販売する魚種が健全であるかどうかを開示するよう求める（三九％）といった項目も日本が最低になっています。

世界ではここ二〇年ぐらいの間に消費者レベルでの持続可能性に関する意識が進みました。日本では、そのような消費者意識の変容が進んでおらず、水産資源の持続可能性に関心が無いし、非持続的な漁業を規制する必要性を感じていないということになります。

ウナギでも、マグロでも、非持続的な消費活動は、未来の食卓から選択肢を奪うことになります。日本の食の未来を守るためにも、持続可能な漁業を応援する消費者を増やす必要があるでしょう。

消費者意識の国際比較

	合計	中国	英国	日本	南アフリカ	アメリカ
サステイナブルな水産物を選ぶ	80	85	87	40	85	80
地元の水産物を選ぶ	72	75	67	52	70	65
絶滅危惧種の禁漁を支持	77	82	77	47	76	68
商店で絶滅危惧種の販売禁止を支持	77	82	79	48	79	72

(%)

出所：IPSOS

6 SDGs

国連のSustainable Development Goals（持続可能な開発目標）の目標一四「海の豊かさを守る」では漁業についても取り上げられています。

SDGsとは

ＳＤＧｓ「Sustainable Development Goals（持続可能な開発目標）」とは、二〇一五年九月の国連サミットで採択された持続可能でより良い世界を目指す国際目標です。国連加盟一九三カ国が二〇一六年から二〇三〇年の一五年間で達成するために掲げた目標で、一七のゴール、一六九のターゲットから構成されます。環境面ばかりでなく、人権についても重視されています。

海洋に関しては、**目標一四**「持続可能な開発のために海洋・海洋資源を保全し、持続可能な形で利用する」が対応しています。目標一四には一〇のターゲットが設定されていますが、そのうちの半分以上が漁業に関連しています。

海の豊かさを守るの内容

ＳＤＧｓでは、それぞれの目標のなかに、いくつかのターゲットが設定されています。目標一四には、一二個のターゲットが設定されています。

ターゲット1〜3は、海洋環境に関するものです。ターゲット4が乱獲、ターゲット5が海洋保護区、ターゲット6が漁業補助金、ターゲット7が途上国の水産海洋産業の持続的発展、ターゲットaは途上国への技術移転、ターゲットbが小規模漁業者の資源と市場へのアクセス権、ターゲットcが国連海洋法条約（ＵＮＣＬＯＳ）の実施です。

漁業と関連が深い14・4、14・5、14・6、14・bについて、次項から詳しく見ていきます。

【日本のSDGsの管轄】 日本では外務省のホームページにSDGsの詳細が紹介されている（https://www.mofa.go.jp/mofaj/gaiko/oda/sdgs/about/index.html）。

ターゲット14の内容

14.1	2025年までに、海洋ごみや富栄養化を含む、特に陸上活動による汚染など、あらゆる種類の海洋汚染を防止し、大幅に削減する。
14.2	2020年までに、海洋及び沿岸の生態系に関する重大な悪影響を回避するため、強靱性(レジリエンス)の強化などによる持続的な管理と保護を行い、健全で生産的な海洋を実現するため、海洋及び沿岸の生態系の回復のための取組を行う。
14.3	あらゆるレベルでの科学的協力の促進などを通じて、海洋酸性化の影響を最小限化し対処する。
14.4	水産資源を、実現可能な最短期間で少なくとも各資源の生物学的特性によって定められる最大持続生産量のレベルまで回復させるため、2020年までに、漁獲を効果的に規制し、過剰漁業や違法・無報告・無規制(IUU)漁業及び破壊的な漁業慣行を終了し、科学的な管理計画を実施する。
14.5	2020年までに、国内法及び国際法に則り、最大限入手可能な科学情報に基づいて、少なくとも沿岸域及び海域の10パーセントを保全する。
14.6	開発途上国及び後発開発途上国に対する適切かつ効果的な、特別かつ異なる待遇が、世界貿易機関(WTO)漁業補助金交渉の不可分の要素であるべきことを認識した上で、2020年までに、過剰漁獲能力や過剰漁獲につながる漁業補助金を禁止し、違法・無報告・無規制(IUU)漁業につながる補助金を撤廃し、同様の新たな補助金の導入を抑制する**。 **現在進行中の世界貿易機関(WTO)交渉およびWTOドーハ開発アジェンダ、ならびに香港閣僚宣言のマンデートを考慮。
14.7	2030年までに、漁業、水産養殖及び観光の持続可能な管理などを通じ、小島嶼開発途上国及び後発開発途上国の海洋資源の持続的な利用による経済的便益を増大させる。
14.a	海洋の健全性の改善と、開発途上国、特に小島嶼開発途上国および後発開発途上国の開発における海洋生物多様性の寄与向上のために、海洋技術の移転に関するユネスコ政府間海洋学委員会の基準・ガイドラインを勘案しつつ、科学的知識の増進、研究能力の向上、及び海洋技術の移転を行う。
14.b	小規模・沿岸零細漁業者に対し、海洋資源及び市場へのアクセスを提供する。
14.c	「我々の求める未来」のパラ158において想起されるとおり、海洋及び海洋資源の保全及び持続可能な利用のための法的枠組みを規定する海洋法に関する国際連合条約(UNCLOS)に反映されている国際法を実施することにより、海洋及び海洋資源の保全及び持続可能な利用を強化する。

外務省日本語訳を掲載
出所:外務省「JAPAN SDGs Action Platform」

ターゲット14・4

7

ターゲット14・4は漁業の乱獲に関するものです。

ターゲット14・4の内容

ターゲット14・4は漁業の乱獲に関するもので、二〇二〇年までに、漁獲を効果的に規制して、乱獲、違法・未報告・無規制漁業および破壊的な漁獲行為を終わらせることや、科学に基づいた管理計画を実行し、水産資源をMSY水準まで回復させることなどが、盛り込まれています。

これは、国連海洋法条約で規定された沿岸国の義務と同様の内容であり、すでに取り組んでいる漁業国も少なくありません。日本を含む、対応が不十分な国は、二〇二〇年までに管理体制を整えて、できるだけ早くMSY水準まで資源量を回復させなければなりません。

日本の取り組み

日本の水産資源管理はMSY水準を目標としてきませんでした。国の研究機関が試算したところ、主要な資源の多くがMSY水準を下回っているという結果が得られています。

日本政府は二〇一八年に漁業法を改正して、二〇二〇年からMSY水準の維持を目標とした漁獲規制を導入する準備を進めています。漁業法改正はSDGsのターゲット14・4とタイミングが一致しています。

ただ、日本で実効性のある漁獲規制ができるかどうかは、不透明です。実効性のある規制の導入に向けて、漁業関係者だけでなく、消費者や世論の後押しも必要です。

企業や個人は何をすれば良いのか

企業や消費者は、MSY水準以上に資源量が維持管理されている水産物を選ぶことが重要です。MSCの水産エコラベルのついた水産物を選ぶのが確実です。エコラベルの取扱量を増やす調達目標を設定している小売店もあります。社員食堂で持続可能な漁業で獲られた水産物を利用する企業もでてきました。

徐々に広がりつつあるとは言っても、日本におけるエコラベルの取扱量は少なく、エコラベルの商品を扱っている小売店が身近にないという人も少なくないでしょう。そういう場合は、店の人に「水産エコラベルがついた商品を探しているのですが、この店にはありませんか？」と質問してみましょう。そうすることで、消費者はエコラベルを求めているというメッセージがお店に伝わります。複数のお客さんからリクエストがあれば、店舗も取り扱いを開始するかもしれません。質問をするだけで、誰でも持続可能な漁業を応援することができるのです。

世界の水産資源の状態

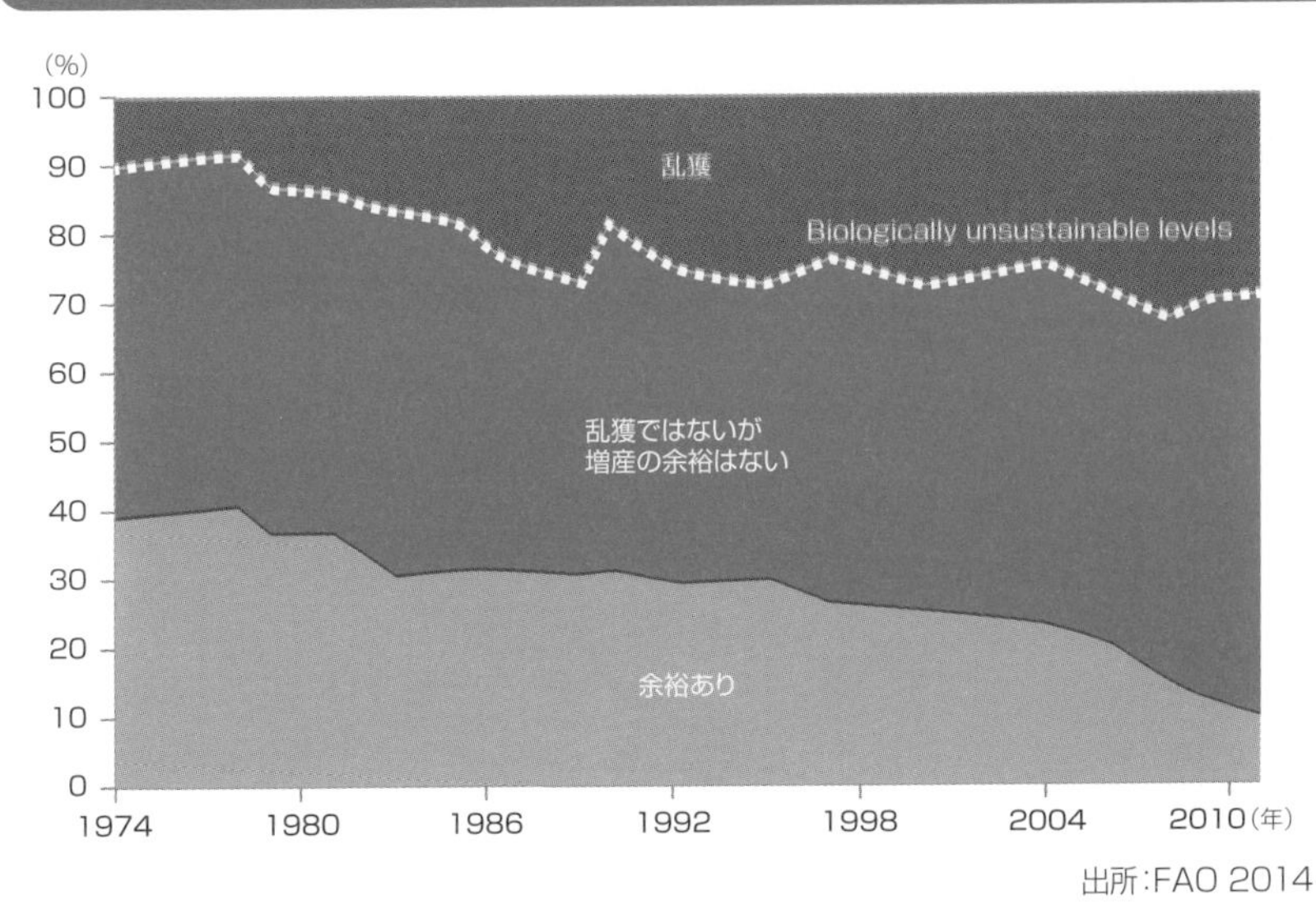

出所:FAO 2014

ターゲット14・5

二〇二〇年までに、国内法及び国際法に則り、最大限入手可能な科学情報に基づいて、少なくとも沿岸域及び海域の一〇%を保全します。

内容

ターゲット14・5は、海の少なくとも一〇%を海洋保護区にするという内容で、二〇一〇年の生物多様性条約CBD愛知目標一一と重なっています。

愛知目標*では、二〇二〇年までに、少なくとも陸域及び内陸水域の一七%、また沿岸域及び海域の一〇%を保護区にすることが提唱されています。

海洋保護区は、生物多様性に重要なエリアを選んで設定し、保護区同士が分断されずにネットワークが形成されるように設定することとなっています。

このように、SDGsのターゲットの多くは、新しく考案されたものでは無く、すでに存在する国際条約の取り決めを、社会全体で推進することを求めています。

広まりつつある海洋保護区

一九九三年の時点で、海洋保護区は、海洋の面積の〇・七%に過ぎませんでした。生物多様性条約をきっかけに、各国の努力で拡大され、二〇一七年時点で、世界の国家が管轄する水域の一四・四%が海洋保護区に指定され、二〇二〇年には二三%を超える見込みです。

海洋保護区は水産資源の回復に寄与します。パラオ共和国は、二〇一五年に排他的経済水域の八〇%を保護区に設定しました。二年後には、保護区の魚の密度は、それ以外の海域の倍に増えました。日本でも京都府でズワイガニを保護するために、禁漁区を設置したところ、資源が回復し、禁漁区周辺で大きなカニが安定して漁獲をできるようになりました。

***愛知目標**　2010年10月に開催された生物多様性条約締約国会議（COP10）で合意された。20項目の目標で2050年までに人類と自然が共生できる世界を目指す。

日本における取り組み

日本の海洋保護区は、約八・三%と世界標準よりも低く、目標に達していません。その内訳をみてみると、自然公園や自然海浜保存地区のような自然の状態を維持するために利用が規制されているエリアは水面の〇・四%に過ぎません。日本の海洋保護区の大半は、共同漁業権が設定されている海域です。

日本政府は、共同漁業権が設定されているエリアは、漁協が管理をしているので、海洋保護区に相当するとしています。共同漁業権が設定されているからといって、保護区と呼ぶのは無理があると筆者は考えます。漁協の合意があれば、自由に開発できるため、テトラポッド、防潮堤など開発が進んでいます。また、沿岸の水産資源も総じて減少傾向にあり、適切に保全されているとは言い難い状況です。

数字の上だけで、目標達成に近づけば良いという姿勢は非生産的です。実効性のある海洋保護区を増やすことが、海洋生態系の健全性を高めて、日本の国益にも繋がるはずです。

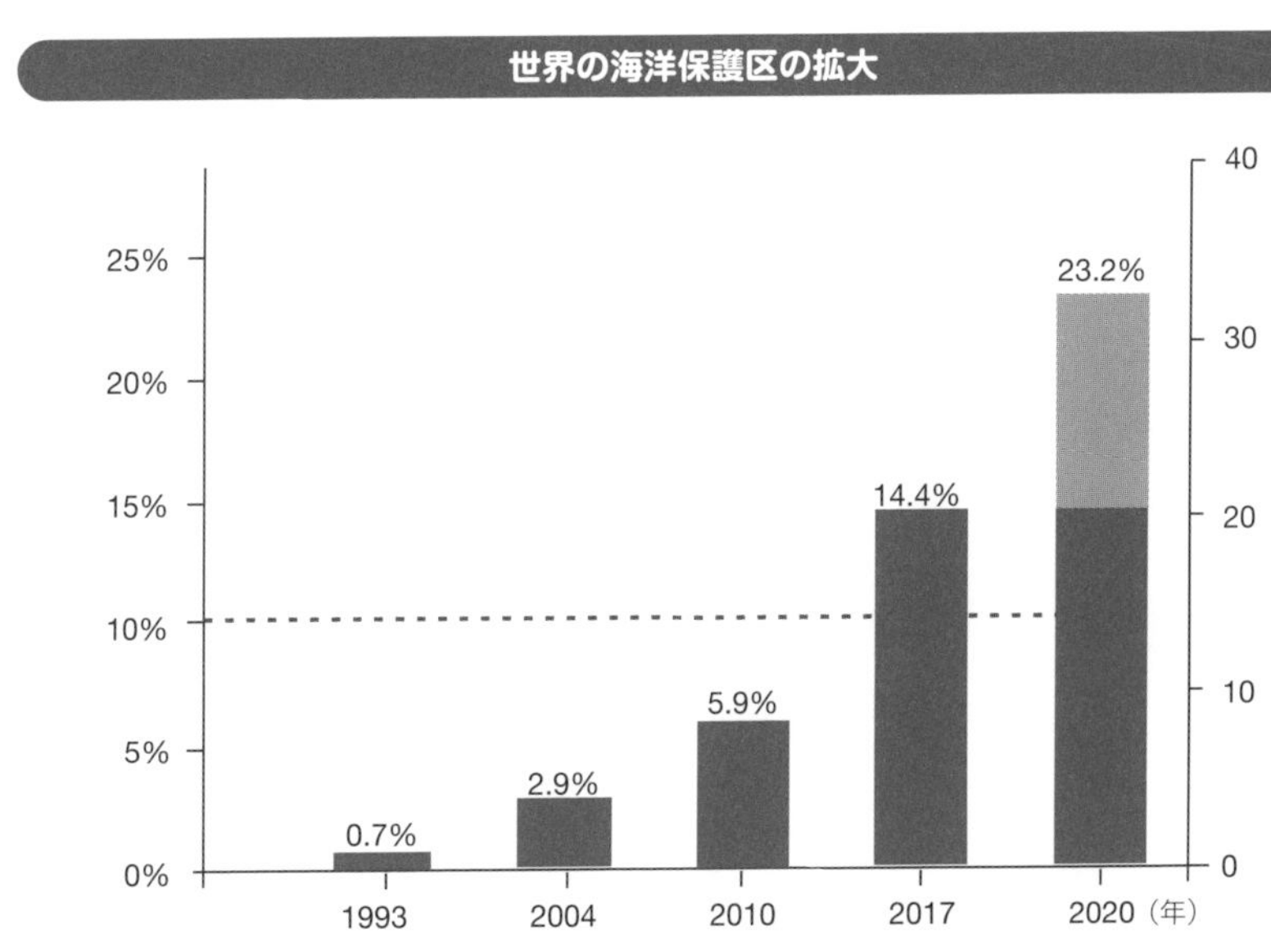

出所：https://www.env.go.jp/council/12nature/y120-35/mat02_4.pdf

ターゲット14・6

世界では、漁業への補助金が乱獲を誘発するとして、補助金の禁止や削減が検討されています。

概要

ターゲット14・6は漁業の補助金についてです。2020年までに、過剰漁獲能力や過剰漁獲につながる**漁業補助金**を禁止し、違法・無報告・無規制（IUU）漁業につながる補助金を撤廃することとなっています。

ただし、開発途上国及び後発開発途上国に対する適切かつ効果的な補助は例外とされています。

日本では、補助金は漁業の発達に不可欠な要素と考えられていますが、漁業補助金は害悪だというのが、世界の共通認識です。経済行為が成り立たないような水準の漁業活動を補助金で継続することで、水産資源の回復を妨げ、資源の枯渇につながるからです。

世界の漁業補助金

世界の漁業補助金について推定した論文＊によると、世界で最も漁業補助金が多いのは、日本です。日本の漁業補助金は、金額が大きいだけでなく、漁獲能力の拡大につながる補助金の割合が大きくなっています。

漁業補助金については、日本・中国・米国が三強です。中国は日本よりも、漁獲能力の拡大のための補助金の割合が若干低くなっていますが、日本とほぼ同様の規模と内容になっています。一方、米国は、金額は大きいものの環境改善につながる補助金の割合が高くなっています。乱獲につながりかねない補助金は、日中だけでなく、スペインや韓国でも多くなっています。

＊**推定した論文**　Global fisheries subsidies: An updated estimate U. Rashid Sumaila a,n , Vicky Lam b , Frédéric Le Manach b , Wilf Swartz c , Daniel Pauly b

日本の漁業補助金

日本の二〇一九（平成三一）年度の水産予算概算決定をみると、水産関係予算総額は三二〇〇億円でした。

そのうち、資源調査・研究の予算が七五億円、資源管理のための減船、休業のための予算が五四億円でした。これらは資源の持続可能性に寄与する予算と考えることができます。

高性能漁船の導入一〇二億円、沿岸漁業の競争力強化一五四億円、漁業用機器の導入支援三二四億円など、漁獲能力の拡張につながる予算が九九六億円です。

水産予算の中で一番大きな割合を占めるのが公共事業の一二六八億円です。漁港の整備や、産地市場の設備の近代化などに用いられています。

それ以外にも外国船対策三〇二億円、捕鯨対策五一億円など、様々な予算があります。

日本の水産予算の内訳を見ると、公共事業に偏重した予算編成で、調査研究や資源管理にほとんど配分されていないことがわかります。

主要漁業国の補助金

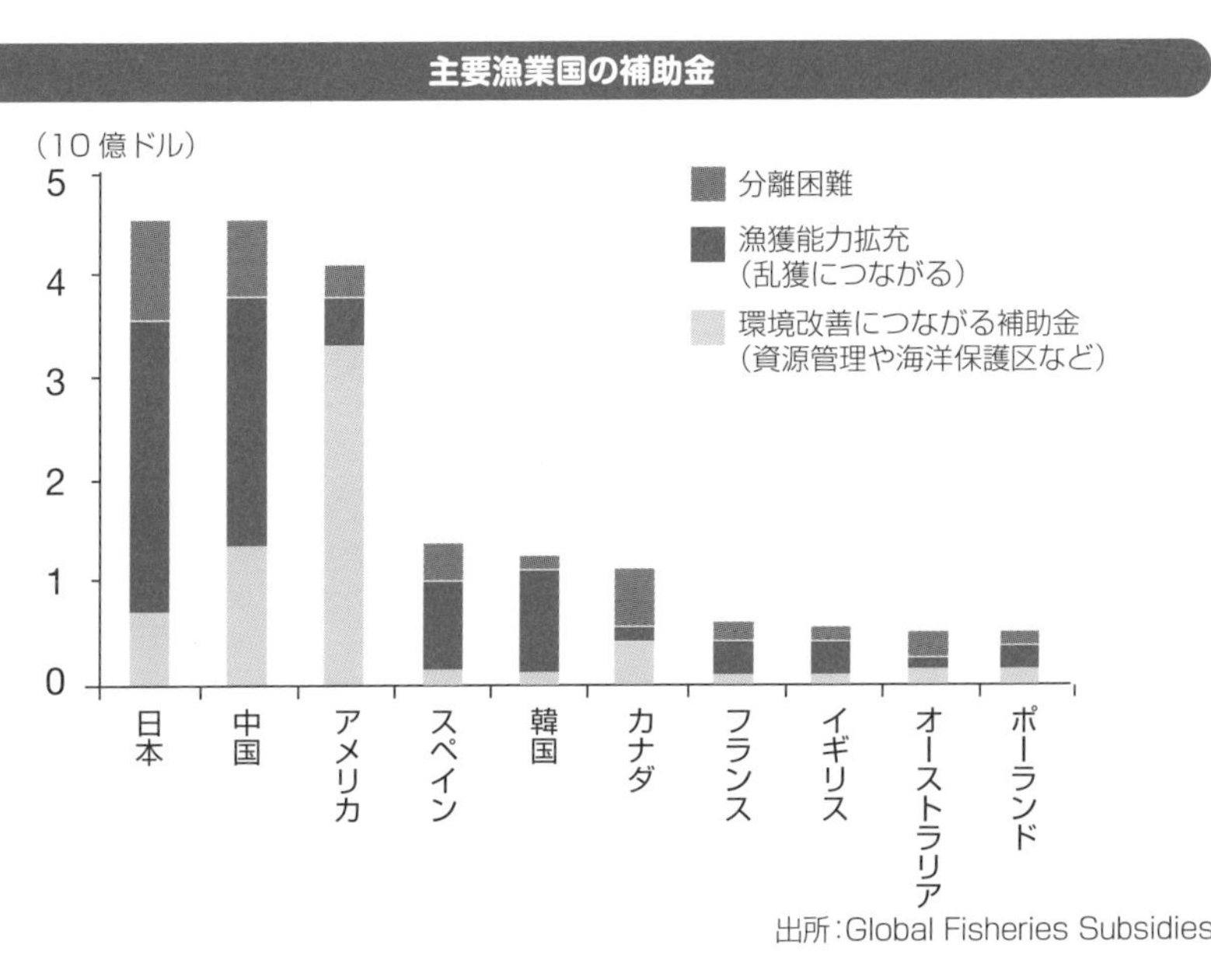

出所：Global Fisheries Subsidies

10 ターゲット14・b

ターゲット14・bは小規模・沿岸零細漁業者の水産資源への優先的アクセス権に関するものです。

内容

ターゲット14・bは、「小規模・沿岸零細漁業者に対し、海洋資源及び市場へのアクセスを提供する」というものです。

ＳＤＧｓをはじめとする国際的な規範では、持続可能性のみを追求しているわけではありません。人権への配慮から、弱者に対する特別な配慮を要求しているケースも少なくありません。

環境基準などに全世界共通のハードルを設けたならば、技術と資本がある先進国のみが今後も経済発展をしていき、途上国は発展の道を閉ざされるかもしれません。そうならないために、ＳＤＧｓでは特別な配慮を要求しています。

小規模漁業のアクセス権

小規模漁業と**大規模漁業**が自由競争で魚を奪い合えば、必然的に小規模漁業が淘汰をされてしまいます。それを防ぐには、小規模漁業者に特別なケアが必要になります。

例えば、八丈島ではサバの棒受け網漁業が盛んでした。巻き網の乱獲でサバ資源が減少したことで、これらの小規模漁業は消滅をしてしまいました。大臣許可の巻き網は、場所や魚種を変えることで、生き延びることができますが、特定地域の特定魚種に依存している小規模漁業は生き残れません。

沿岸地域の雇用を支えている小規模・沿岸零細漁業は、地域の存続のために不可欠な要素です。

漁業法改正も小規模への配慮は不十分

これまで日本は、大規模漁業の自由な操業を容認し、結果として小規模漁業の漁獲のシェアが少なくなっています。日本の漁業従事者は、沿岸漁業者の方が多く全体の七〇%を占めていますが、漁獲量のシェアは三〇%弱に過ぎません。

日本でも漁業法改正によって、資源量をＭＳＹ水準まで回復させるとともに、個別漁獲枠方式を導入し、小規模漁業者にも漁獲枠が配分されるので、大規模漁業との競合が、多少は緩和されることが期待されます。

しかしながら、小規模・沿岸零細漁業者に対して、十分な漁獲枠が配分されるかどうかは不透明です。一足早く個別漁獲枠方式を導入したクロマグロでは、大規模漁業と小規模漁業の漁獲枠の配分比を過去の実績で固定しました。このような配分方法だと資源が減ったときに小規模漁業は生き残れません。

他国では、先住民や小規模伝統漁法に優先的に漁獲枠を配分するケースが見られます。日本でも、ＳＤＧｓの観点から、そのような配慮が求められています。

漁業従事者と漁獲量に占める沿岸漁業者の割合

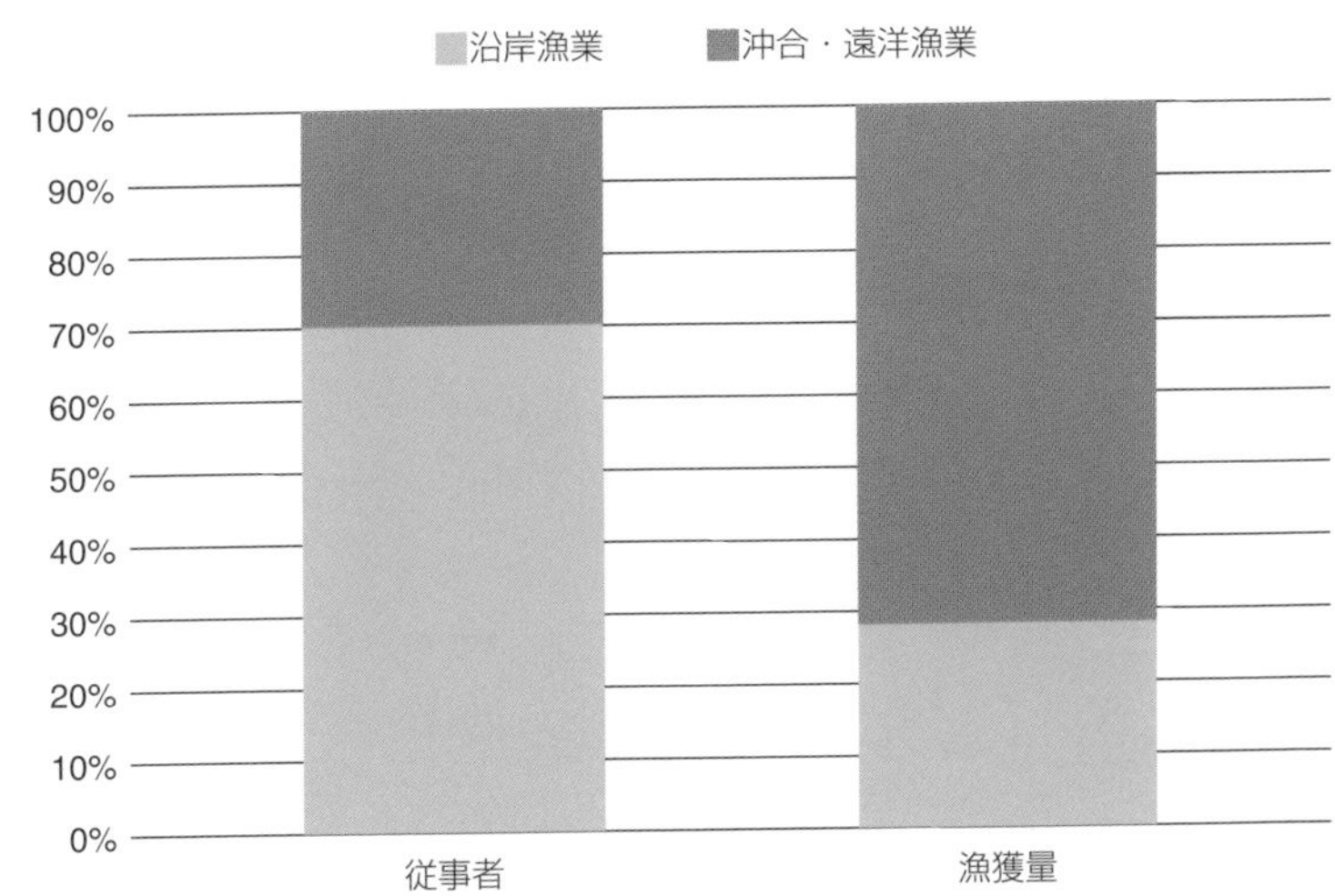

出所：漁業センサス

11 地球温暖化

地球温暖化が漁業に与える影響が懸念されています。

地球温暖化の何が問題なのか

地球温暖化で水産資源が減少しているという話を日本ではよく耳にします。しかしながら、世界的に見ると地球温暖化の影響はまだ顕著ではありません。

世界の天然資源の漁獲量は、増加は鈍ったものの、減少してはいません。地球温暖化というのは、世界的な事象ですので、地球温暖化で日本の周辺だけ漁獲が激減するというのはおかしな話です

地球温暖化の影響自体は世界中で顕在化しています。水温が上昇するのに従って、多くの水産資源の分布が北に移動しています。いままで獲れていた魚が北に移動してしまったとしても、南の方から魚が移動してくるので、漁獲量は大きく減っていないのです。

地球温暖化で漁業生産はどの程度減るのか?

気候変動に関する政府間パネル(IPCC)では、温暖化が漁業生産に与える影響について、二つのシナリオで分析を進めています。一つは現在のペースで温暖化ガスの排出が進むシナリオ。もう一つは、世界全体の努力によって、温暖化ガスの排出が大幅に削減されるシナリオです。

一九八六〜二〇〇五年と比較して、二〇八一〜二一〇〇年の世界の漁業生産は、楽観的なシナリオだと一〇%程度、悲観的なシナリオだと二〇%程度の減少と予測されています。地球温暖化の影響がないとはいえませんが、漁業がすぐに成り立たなくなるような深刻な影響を短期的に及ぼすことはなさそうです。

IPCCの漁業生産減少シナリオと日本の漁獲量の比較

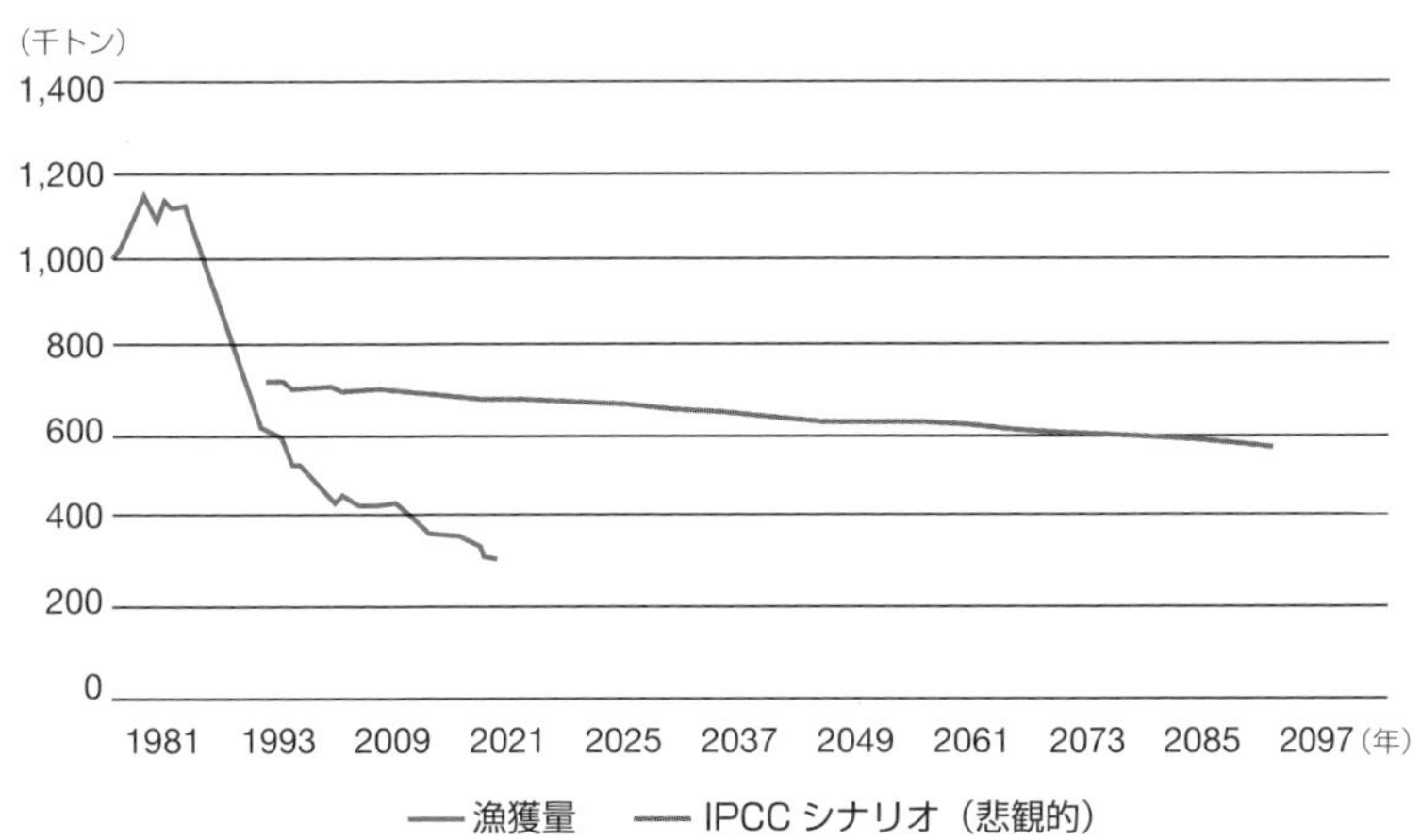

出所：IPCC 2019

IPCCが予測したMSY状態が維持されたときの余剰生産量の変化

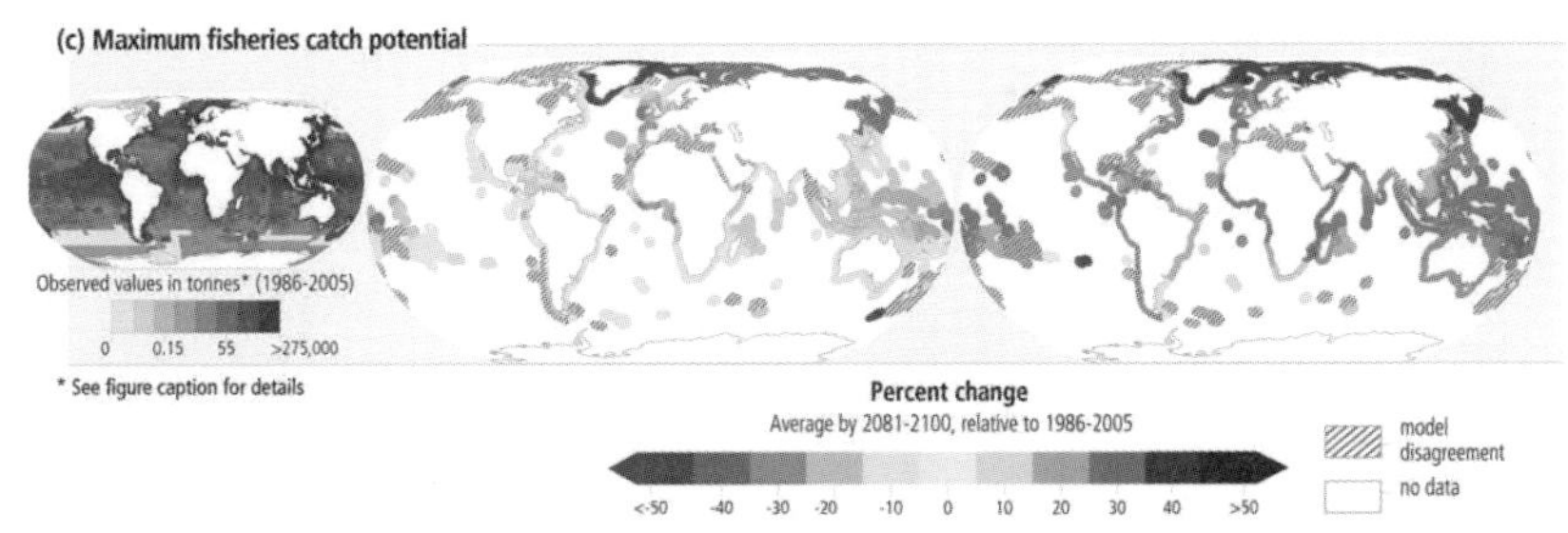

左の楽観的なシナリオだと10%程度の減少、
右の悲観的なシナリオだと20%の減少。

出所：IPCCレポート*

＊レポート　IPCC, 2019: Summary for Policymakers. In: IPCC Special Report on the Ocean and Cryosphere in a Changing Climate.

12

ブルーエコノミー

海洋の持続可能な経済発展を目指すブルーエコノミーが世界的な広がりを見せています。

ブルーエコノミーとは

二〇一一年のＵＮＥＰ*（国際連合環境計画）で、**グリーンエコノミー**という指針が示されました。環境問題や社会問題への投資を促進することで、経済成長と環境負荷の軽減を両立させて、不平等や貧困の解消を目標とする考え方です。グリーンエコノミーはＳＤＧｓにも多大な影響を与えました。

グリーンエコノミーの海洋版が**ブルーエコノミー**というわけです。二〇一八年にケニア、日本、カナダが共催して、ブルーエコノミー国際会議を開催しました。こちらの会議にはアジア、太平洋、中南米各国の閣僚や一七〇以上の国が参加しました。

世界における議論

海洋は陸上と比較して開発が進んでいないために、今後の発展の伸びしろが大きいと考えられています。今後の開発においては、環境負荷の低減や持続可能性への配慮が不可欠です。海洋分野での経済発展をするには、ブルーエコノミーの文脈に沿った戦略が必要になります。

現在は、ブルーエコノミーという単語を、いろいろな国が我田引水に使っています。先進国では、再生可能自然エネルギーなどを柱にして、海洋産業を発展させようという狙いがあります。一方、途上国は、平等な海洋の経済発展のための、投資や援助について関心が高いようです。

＊UNEP　United Nations Environment Programmeの略。国連の機関。

日本におけるブルーエコノミーの意義

日本ではブルーエコノミーという考え方がほとんど知られていません。また、日本の行政は縦割りになっていて、海に関しても農水省、国交省、海上保安庁、環境省など様々な省庁の権限が重なり合い、全体図が見えづらく、風通しの悪い状況になっています。

海洋に関する経済活動を包括的に考えて、生産性と持続可能性の両立を図っていくという、ブルーエコノミーの概念を導入することは、日本の今後の海洋関連産業の発展のために重要です。

省庁横断でブルーエコノミーに取り組んで、世界をリードすることが、海洋国家である日本には求められています。

ブルーエコノミーには、漁業だけでなく、海運、観光、環境問題、人権など、様々な要素が含まれます。

13

海洋プラスチックゴミ

陸上から海洋に流出したプラスチックゴミが新たな環境問題として、世界中の関心を集めています。

海洋プラスチックゴミの現状

安価で加工しやすく、丈夫であることから、ペットボトルやレジ袋など、我々の日常生活は多様なプラスチック製品に囲まれています。きちんと処理されなかったプラスチックが海洋に流出します。プラスチックは構造が安定で、生物が分解するのが難しいために、海の中を漂い続けて、環境問題となっています。

洗剤容器や漁具など、目に見える大きさのものは以前から問題視されていましたが、近年は細かい粒子になった**マイクロプラスチック**(サイズが五mm以下の微細なプラスチックごみ)への調査研究も進んできて。北極・南極・深海などあらゆる場所から、マイクロプラスチックが検出されています。

世界のプラスチックゴミ生産量

二〇一五年に世界各国の適切に処理されずに海洋に流出したプラスチックの量を推定した論文*が公開されました。**海洋プラスチックゴミ**の発生量は二〇一〇年には三一八七万トンだったものが、二〇二五年には六九一四万トンに増えると予測されています。

二〇一〇年の流出量の内訳を見ると中国が八八二万トンで最も多く、世界の二八%のシェアを占めています。二位インドネシア、三位フィリピン、四位ベトナムとアジア勢が上位を占めています。日本は一四万トンで世界三〇位でした。

二〇五〇年には海の魚よりもプラスチックの重量のほうが多くなるといった予測も得られています。

＊**推定した論文**　Plastic waste inputs from land into the ocean (2015. Feb. Science)

海洋プラスチックゴミの何が問題なのか

微細な海洋プラスチックゴミが生態系に与える影響はよくわかっていません。現在は、調査を通じて、汚染実態の解明を行っている段階です。プラスチックが分解されずに残るということは、生物の体内で短期的に顕著な変化を起こさない可能性もあります。

ひとたび海洋に拡散したマイクロプラスチックを回収するのは困難ですので、発生量を抑制していく努力が求められます。

日本の海洋プラスチックゴミの発生量は全体で見ても、一人あたりで見てもそれほど多くはありません。今後も増加が予想されている、中国、インドネシア、フィリピンなどの海ゴミは黒潮にのって、日本近海を通過します。これらの国での海洋プラスチック対策に協力することが、長い目で見て日本近海のプラゴミを減らすことにつながるはずです。

不適切に管理されたプラスチックごみの量

		2010年の不適切に処されたプラスチック（トン）	2025年の不適切に処されたプラスチック（トン）
	合計	31,865,274	69,143,290
1	中国	8,819,717	17,814,777
2	インドネシア	3,216,856	7,415,202
3	フィリピン	1,883,659	5,088,394
4	ベトナム	1,833,819	4,172,828
5	スリランカ	1,591,179	1,918,670
6	タイ	1,027,739	2,179,508
7	エジプト	967,012	1,937,428
8	マレーシア	936,818	1,765,977
9	ナイジェリア	851,493	2,481,008
10	バングラデシュ	787,327	2,210,230
11	南アフリカ	630,005	836,279
12	インド	599,819	2,881,294
13	アルジェリア	520,555	1,017,444
14	トルコ	485,937	790,235
15	パキスタン	480,493	1,221,460
16	ブラジル	471,404	954,198
17	ミャンマー	458,269	1,149,267
18	モロッコ	310,126	706,583
19	韓国	304,328	610,607
20	アメリカ	275,424	336,819
30	日本	143,121	177,241

出所：Jambeck at al.(2015) Plastic waste inputs from land into the ocean. Science 347(6223), 768-771.

索引

INDEX

あ行

か行

た行

さ行

な行

は行

英数字

ま行

や行

ら行・わ行

●著者紹介

勝川　俊雄（かつかわ　としお）

1972年東京生まれ。東京海洋大学産学・地域連携推進機構准教授。東京大学農学生命科学研究科にて博士号取得。東京大学海洋研究所助教、三重大学生物資源学部准教授を経て現職。専門は水産資源管理と資源解析。また、日本の漁業を持続可能な産業に再生するための活動を積極的に展開する。

図解入門業界研究
最新漁業の
動向とカラクリがよ～くわかる本

発行日　2020年 7月28日　　第1版第1刷
発行日　2022年 3月10日　　第1版第2刷

著　者　勝川　俊雄

発行者　斉藤　和邦
発行所　株式会社　秀和システム
〒135-0016
東京都江東区東陽2-4-2　新宮ビル2F
Tel 03-6264-3105（販売）Fax 03-6264-3094
印刷所　三松堂印刷株式会社　Printed in Japan

ISBN978-4-7980-5921-1 C0033

定価はカバーに表示してあります。

乱丁本・落丁本はお取りかえいたします。

本書に関するご質問については、ご質問の内容と住所、氏名、電話番号を明記のうえ、当社編集部宛FAXまたは書面にてお送りください。お電話によるご質問は受け付けておりませんのであらかじめご了承ください。